普通高等教育“十二五”规划教材
21 世纪全国高校应用人才培养信息技术类规划教材

网页视觉传达设计项目教程

主　编　　王　华　钱　哨
副主编　　王克难　张传利　赵　羽
主　审　　殷广丽

内 容 简 介

本书详细讲解了视觉传达设计在网页美工设计方面的应用，介绍了商业性网站规划设计中的视觉原理和商业网站整体形象的视觉传达，分析了如何将视觉要素导入商业网站，通过具体项目细致地阐述了视觉传达美观的相关知识与技巧。全书共分6大项目，包括网页视觉传达设计概述，CIS企业形象识别系统，企业网页形象中的营销定位，网页视觉传达中的VI设计，网页媒介平台VI系统的应用与制作以及企事业VI设计案例解析等内容。

全书由浅入深、层层深入地讲解了视觉传达知识体系中从视觉元素等概念、知识到市场营销模式中企业形象设计的相关理念和实践。

本书是视觉传达设计专业与计算机专业教学第一线教师多年心血的结晶，是网页设计师的好帮手，也是初学者的学习指南。

图书在版编目（CIP）数据

网页视觉传达设计项目教程/王华，钱哨主编. —北京：北京大学出版社，2014. 1
（21世纪全国高校应用人才培养信息技术类规划教材）
ISBN 978-7-301-23610-9

Ⅰ. ①网… Ⅱ. ①王…②钱… Ⅲ. ①网页制作工具—高等学校—教材 Ⅳ. ①TP393. 092

中国版本图书馆CIP数据核字（2013）第309092号

书　　名： 网页视觉传达设计项目教程
著作责任者： 王　华　钱　哨　主编
策 划 编 辑： 胡伟晔
责 任 编 辑： 胡伟晔　范　晓　宋小丽（特约编辑）
标 准 书 号： ISBN 978-7-301-23610-9/TP · 1317
出 版 发 行： 北京大学出版社
地　　址： 北京市海淀区成府路205号　100871
电　　话： 邮购部62752015　发行部62750672　编辑部62765126　出版部62754962
网　　址： http：//www. pup. cn　　新浪官方微博：@北京大学出版社
电 子 信 箱： zyjy@pup. cn
印　刷　者： 北京富生印刷厂
经　销　者： 新华书店
787毫米×1092毫米　16开本　15. 25印张　375千字
2014年1月第1版　2014年1月第1次印刷
定　　价： 32. 00元

前　言

随着 Internet 的迅猛发展，互联网络正在逐步替代传统媒体，成为人们工作和生活必备的沟通平台，并在世界范围内对商业、广告业、信息业和通信业产生了深远的影响。通过利用优质的互联网平台资源，政府可以发布政策法规，企业可以宣传产品，学校可以为学生提供教学信息等。这些有利的因素直接导致了一门新艺术设计门类的出现——网页视觉传达设计。

由于电子商务的不断深入拓展，各色网站需要更多推陈出新的视觉设计点子来更好地吸引更多的用户浏览，增加点击量，从而提高企业的知名度，以提高企业的利润。这就要求网页设计初学者和从业者补充更多视觉设计方面的知识，加强网页视觉设计专业知识的学习。本书就是为从事网页设计工作的人员编写的，是对网页视觉传达设计方面知识的补充指导。

本书内容分为 6 个项目：

项目 1 主要介绍课程设置的性质与任务、课程内容和要求、教学建议、教学时间分配，同时介绍网页视觉传达设计三大元素——创意、色彩、版式。

项目 2 主要介绍 CIS 企业识别系统对于网页设计的重要性。

项目 3 主要根据消费者行为、市场细分情况以及产品的营销定位等对网站形象搭建进行分析，从而作出符合企业自身需求的网页设计规划。在竞争激烈的市场中，企业的发展不再是单纯地卖出和买进产品得到利润，而是进入了一个整体形象识别系统的包装，使原来分散的产品和品牌集中化，通过各种渠道和媒介在消费者心中建立自身形象。

项目 4 主要针对网页中企业 VI 导入过程进行介绍，网页视觉传达设计是理性和感性的结合，根据现代媒体的发展趋势，视觉信息的处理不再只是停留在单纯的静态和动态两个方面，而是升级为交互性的方式，这就要求网页设计师具有商业艺术设计专业的审美能力，同时也要具有计算机学科的严谨态度。

项目 5 介绍网页媒介平台 VI 系统的应用与制作，主要内容是网页 VI 设计中各个要素的制作过程。

项目 6 是企事业 VI 设计案例解析，主要介绍网站的策划、营销、建设等前期设计流程以及国内外优秀网站的建设过程。

在 21 世纪最大的舞台——国际互联网平台中，网页视觉传达设计作为兼具实用性和艺术性的专业领域备受世人瞩目。如今网页视觉传达设计这项极具魅力的事业实际上已经停滞不前，我们希望能够通过本书的内容，使从事网页设计行业的人员能够系统地了解整个商业网站 VI 设计的总体规划过程，并了解很多好的创意。

本书适用于初入交互设计行业者、网页设计师、在校的视觉传达专业学生、计算机专业学生或者对网页视觉传达设计抱有极大热情的爱好者。本书会为他们提供绝佳的参考和流程解决方案。

本书由中国西藏信息中心王华、交通运输部管理干部学院钱哨老师主编；主审工作由山东省滨州职业学院信息工程学院殷广丽老师完成，在此表示感谢！本书在编写过程中得到了北京大学出版社与社会各界朋友在技术、专业知识以及编写方面的大力支持和帮助！

由于编写时间仓促，书中疏漏之处在所难免，祈望专家、学者不吝赐教。

编　者

2013 年 11 月

目　　录

项目 1
网页视觉传达设计概述

项目1针对当下互联网与商业的紧密结合，引出了新型网页视觉传达设计这一理念，着重介绍了视觉传达设计在网页领域的特点和应用规则。

- 通过对视觉传达历程发展的学习，了解它应用在网页领域的必然性，认清“设计第一，技术第二”；
- 理解网页视觉传达设计的概念；
- 掌握网页视觉传达设计应用的必然性以及遵循的网页行业内设计原则。

任务1.1　网页视觉传达设计教学

1.1.1　教学目的

“网页视觉传达设计”是我国高等院校计算机多媒体与交互专业方向的课程，是一门综合性较强的实践类课程，也是一门具有较强理论知识的专业课程，适用于视觉传达设计的平面设计、交互设计、计算机网页设计以及多媒体视觉设计等主修方向。

课程内容主要围绕着网页视觉传达设计的概念、商业网站的识别系统、网站与消费者诉求的共鸣、VI系统导入网页媒介平台应用等展开，目的是使学生较全面地了解网页视觉传达设计的相关知识，深入掌握网页视觉布局的方法，为动态网页制作、网页设计、B/S模式软件系统开发等相关课程奠定基础。

通过本课程的介绍，培养学生界面设计的思维能力和创新意识，提高学生对网页视觉设计的整体把握和科学实施的能力。本课程为计算机图形图像专业、多媒体专业以及交互专业的重要的基础课程，其内容展示了企业网站视觉传达设计的全部策划流程，进一步为网页设计与开发类课程教学奠定了基础。

1.1.2　教学目标

1. 知识目标

了解并掌握网页视觉传达设计的基本概念、CIS企业识别系统以及消费者行为解析的基础理论知识。

2. 能力目标

通过学习网页视觉传达设计应用的原理和技巧，掌握企业网站整体策划定位的能力，培养学生独立思考、分析、研究、提出解决方案的能力。

3. 训练目标

训练学生在进行网页视觉传达设计时，把握客户需求的能力，同时培养学生统筹信息、分析信息、判断信息的决策能力，以帮助学生提高自己的审美能力和学以致用的能力。

4. 试验目的

学生通过对企业识别系统体系认知和消费行为的学习，以试验的方式对企业或商品进行分析、判断，并以此为依据确定网页设计的方式和基调，以符合企业和商品营销的理念。

5. 综合目标

将课堂上所学的专业理论知识与实践方法应用到网页视觉传达设计中去，达到课程设置中各个环节相互间的贯通，形成优化的综合能力。

1.1.3 教学内容

1. 讲授内容

(1) 网页视觉传达设计概述。
(2) CIS企业识别系统。
(3) 企业网页形象中的营销定位。
(4) 网页视觉传达中的VI设计。
(5) 网页媒介平台VI系统应用与制作。
(6) 企事业VI设计案例解析。

2. 设计实践

本书前三个项目以设计理论为主，着重从商业艺术的角度去审视网页界面。后三个项目主要是沿袭前三个项目的理论部分进行设计实践，即由理论转化为实践应用。
(1) 企业整体的VI形象化统一。
(2) Photoshop软件应用与网页媒介平台建设。
(3) 整合所有相关信息来构建企业网站。

1.1.4 教学进程

(1) 讲授：16学时。讲授相关理论知识，以及典型案例的欣赏、分析。
(2) 实训：4学时。中外企业网页设计的优缺点对比。
(3) 实习：20学时。根据命题设计一个网站。
(4) 考评：8学时。讲评与总结，按作业要求与考核标准评定成绩。

1.1.5 教学方法与手段

(1) 课堂讲授与作品赏析、专题研讨、课堂辅导与社会设计实践相结合。
(2) 板书与多媒体课件教学相结合。

1.1.6 作业要求

根据虚拟企业文化理念文案进行网站设计（包括企业的宣传文案以及企业多媒体平台展示）。

1.1.7 考核标准

（1）学习态度：10%。

（2）文案表述：30%。

（3）网页设计构思与表现：30%。

（4）作业整体效果：30%。

任务1.2 网页视觉传达设计概述

1.2.1 互联网与视觉传达设计

互联网（Internet）概念最早源于20世纪60年代的美国，它的出现是历史因素影响的结果。当时的计算机主要是应用互联网的机器平台，进行沟通与数据传输。20世纪50年代，信息技术集中在数据上——收集、储存、传输和打印数据，重点放在“技术”上。在1972年第一届国际计算机通信会议上，通过了由美国人温顿·瑟夫和罗伯特·卡汉开发的传输控制协议和网际协议（TCP/IP）。从此互联网开始侧重于信息的传播与交流，同时正式开始运作。

每一种文明都是以一种占主导地位的文化技术的引入为开端。进入21世纪，互联网成为一种崭新的信息交流方式。这不是在技术上、机器设备上、软件上或速度上的一次革命，而是“概念”上的革命。早在1981年，美国未来学家阿尔文·托夫勒在他的《第三次浪潮》中就预言了以信息技术为动力的信息革命的到来。

在20世纪50年代，以电子计算机、信息论和控制论为标志的信息革命产生；到70年代，微电子技术、航天技术和现代通信技术引发了第二次信息革命；90年代，爆发了以信息高速公路、互联网计算机技术、多媒体技术为标志的第三次信息革命。第三次信息革命的爆发，高科技技术的支持，以网络和计算机技术为基础的先进信息技术的出现，将大众传播形式转变为交互性网络传播媒介，这是一个质的飞跃。

互联网现代意义上的规模、速度与巨大商业潜力完全显现出来，越来越多的企业、消费者对于提升互联网视觉美化的标准也越来越高。为了迎合现代商业化需求，各大知名品牌都相应地建立自己的企业网站，来争夺消费群体。企业形象的网络宣传、品牌优化网络宣传，使网页视觉传达设计越演越烈，成为打造现代化网站的必修课程。

视觉传达设计兴起于19世纪中叶欧美的印刷美术设计（Graphic Design，又译为“平面设计”、“图形设计”等）的扩展与延伸。视觉传达设计是为现代商业服务的艺术，由于这些设计都是通过视觉形象传达给消费者的，因此被称为“视觉传达设计”，它起着沟通企业、商品和消费者的作用。视觉传达设计是主要以文字、图像、色彩为基本要素的艺术创作，在精神领域以其独特的艺术魅力影响着人们的感情和观念，在人们的日常生活中起着十分重要的作用。数字化多媒体的出现不仅带来挑战，而且反过来补充和丰富了视觉传达传统方式，扩展了当代视觉传达设计外延，视觉传达由以往形态上的平面化、静态化，开始逐渐向动态化、综合化方向转变，从单一媒体跨越到多媒体，从二维平面延伸到三维立体和空间，从传统的印刷设计产品更多地转化到虚拟信息形象的传达。

随着科技的日新月异，以电波和网络为媒体的各种技术飞速发展，给人们带来了革命性的视觉体验，推广战略也从单纯的品牌推广阶段向更加细化的市场推广阶段转化，人们开始注重和选择区域媒体、行业媒体以及更加细化市场定位的媒体，数字多媒体广告运作和发布的方式也更加多样化和人性化。在瞬息万变的信息社会中，这些传媒的影响越来越重要。设计表现的内容已无法涵盖一些新的信息传达媒体，因此，网页视觉传达设计便应运而生。

1.2.2 网页视觉传达设计的定义

网页视觉传达设计是互联网领域中的一种新型化的商业视觉形象，指利用网页中的文字、图形、色彩以及绚丽的影视广告等视觉符号传递各种商业信息的设计。设计师是信息的发送者，传达对象是信息的接受者。

网页视觉传达是人与人之间利用“看”的形式所进行的交流，是通过视觉语言进行表达、传播的方式。不同领域、肤色、年龄、性别、语言的人们，通过视觉及媒介进行信息的传达、情感的沟通、文化的交流，视觉的观察及体验可以跨越彼此语言不通的障碍，可以消除文字不同的阻隔，凭借对“图”——图像、图形、图案、图画、图法、图式的视觉共识获得理解与互动。并且依照客户或消费者的需求进行有关商业目的的宣传设计，同时遵循艺术设计规律，实现商业目的与功能的统一，是一种商业功能和视觉艺术的混合组合，如图 1-1 和图 1-2 所示。

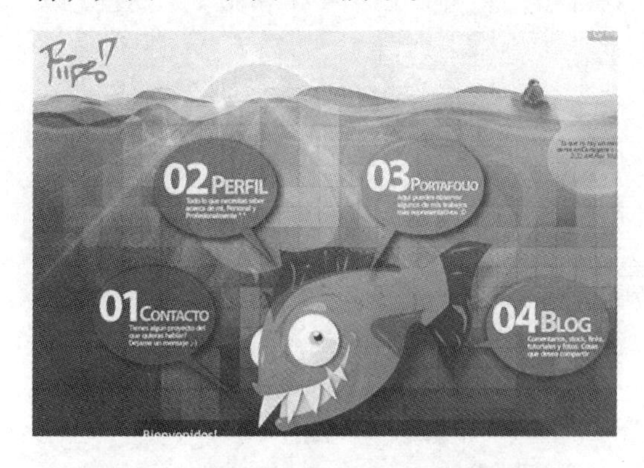

图 1-1 网页视觉传达设计页面（美国）

图 1-2 网页视觉传达设计页面（韩国）

1.2.3 网页视觉传达设计的要点

网页视觉传达设计不仅是网页表面的装饰设计，同时也包括企业形象、文化、精神的设计。可以说网页视觉传达设计是整个网站的脸面，网站是否能够抓住消费者的眼球，是否能够引起消费者进行浏览以至于被添加到电脑的收藏夹中，网页的视觉效果可以说是至关重要的。人在接受外界信息时，听觉占人类全部信息的 11%，而视觉占 83%，也可以说网站的视觉效果是否新颖决定了网民看到网站时所停留的时间，在这个基础上网站的内容才能够进一步吸引网民。

网页视觉传达设计由创意、色彩、版式组成，也是决定网页是否能够吸引消费者驻足的关键。

1. 创意

网页视觉传达设计与传统视觉传达设计有很大的不同，如互动平台的应用、页面结构的分割形式以及视听语言的共享等都表现出原有传统视觉设计所没有的优越性，但也与传统视觉传达设计有相同之处，即很多视觉创意的方法和应用都是相同的。将传统视觉传达设计中的精华部分（原理和方法），结合当代网页视觉传达设计的特点，应用在交互媒介中，不失为一种有效的学习方法。

1）什么是网页创意

“创意”一词是来自于英文 idea，意为“具有创造性的意念，是人类特有的思维活动”，即创造性的想法，而这个想法被应用到了社会生活的各个方面。例如用在科学上，创意就叫“创造”，用在新产品的开发上，就叫“创新”，用在文学上，叫“创作”，而在网络宣传领域，我们将其译成“创意”。无论是在哪个领域，从本质上讲，创造力都是相同的。对于从事创作活动的人类来说，无论是写小说、摄影、绘画、拍电影，还是钻研推动宇宙的高能物理学，都是创造活动。当代创意指的是创造性地表达出品牌的销售信息，以迎合或引导消费者的心理，并促成其产生购买行为的思想。

在商业化浓厚的今天，网页视觉传达设计需要具备创造性的思维方法。成功的创意，是形式与内容、理智与情感、审美与实用的统一体，将页面主题创意与新颖的版式进行结合，是现代网页视觉传达设计的趋势之一，是形式与内容完美结合的体现，能够给网页设计注入更深的内涵和情趣。

例如在页面打开错误的时候，难免会让人觉得扫兴。可是如图 1-3 和图 1-4 的创意页面设计却让错误也变得精彩。

图 1-3　创意 404 页面设计（1）

图 1-4　创意 404 页面设计（2）

2）创意在网页中的表现特征

在网页设计中，核心的因素就是创造性思维。创造性思维是产生创意的源头，是人类智慧最集中的表现。它是人类在一切领域设计和创造新产品，以满足人类精神和物质需求的动力。

网页视觉传达设计作为创造性的思维活动，应该具备以下 5 个特征。

（1）求异性。有人把创造性思维称为求异思维，而且始终贯穿于整个创造性活动过程（如图 1-5 所示）。通常这种思维活动中有 3 种潜在因素。

① 怀疑因素，即往往对司空见惯的现象和已有的权威理论持怀疑、批判的态度，不盲目跟从。

② 抵抗因素，即从不曾怀疑、未曾涉足的领域去开拓、思考，另辟蹊径。

③ 变换因素，即自补自足，能够看到自己的错误，主动补充。

图1-5　求异性网页

（2）创新性。创造性思维贵在创新，即在前人的基础上有新的见解、新的发现、新的发明、新的突破，从而具有在一定范围内的首创性、开拓性（如图1-6所示）。创新性通常表现为3种方式。

① 由此及彼，由某个现象层层深入。

② 由表及里，即从一种现象想到它的反面，或依相反的方法去思考。

③ 举一反三，即从一种现象想到与之相似或相关的事物，进行再创作。

图1-6　创新性网页

（3）灵活性。灵活性即打破陈规、传统，进行创造性思维，从不同角度进行思考（如图1-7所示）。通常包括以下几种心理方式。

① 发散方式，即面对一个事物，进行多种设想，在这个基础上进行衍生。

② 转换方式，即转换答案中所有的元素或是某一个、某几个元素，转换原有的思维方式。

③ 筛选方式，即在多个答案中寻找最优的答案。

（4）跳跃性。顾名思义，跳跃性即加大思维或推理的跨度，抛弃按部就班的思维模式，加大转换跨度，通常包括两种视觉化表现方式。

① 插图化的网页视觉，增加了画面的亲和力和趣味感，突破了一般网页运用的实景拍摄的手法，如图1-8所示。

② 运用拼贴式手法方式，进行元素的组合，选用衣服布料的纹理突出了网站产品的特点，如图1-9所示。

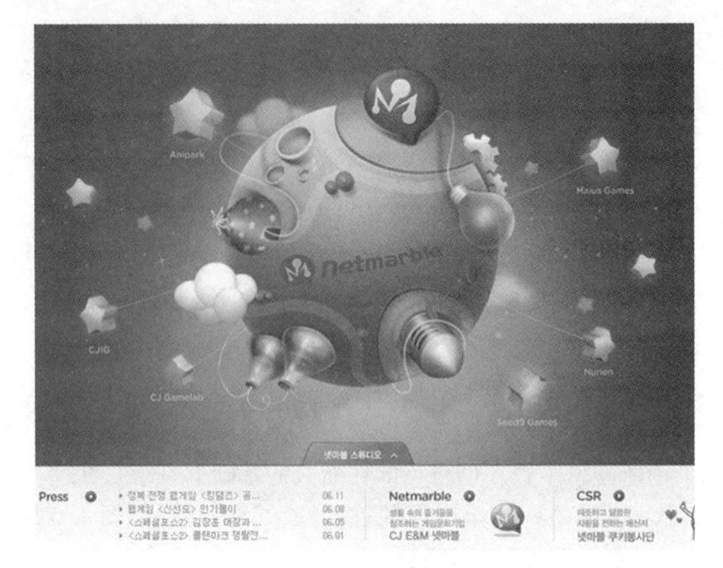

图 1-7　灵活性网页

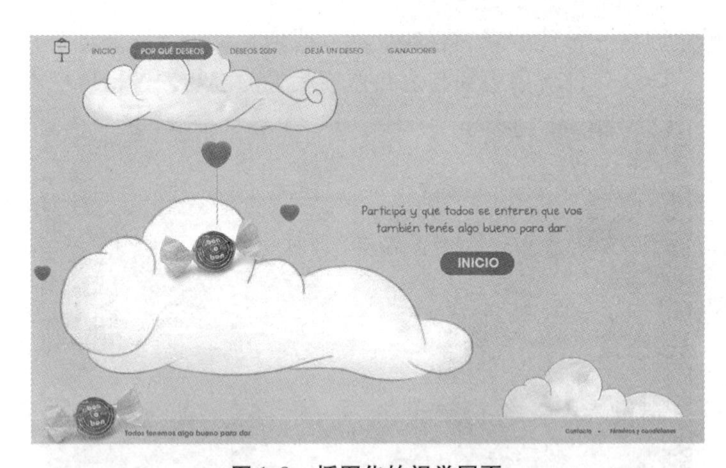

图 1-8　插图化的视觉网页

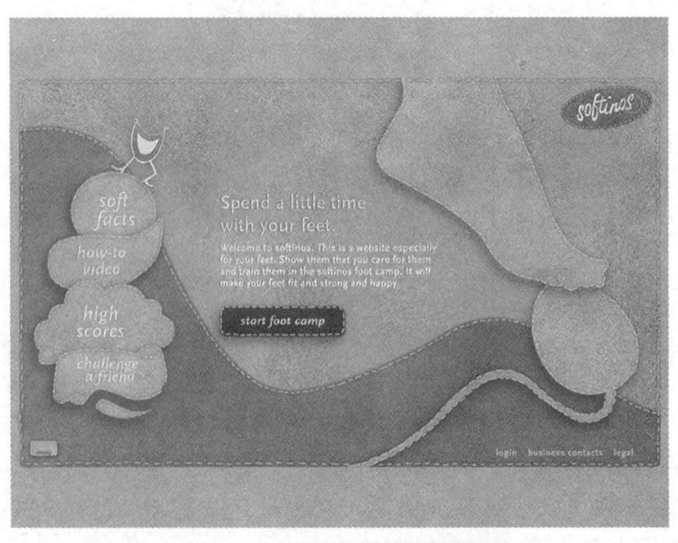

图 1-9　拼贴式手法的视觉网页

（5）综合性。综合性即对诸多因素的综合思维过程（如图1-10所示），通常包括3个方面的能力。

① 杂交能力，即对已有的资料和知识进行渗透，产生出新的创意。

② 汇总能力，即把大量数据、事实、概念加以概括整理，形成系统化。

③ 辩证能力，即对事物的发展和成长，能够运用辩证的能力去分析。

图1-10　运用综合思维方式表现网页

具体的信息内容对创意有着制约和导向作用，也是设计的中心内容，创意的主题往往通过信息的收纳表现出来，有什么样的信息内容就有什么样的创意策略与之相呼应。在整个创意过程中，创意以内容为根本，以市场为导向，以定位方向来展开。创意的文化性思考、艺术表现形式、创意独特性等都离不开主题内容。

网页视觉传达设计中，创意的主要任务是表现主题。因此，设计者在创意阶段思考的一切，都要围绕企业理念主题来进行。这就必然要考虑到主题的不同特性，即不同的诉求点。概括起来，创意的类型有两种：理性诉求及感性诉求。

（1）理性诉求。理性诉求即诉求者理性地用网页传达内容，达到吸引访问者注意的目的。其特点是：逻辑性强，具有翔实的资料、确切的数据支持，展示网页的主题，已获得访问者理性的承认等。大多以企业、商品介绍的网站居多。理性诉求的网页如图1-11所示。

图1-11　理性诉求的网页

（2）感性诉求。感性诉求即通过与访问者的感情引起共鸣来传达网站内容，以吸引访问者的注意。其特点是：强调和利用人情味来影响访问者的情绪，已获得访问者对网站的认同感。感性诉求的网页如图 1-12 所示。

图 1-12　感性诉求的网页

2. 色彩

色彩是呈现艺术表现的重要因素，也是吸引观者驻足的前提。在网页设计中，设计师根据和谐、均衡和重点突出的原则，将不同的色彩进行组合、搭配来构成美丽的界面。也可以根据 CI（企业形象识别系统）中的 VI（企业视觉识别系统）对标准色进行选取应用，使企业形象整体化更加统一。如图 1-13 所示的麦当劳 CI 中的 VI 设计，可以看出标准色的红色和黄色一直贯穿到整个企业设计中。

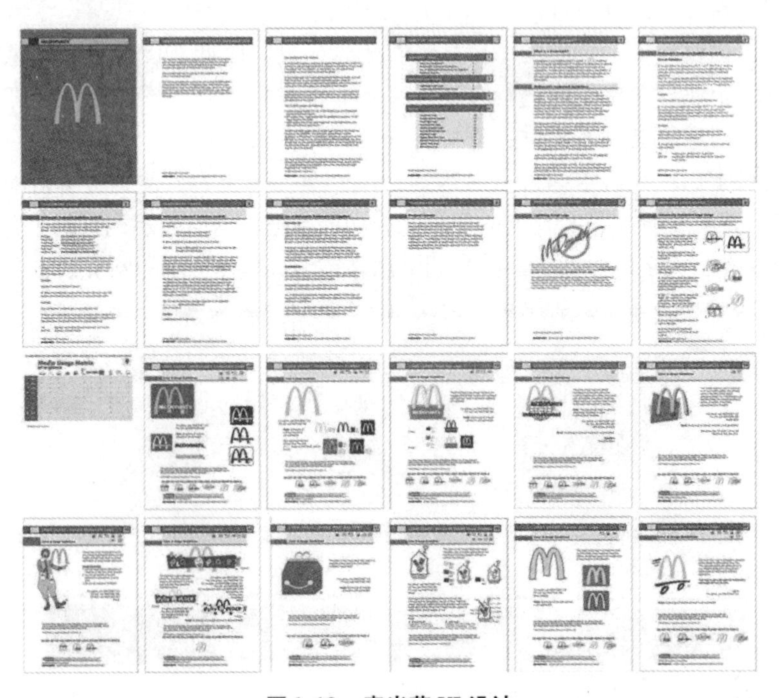

图 1-13　麦当劳 VI 设计

运用不同的色彩，网站的外观风格有所不同，给人的感觉也不同。色彩作为传达网站形象的首要视觉要点，会在访问者的脑海中留下长久的印象。即使访问者无法清楚地记住自己访问过的网站的外形特征，至少能够很容易地想起网站色彩。也就是说，色彩作为最直接的视觉语言，可以让使用者更容易地联想到与色彩相关的视觉元素，比如“灰色背景”、“红的导航”等。因此，必须确定网站的色彩体系，也就是网站的主色调、辅助色、强调色，以进一步增强企业与企业之间彼此的区别性和独特性。

经验介绍

在确定网站色彩体系的时候，比较容易做到的就是采用客户公司 CI 色彩系统（详见项目 2）。色彩传达的视觉语言会赋予人非常主观的含义。因此，设计师首先要理解不同色彩传达的客观的视觉语言。其中，最典型的就是强调自己针对色彩的主观感受，提出自己喜欢的色彩，这是因为每个人都有自己喜欢的色彩。在这种情况下，解决这个问题最有效的方法是进行网站色彩体系的问卷调查统计，并向客户说明不同色彩客观的视觉语言及理论上的色彩感。因此设计师必须具备客观的知识及感性地表现色彩对主观感觉的能力。

1）色彩的基本原理

（1）色彩的属性

自然界中的颜色可分为非彩色和彩色两大类，非彩色指黑色、白色和深浅不一的灰色，而其他所有颜色均属于彩色。任何一种彩色都具有 3 种属性：色相、明度、饱和度。

① 色相。色相是通常所说的黄色、蓝色，也就是色彩的名称，也叫色调，是颜色的基本特征。它反映了颜色的基本面貌，是一种色彩区别于另一种色彩的最主要的因素。色相环如图 1-14 所示。

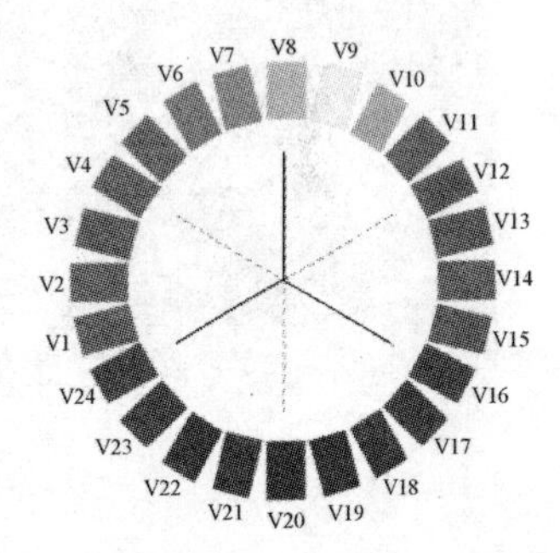

图 1-14 色相环

一般而言，人们理解的色彩为 18 ～ 20 种，分别为红色、朱红色、橙色、黄色、淡绿色、绿色、墨绿色、天蓝色、蓝色、深蓝色、蓝紫色、紫色、紫红色、暗红色、黑色、白色等。许多企业给公司产品加上代表色彩，并战略性地确定色彩的名称，对消费者展开色彩营销攻势。如软饮料公司的红色可乐、蓝色百事、黄色立顿、绿色康师傅绿茶，以及化妆品公司日本雪肌精的深蓝色、法国兰蔻的天蓝色、美国安娜苏的神秘紫色等，都作为企业的色彩营销战略在充斥消费者的色彩概念。我们在商场中购买时，各个品牌柜台都代表着各个公司的色彩，对消费者进行潜意识的宣传。

越来越多的大品牌产品开始在网页视觉传达设计中运用色彩营销战略，进一步瓜分网络商业这一新媒体，达到对消费者意念中的品牌强调。

案例解析：Anna Sui 日本官方网站设计

Anna Sui 官方网站设计只突出了两个元素：一是标志，二是一贯传承 GLAMROCK 风格与神秘紫色调。复古的店面风格和蔷薇装饰是基本元素。根据每个国家的地域和文化相应改变颜色和款式，但是基本元素不变。这是基于 Anna Sui 品牌企业形象识别系统应用。

Anna Sui 网站设计一向以大胆多变见长，整个网站完全符合企业所追求的 GLAM-ROCK 风格。Anna Sui 品牌设计源于一位吉卜赛式的纽约设计师，从服装伸延至化妆品，将绚丽的设计发挥得淋漓尽致。整个网站选用了欲望的紫色来包装其化妆品系列，以紫色为主色的包装，周围布满了红艳的蔷薇，像极了 20 世纪 70 年代妩媚的面粉盒，复古俏丽的化妆品系列让城中女子爱不释手，以达到企业有别于其他化妆品网站的柔和，并突出了鲜明的主题。

Anna Sui 官方网站中的部分网页如图 1-15～图 1-18 所示。

图 1-15　Anna Sui 官方首页

图 1-16　Anna Sui 官方内页

图 1-17　Anna Sui 日本官方网站

图 1-18　根据日本地域及当地民俗特征设计的 Anna Sui 日本官方网站

② 明度。明度是色彩的明暗程度，也叫亮度，一般在白色与黑色之间的范围内变化。体现颜色的深浅差别、明暗特征，没有色相和饱和度的区别（如图 1-19 所示）。明度与可读性有着紧密的关系，它可以起到依次集中视线的效果，是非常重要的色彩特征。不明显的、细微的明度差别会降低可读性的视线效果，明显的明度差别可以起到突出信息、增强可读性的效果。

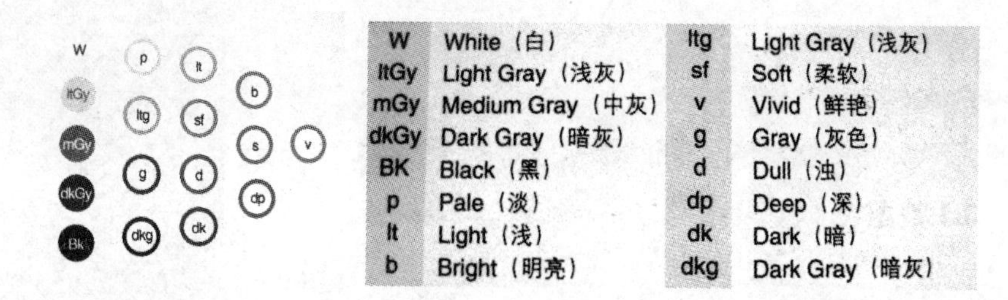

W	White（白）	ltg	Light Gray（浅灰）
ltGy	Light Gray（浅灰）	sf	Soft（柔软）
mGy	Medium Gray（中灰）	v	Vivid（鲜艳）
dkGy	Dark Gray（暗灰）	g	Gray（灰色）
BK	Black（黑）	d	Dull（浊）
p	Pale（淡）	dp	Deep（深）
lt	Light（浅）	dk	Dark（暗）
b	Bright（明亮）	dkg	Dark Gray（暗灰）

图1-19　明度

③ 饱和度。饱和度又叫纯度，指色彩的鲜艳程度。饱和度高的色彩纯粹、鲜亮。色彩混合越多则纯度越低。尤其是白色、灰色、黑色、补色混合的话，饱和度会明显降低。越是饱和度高的色彩，图像越容易留下残留的影像，也越容易被记住，如图1-20所示。

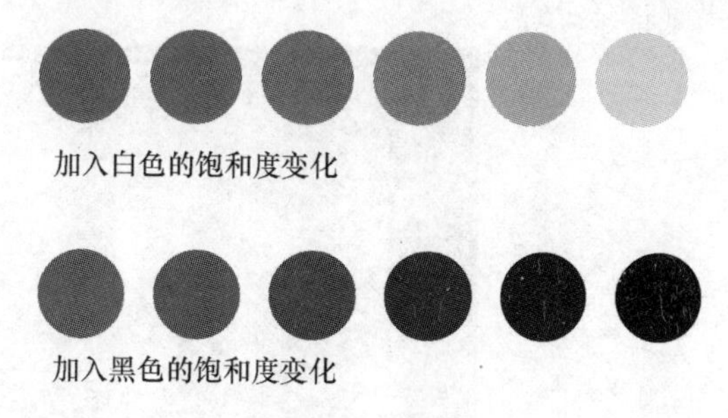

图1-20　饱和度

注意

色彩的可视性直接与色彩的饱和度有着紧密的关系。色彩的可视性是指在一定背景中的色彩在多长距离范围内能够看清楚的程度，以及在多长时间内能够被辨别的程度；饱和度高的纯色其可视性也高，对于色彩对比而言，对比差越大，可视性越高。

（2）原色、间色、复色、冷暖色、配色及色调

① 原色。原色又称为基色，指红色、黄色、蓝色三种颜色。自然界中的颜色很多，但是基本色就是这三种颜色。其他颜色除白色外，都可以用这三种颜色按照一定的比例调和出来，而这三种颜色则不能用其他颜色调配出来，所以叫做原色（图1-21）。

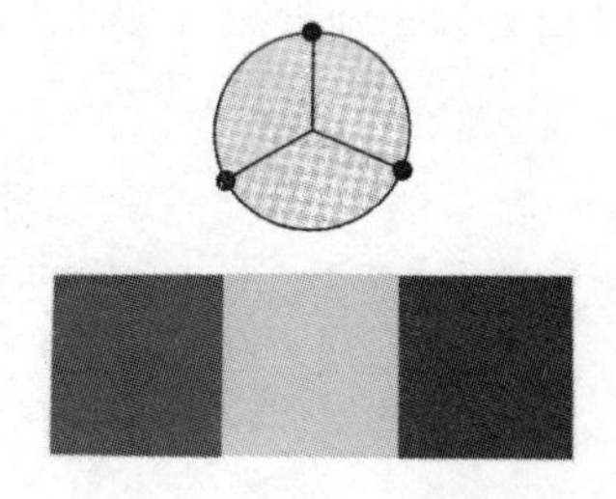

图1-21　原色（一次色）

注意

黄色是三原色中明度最高的颜色，蓝色是三原色里视觉传递速度最慢的颜色，而红色则是视觉传递速度最快的颜色。

从图1-22、图1-23与图1-24中可以发现，通常是特点分明的网站比较喜欢应用原色来传递产品信息。

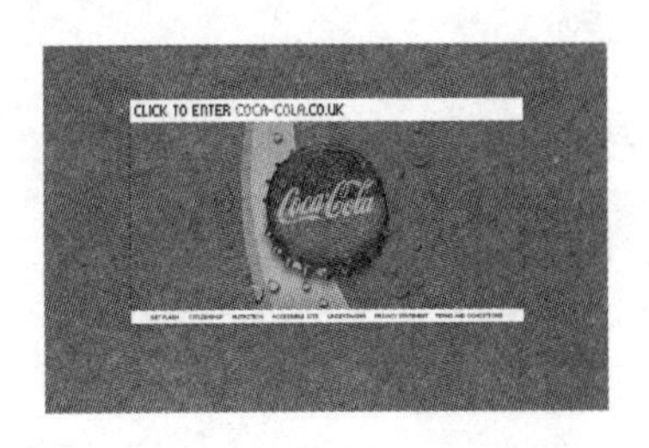

图 1-22　原色——红色网页

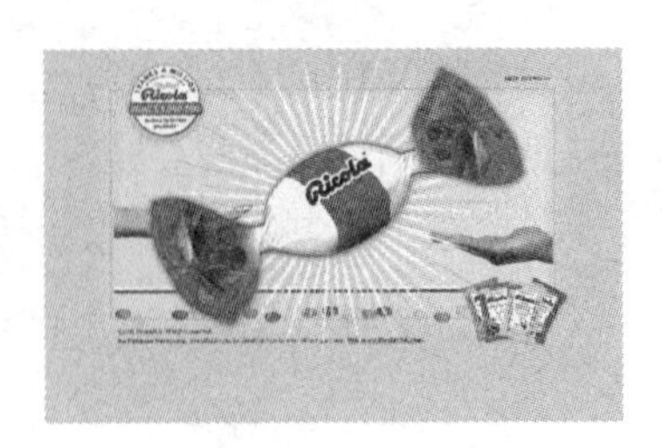

图 1-23　原色——黄色网页

图 1-24　原色——蓝色网页

② 间色。间色又称次生色，是三原色之间相互混合后的第一种颜色：红 + 黄 = 橙；黄 + 蓝 = 绿；蓝 + 红 = 紫（图 1-25）。将橙、绿、紫搭配的网页由于使用的面积不同，也能达到和谐、明快的效果（图 1-26）。

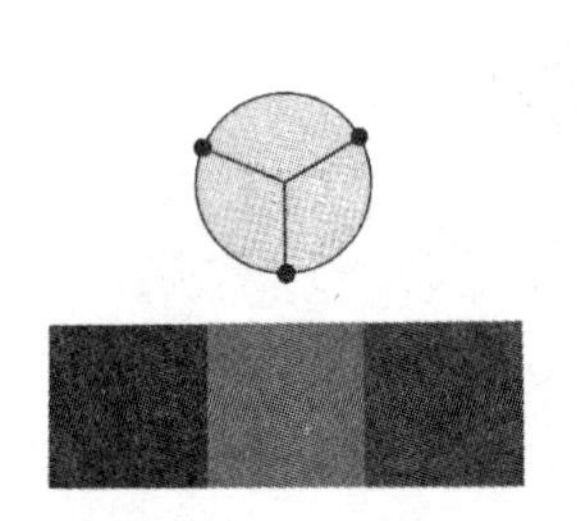

图 1-25　间色（二次色）

图 1-26　间色搭配的网页

③ 复色。复色又称三次色，如图 1-27 所示。复色是由两种间色或原色与间色混合而产生的颜色。复色的饱和度降低，色相感觉不鲜明，含有灰色成分。如果在网页中含有灰色成分，则视觉对比相对减弱，如图 1-28 所示。

图 1-27　复色（三次色）

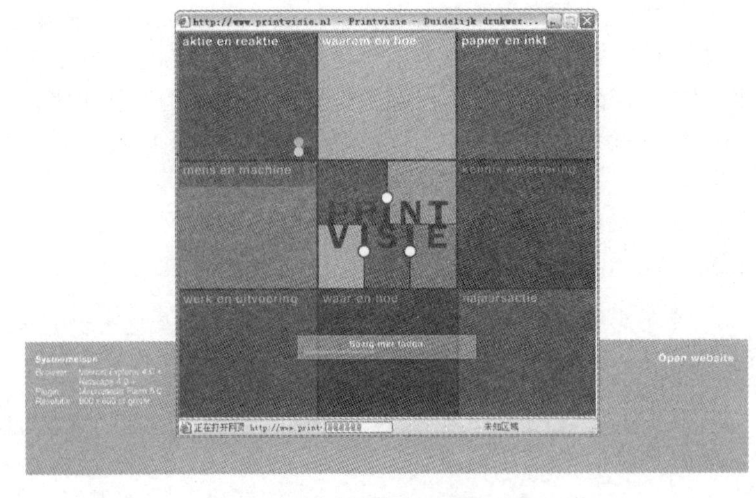

图 1-28　复色搭配的网页

④ 冷暖色。色相的物理现象及其给人的生理感觉即产生冷色与暖色。

经验介绍

黄色、黄橙、红橙、红色和红紫等颜色使人想到阳光，故称为暖色。暖色系色彩饱和度较高，其温暖的特性较明显。暖色系一般跟黑色搭配，如图 1-29 所示。

绿、青、蓝等颜色称为冷色，冷色系的明度较高，其阴冷的特性越明显。冷色系一般跟白色搭配。

如图 1-30 所示，通过红色的邻近色的调配及面积的变化，增加整个页面的层次感。再比如，有色相、明度不同的邻近色搭配，中间白色及灰色的过渡，将会使得页面更加宁静、舒适。

图 1-29　暖色系网页

图 1-30　冷色系网页

⑤ 配色。每种色彩都有固有的色泽。配色方法不同，色感也不同。色彩调和可分为单色、类似色、补色、无彩色等。大部分人对于日常生活中通过类似色、单色、无彩色进行配色的商品和环境都非常熟悉，也比较喜欢这种配色商品。在网站色彩设计中经常能见到有着华丽、强调的色彩感的设计。大多数的设计师都倾向于摆脱客户要求的框架限制，表现出华丽色彩调配而成的视觉效果。想要在数万种色彩中挑选合适的色彩，就需要设计师具备出色的色彩感。

- 单色——在单色中加入白色和黑色，从而改变亮度差进行配色的方法，如图 1-31 所示。
- 类似色——色相环中最邻近的色彩，又可以叫邻近色，其色相差别最小。例如红色和黄色，绿色和蓝色都属于类似色，如图 1-32 所示。
- 补色——色环中相对的色彩，对立的色彩就是补色；补色配色表现出提高相对色饱和度的效果，比如黄色是蓝紫的补色，如图 1-33 所示。

图 1-31　单色配色

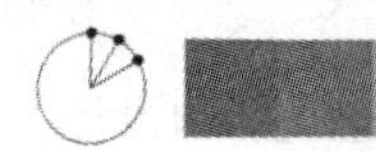

图 1-32　类似色

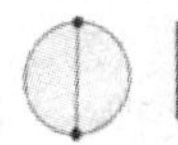

图 1-33　补色

● 邻近补色——色相环中相对立的补色的两旁色彩，如图 1-34 所示。

● 无彩色——白色、灰色、黑色等中性色之间的配色，如图 1-35 所示。

图 1-34　邻近补色　　　　图 1-35　无彩色

⑥ 色调。色调是色彩组合在一起产生的倾向性，它具有统一页面色彩的作用。色调也可以理解为色彩状态。色彩给人带来的感觉与气氛，是影响配色视觉效果的决定因素，是使网页的整体画面呈现稳定协调感。

经验介绍

视觉角色主次位置涉及几个概念。

主色调——页面色彩的主要色调、总趋势，其配色不能超过该主要色调的视觉面积。

辅助色——仅次于主色调的视觉面积辅助色，是烘托主色调、支持主色调、融合主色调的辅助色调。

点睛色——在小范围内加以强调来突出主题效果，使页面更加鲜明生动。

背景色——衬托环抱整体的色调，起到协调、支持整体的作用。

在图 1-36 中，使用黑色作为背景色，统一了各类纷乱的视觉色素。不同色相的饱和度在背景的衬托下异常跳跃、刺激，符合个性化娱乐咨询网站的特定环境诉求。

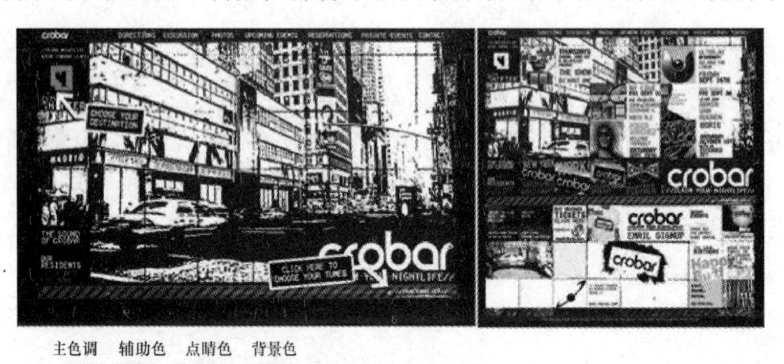

图 1-36　色调在网页中的应用

2）色彩的作用

（1）吸引视线

对设计师而言，最重要的是把人们的视线快速吸引到设计上来。人们对于大型设计作品的视觉要素的认知顺序依次是色彩→图画→图案→标志→文字，如图 1-37 所示。

图 1-37 吸引视线的顺序

色彩就是最先吸引人们视线的特殊视觉要素。比如，在商店柜台中最醒目的是黄色包装的商品，这是因为黄色具有醒目的膨胀效果，同时也说明色彩能够最快地吸引人的视线。当然，网页设计与吸引消费者注意激发其购买欲望的商品包装有很大的差别，与最快吸引使用者的视线相比，网页设计的重点更要放在提供使用者满意的用户界面及优质的内容上，让使用者关注网站。

因此，对于网页设计而言，色彩最为直观的视觉的要点是，必须选择适合网站理念的色彩，确定页面中色彩的使用范围和比例，并使色彩具有视线集中的效果。

（2）诱导视线主次关系

网页设计师首先必须掌握网页内容的优先顺序。只有根据内容的重要性，按照内容的主次顺序进行排列，才能突出重要内容，诱导观者的视线；而强调视觉效果的最好方法就是应用色彩。通过调节色彩饱和度的强弱，基于明度的明亮和黑暗，以及色彩大小、面积和位置，突出重要的内容，诱导观者观看的顺序，如图 1-38 所示。

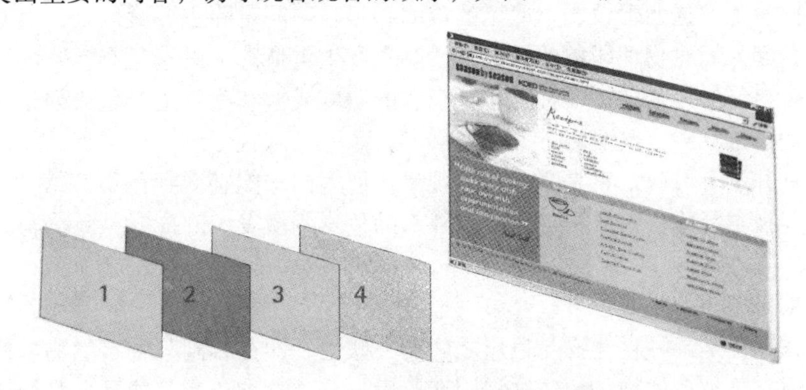

图 1-38 通过色彩明度诱导观者的视线

动态效果更能出色地诱导观者视线的主次，尤其是 Flash 动画影像，它不仅能吸引使用者的视线，还能诱导观者做出反应。对于 Flash 动画而言，色彩依然是非常重要的构成要素，观者在游览丰富精彩的 Flash 动画时，艳丽的颜色首先吸引视线，同时在动画播放的间歇的静止画面里，最能有效地诱导观者视线的主次。

（3）营造气氛

色彩能够营造真实的空间气氛，并且让观者记住网站。可以说，即使非常细致地浏览网站也很难记住网站的网页布局结构及其形态，但却能很容易地记住视觉要素中最先感知的色彩。如图1-39所示，该网页中纯净的蓝色，表现出产品高贵、纯正的品质，效果表现可谓淋漓尽致。

图1-39　色彩所营造的气氛

3）色彩的情感

色彩对于人的头脑和精神的影响力是客观存在的。色彩的知觉性、辨别性、象征性与情感性都来自于心理效应。

（1）色彩心理特征

色彩的直接性心理效应来自于物理色彩的光刺激，它直接影响人的生理和心理发展。心理学家发现，在红色环境中，人的脉搏会加快，情绪会升高；在蓝色环境中，脉搏会减缓，情绪会沉静。冷暖也是依据心理的错觉对色彩的物理性进行分类。暖色有浓厚感，冷色有稀薄感；暖色的透明感较弱，冷色的透明感很强。同时除去冷暖区别，色彩的明度与饱和度也会引起人们对物理印象的错觉，使颜色产生重量感。无论是有色彩的还是无色彩的色彩，都有自己的特征。每一种色相，当它的明度或饱和度发生变化或处于不同的搭配时，颜色的特征也就随之改变。

色彩本身并没有灵魂，它是一种物理现象，但人们却能感受到色彩情感，这是因为人们积累了许多视觉经验，一旦视觉经验与外来的色彩刺激发生呼应时，就会与人的心理产生共鸣。

（2）色彩联想性

色彩的联想性是某种自然物与色彩之间的关联性，即在看到某种自然物的固有色彩时就会自然联想到某种自然物。记住这种固有色后，看到这种色彩就能马上联想到这种自然物。比如，绿色会令人想到树木，黄色会令人想到太阳等。其实，不仅仅是自然物，即使是日常生活常见的人工物，如城市风景、数码产品、各种节日礼物等也是可以确定色彩联想的图像。例如圣诞老人的红色服装来源于1931年的可口可乐广告。由于当时冬季销量的下降，可口可乐公司创造出了穿着代表可口可乐的红色服装的圣诞老人。这是可口可乐公司的色彩营销战略，一直以来，身穿红色的圣诞老人已经成了圣诞节的代表，红色自然成了圣诞节的代表色。

色彩联想是指通过自然物、人工物或企业营销战略中熟悉的常见的事物，从而获得某种图像。对于设计而言，色彩联想非常重要。设计师要选择和使用具有适合设计意图的感知色彩，才能传达出人们预想的感觉。

注意

从技术因素看，网页设计比任何媒体设计都能简单容易地进行色彩调节。因此，在客户提出修改网页配色要求时，网页设计师必须通过自己丰富的色彩知识向其说明自己选择某种色彩的理由，简述自己的设计意图，增强自己的说服力。

色彩联想分为两大类：具体的联想和抽象的联想。下面按照色环的分布（红、橙、黄、绿、蓝、紫）以及非彩色的黑、灰、白，对颜色联想进行举例分析。

① 红。红色的色感温暖，是一种对人刺激性很强的颜色。红色容易引起人的注意，也容易使人兴奋、激动、紧张，但容易使人视觉疲劳。在网页颜色的应用概率中，纯粹使用红色的网站相对较少，通常都配以其他颜色进行调和。其让人联想到的形容词是：热情、勇气、力量、能量、兴奋等。

如图1-40所示，红色已经成为可口可乐的代名词，证明了该公司色彩营销战略的成功。

② 橙。在整个色谱里，橙色具有极高的兴奋度。橙色的特点是具有容易与人亲近的亲和力。橙色不能发挥很强的视觉集中效果，但是可以唤起不同人群的注意。在网页色彩中，橙色适用于视觉较高的时尚网站，也常常被用于味觉较高的食品网站，这种色彩容易引起人的食欲。橙色让人联想到的形容词有活力、健康、华丽、快乐等。

如图1-41所示，由于少量的白色和少许作为点睛色的蓝色在里面，高纯度的橙色显得明快而调和。

图1-40　红色引人注意

图1-41　橙色跳跃

③ 黄。黄色是阳光的色彩，也是唤起注意和警觉的代表色彩。黄色具有唤起人们快速、直观的洞察力及视线集中的效果，成为警告的象征色彩。黄色属于膨胀色，具有视觉上的膨胀效果，多用于商品包装。黄色让人联想到的形容词有希望、智慧、和平、幸福等。

如图1-42所示，这是一个化妆品网站，以浅黄色作为主色调，其间使用了米黄、柠檬黄等柔和过渡，使整个网站色调非常和谐、雅致。

④ 绿。绿色是自然的象征，传达着清爽、舒适、温暖的感觉，也有舒适安宁、缓解疲劳的作用，绿色在黄色和蓝色的冷暖之间，属于较为中庸的颜色。让人联想到的形容词有生命、繁荣、希望、舒适、正直等。

如图1-43所示为国际知名啤酒品牌——德国喜力啤酒公司的网站，该网站使用啤酒的色彩——绿色作为背景色和主色调。各国版本的公司网站设计不同，却通过绿色的色彩保持整体感的连贯性。

图 1-42　黄色扩张

图 1-43　绿色活力

⑤ 蓝。蓝色是色彩中比较沉静的颜色，象征着无限和永远。蓝色具有松弛肌肉，降低血压，使脉搏和呼吸镇定的效果，所以大多病房用蓝色色调。在网页设计中蓝色是运用最多的颜色。蓝色让人联想到的形容词有信赖、理性、真实、诚实等。

如图 1-44 所示是韩国三星公司网站，整个网站选用蓝色作为主色调，正中人物和整个蓝色天空体现了该企业以人为本的创新精神。

⑥ 紫。紫色是比较珍贵的染料，从很多贝壳中才能得到少量的紫色染料。在古代，紫色只能用于皇家、圣人、贵族等人的衣服，是高贵身份和品质的象征。紫色是最适合形容或传达天意之人尊严的色彩。紫色在可见光中波长最短，能够表现光、电子、幻想、神秘感等色彩。紫色让人联想到的形容词有神秘、神圣、高贵、幻想、忧郁等。

如图 1-45 所示，白底把不同明度的紫色衬托得更加优雅、清秀。

图 1-44　蓝色

图 1-45　紫色

⑦ 黑。黑色是力量的象征，有庄重感、肃穆感，但是自古以来，世界各族公认黑色代表死亡和悲哀。黑色具有能吸收光线的特性，有一种变幻无常的感觉。黑色和许多色彩构成良好的对比调和关系。黑色让人联想到的形容词有干练、权威、力量、悲哀等。

如图 1-46 所示，以黑色作为背景，更加衬托出产品的娇美。

⑧ 灰色。灰色介于黑色和白色之间，是中性色，具有中等明度、无彩色的特点。灰

色可以有效中和绚丽感，表现秩序感、平衡感。灰色让人联想到的形容词有知识、优雅、气质、成熟等。

如图1-47所示，该网页将不同明度的灰色进行搭配，带来的是高品质、高格调的心理感受。

图1-46　黑色

图1-47　灰色精致

⑨ 白。白色是所有色彩中最亮的颜色，给人带来特别轻快的感觉。作为非彩色，白色和黑色一样，能和各种颜色相配合，构成明快的对比调和关系。通常在网页配色中，若感觉页面沉闷，可以考虑加入白色。白色让人联想到的形容词有和平、洁净、纯洁、纯粹、单调等。

如图1-48所示，与白色色差越大，页面就越明快，再以饱和度较高的亮色点睛，页面便更加精美、活跃起来。

图1-48　白色

3. 版式

网页视觉传达设计作为一种视觉语言，特别讲究编排和布局，虽然主页的设计不等同于平面设计，但它们有许多相近之处。版式设计通过文字图形的空间组合，表达出和谐美。多页面站点的页面编排设计要求把页面之间的有机联系反映出来，特别要处理好页面之间和页面内的秩序与内容的关系。为了达到最佳的视觉表现效果，应反复推敲整体布局的合理性，使浏览者有一个流畅的视觉体验。

网页视觉传达设计的版式 = 平面设计?

平面设计的版式更强调视觉传达和设计语言的丰富性，平面作品完全是静止状态，因此通过静止视觉传达给用户来加深印象，这是信息传达的主要方式。

网页视觉传达设计是网络范围的信息传播和沟通，需要考虑到更多的交互因素，由于受观看方式的影响，处在一个相对动态的情况下，用户操作、滚动条、图片导航位置、页面元素等都可能不断发生变化。因此，首先要完成操作交互的便捷性。正是由于这种技术的原因，平面设计思路不能直接应用到网页视觉布局中。近年来，国外已经将Web design 从 Graphic design 领域中划分到 Interactive design（交互设计）的范围，从这点上，我们也可以看到日渐清晰和成熟的网页视觉设计发展脉络。作为网页视觉设计师，不需要担心技术和渠道的“瓶颈”会限制设计的思想，相反，由于交互过程中视听语言元素的增加，实际上获得了更多的表达方式。文本、背景、按钮、图标、图像、表格、颜色、导航工具、背景音乐及动态影像等都是可以进行再设计的元素。

1）版式设计原理

（1）力场与动势

宇宙万物，尽管形态千变万化，但它们都各按照一定的规律而存在，大到日月运行、星球活动，小到原子结构的组成和运行，都有着各自的规律。在设计领域中同样也有着自己的“力场”。人对于对象由知觉经验产生的“力”是真实的，不是虚幻的。因为这种力，有着自己的作用点、方向和强度，它合乎物理学对力所下的定义。当外物的“力”的结构与人思维里的“力场”相吻合时，主客观两个力场便达到同形同构的认知过程。环境结构是人对于对象运行知觉的前提和基本特征，形态知觉的组织原则产生力的吸引和排斥而形成一定的动势图式，这种由环境和对象形态产生的力的分布图式称为力场。

图形和文字是版式设计中最基本的创意元素。其组合构成与空间分配决定了整个版面的性格含义和意味。在这个问题上，康定斯基有他自己的体会：一张白纸在视觉上是不等量的，往往上轻下重，左轻右重；上方稀薄、轻松、自由，下方稠密、沉重、束缚；左上方往往开发自由，而右下方则闭塞受阻抑。这种“力”的不同感受，往往来自于我们平时的经验、习惯及生理等许多因素的影响。这种经验告诉我们，版面的四个边存在着不同的力场。掌握并合理地运用这种力来分布形与空间，便能创造出一个和谐、适当、充满生气与律动的版面。

（2）形态的位置

从基本形式看，米字格是一种凝结、稳定的“力”的结构。其力的凝结点就在面的中心，而视觉中心往往略高于实际中心并偏左，这是受画面不同“力”的影响的结果。所以我们通常会将主要的形态放置在画面的上部。形态的位置一旦偏离这个视觉中心，这种稳定便被打破，从而产生动的印象。

经验介绍

距离中心近者比远者稳定。这中间还存在着两种力的对抗：靠近中心的地方由于有向内的吸引力的作用，相对稳定且有凝固之感；靠近四个周边的地方则有脱离中心之感，很不稳定。当形态贴边沿或者画面形象被边沿切割时，更会使人产生画面向外扩张的心理感受。

若想求得版面稳定，可将主体放置在画面靠近中心的位置。若想求得画面生动活泼，则可让主体形象偏离中心或将其放置在靠近边缘的地带。版面中的主体形象一旦确定，其他形象都将围绕其进行安排。不同的视觉图示会引发观者不同的心理感受，当形态处于版面中心较近位置时，空间分布均匀，观者心理感受平衡；当形态靠近边缘时，空间分布集中，虚实对比强烈，会让观者体会到很强的动态感。位于中心与四边中间的区域，是内力与外力的积聚处。这个区域动中寓静，静中寓动，最富戏剧性、活动性和挑战性，是视觉敏感而相对活跃的区域。从这个区域引出的水平线及垂直线与周力相交后会形成四个长方形，它们之间的形状、面积差异越大，版面越生动活泼，反之版面便会趋于稳定。而处于水平中轴线上的点，在感觉上往往比较平稳。这是因为中轴线上的点总是处于构成版面水平线或垂直线某一方向的中间位置，它保持了一种相对内在的对称平衡。此点越靠近中心越稳定，越接近边沿越活泼。对角线上的点则相对活跃而富有动感。形态所处位置的变化不仅丰富了视觉，满足了人们不同的审美需求，而且使得设计语言更加丰富多彩。

(3) 形态的方向

我们知道动与静是相对的，如果说斜线是速度和运行的外在表现，那么水平与垂直线则在进行无声无息的运动，它们蕴含了静态的美与力。无论是动与静分立还是动与静结合，都能产生令人感动的视觉效果。而版面中形态的方向大致可分为水平、垂直、倾斜三种。

经验介绍

水平线与垂直线是构成版面相对平静、稳定的因素，因为它与版面边线的方向保持一致，和平衡坐标的方向也相同，而这种方向是人的感觉中最平稳、最安定的一种形式。其中垂直线的视觉感受是和平、安详和宁静；斜线产生动感，与不同的边线形成方向上的对比，其方向越接近水平或垂直，画面就越平稳，越接近对角线的方向则动感越强烈；而对角线与形成画面动感线方向一致时，画面相对稳定；当形态方向与水平线、垂直线方向一致时，画面也相对稳定；当形态方向开始倾斜时，画面动势随之增强，其越接近对角线方向感越强。如果形态自身具有方向感，其方向亦可引导空间的延伸。

注意

如何使观者较多地接收信息，从而产生较深的印象，是我们从事设计时要考虑到的问题，在设计时，应该更多地考虑如何激起观者的兴趣和向往，从而形成设计者和受众之间的心灵沟通。印象的深浅主要来源于视觉的强度，而视觉强度则来自于作品的视觉效果和情感的深度。视觉强度实际上是视觉设计作品所表现出来的力度，这个力度通过人的眼睛接收后反映到大脑。大脑感应的强弱取决于“力”的冲击程度。如何去强化视觉印象，给观众以最强烈的视觉信号呢？答案是加强形式感。也就是说，对构成画面形态中最基础的要素——点、线、面进行强化设计。

如图 1-49 所示，点是最有张力的。当画面上只有一个点时，视线会不自觉地聚焦在此。

图 1-49　点的形态感

版面中的图形与文字无论以点、线、面的何种形态出现，都会因画面的原因处于各自的分割形态中，并受到空间分布的影响。设计者只要能够巧妙地运用、发挥这些因素的特性，就可以使单纯的平面成为一个充满运动与生命的有意味的版面。

（4）精神之力

从物理学的角度看，“力”包含着能量，具有运动的特征，而从生命科学的角度来看，“力”则是生命的象征。植物、动物、人及视觉艺术皆具有精神之力。不过视觉艺术的力是抽象的，不能像物理的“力”那样显示在仪器上，但却可以被人们的视觉所感知，形成震撼心灵之力。

图 1-50　麦当劳网页设计的精神力

如图 1-50 所示，麦当劳运用素描的笔法烘托网站复古气氛，引申出麦当劳悠久的历史积淀，用这种历史积淀进行感情的渲染，让每个光顾该网站的客户都能感受到它强大的文化。这是一种精神力的渲染。

“力”还可以用来表现抽象的概念。空间分割的大小比例与所形成的虚实关系也能构成生动而有序的版面。

如图 1-51 所示，对于版面的实际空间而言，主体增大空间就会变小，主体缩小空间就会变大，给人创造各种遐想的空间。如图 1-52 所示，在该版面中，主体扩大往往给人以醒目、强烈、扩张之感，缩小则给人以含蓄、阴柔、精细之感。不同的空间分布会彰显不同的个性，表达不同的情怀，产生不同的视觉形式与语言。

图 1-51　抽象概念的力（1）

图 1-52　抽象概念的力（2）

（5）空白

从空间的本意来说物质存在的一种客观形式，是由长度、宽度和高度表现出来的。把它的含义引申到网页版式设计中，指画面主体（实空间）之外的空白部分（虚空间）。它是和整个画面融为一体的，通常在设计中，人们较为注重实空间的外形，而往往忽略对虚空间的利用和把握。而恰当地运用虚空间，能使画面虚实相生，主次分明，能有效地拓展空间局限性，使有限的直观画面充满无限的主观想象。

（6）主体与空白的并存关系

在版式设计中，往往因受到空间的限制而带来视觉传达上的困难，而影响视觉传达的最主要的因素则是画面的虚空间（即空白），如图 1-53 所示。

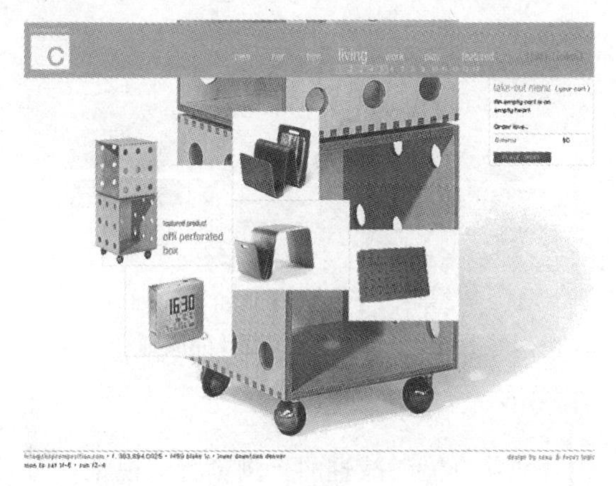

图 1-53　空间

注意

虚空间在画面中的比例直接影响到设计的效果，画面中的虚空间与图形、文字等构成要素具有同等重要的作用。空间反映了物体之间的排列和并存关系，如把这一空间含义引申到版式中，可理解为：画面上形与形的关系、形体自身结构关系、图与底的关系、图与边的关系等。我们讨论的空间，不仅仅是客观实在的物体，更是视觉上的空间、心灵上的空间。

空间是相对的，画面上各种要素的关系本质上都体现了空间关系。其中图与底的关系正是体现空间实体与虚体相并置、相并存的主要形式。通常清晰鲜明突出于前的被称为视觉实体，而含糊不清退居于后的被称为视觉虚体，在图形语言中分别被视为“图”与“底”，当二者差异明显时，人们的视觉运动便很顺利，而当二者融合混同时，观者的视觉运动就会随之产生一定的幻象，呈现非此非彼的不确定形，类似于鲁宾的《花瓶》。

总之，我们在版面中不能只看到图形、字组，而对两者之间的虚空间视而不见。如在标志设计中不能只看到“图形”而忽略“底形”，黑白相依而存，黑白互补而在，两者的正负关系、变化规律都是构成效果的必要条件。而在字体设计中，不能只注意笔画，而忽视笔画之前的空白。正是由于这些虚空间的衬托，视觉才得以集中，从而提高了视觉元素的审美价值。在平面中，虚空间的形状、大小、方向及位置的结构、排列与实空间在同一版面所形成的整体感觉，直接影响着版面的质量、水平及人的视觉心理。

2）版式设计法则

依据网站所要宣传的内容、性质的不同，受众游览网页的目的、站内逗留的时间、阅读信息的方式、策划网站页面的编排创意、站内的文字资料的配置方式以及设计的自由度等不尽相同。网站版式编排，需要结合页面的主题与素材，调整页面平衡。在不对称中找均衡，在不对称中找匀称，在统一中求变化，通过反复调整获得秩序，使人们观看时呈现最佳的视觉效果，从而完成站点信息快速有效的传递。

如图 1-54 所示是国外 B2C 的电子商务网站，整个网站以消费者群体诉求和心理作为依据，体现出儿童商品网站的宣传氛围。

图 1-54　遵循版式设计的原则

（1）统一与变化

网页版式设计统一中有变化，能够减轻网页浏览者的视觉疲劳，是网页视觉设计版式中的最基本原则，也是最基本的形式法则。

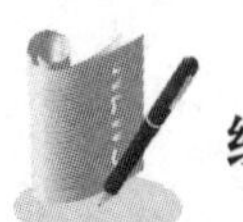

经验介绍

> 统一与变化中，占统治地位的是统一。变化不是无序的变化，是统一中的变化。在网站视觉设计中，统一的概念包括：版式风格统一、字体统一、均衡统一，以及明暗色调统一等。使相同特征和形状的视觉元素在页面中重复出现，避免物极必反。要在统一中找变化，在变化中形成统一，使各个布局之间具有一致性和规律性。

如图 1-55 所示，网站多个页面的设计采用统一的色调，不同的方位移动形式，形成网站统一中的局部变化，使浏览者眼前一亮。

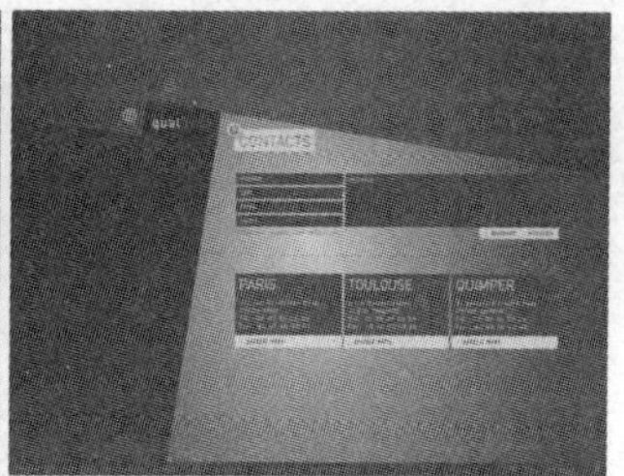

图 1-55　统一与变化

（2）均衡与对称

鲁道夫·阿恩海姆的视知觉理论认为：区别于物理上的重量平衡，人们在视觉上接受某一事物的形体时，在一定条件下也能产生一种心理上的平衡，由此引出了视觉均衡的概念。所谓均衡，是有别于物理上的质量均衡，主要指视觉中心两侧相对应的视觉因素在视觉感观上大体等量的一种视觉设计。

经验介绍

> 在网页视觉传达设计中，形体色块在视觉判断、分量或体量上基本均衡。均衡的追求能使人产生视觉上的稳定感。而对称只是均衡的一种，是在数量的1∶1关系基础之上追求的一种形体上的平衡。绝对的对称将会给浏览者庄严肃穆的感觉，是古典主义风格的表现。但是处理不好会过于呆板。相对对称与均衡则是比较常见的形式。

如图 1-56 所示，大部分的网页版式设计都隐藏着均衡和对称的手法，这是由于人的视觉在观看物体时，在不对称或潜在的不均衡的条件下会潜意识地寻找相均衡的物体作为视线的平衡点。为了使网页视觉设计符合视觉心理，设计师都会进行潜在对称或均衡设计。有些个性网站为了突出其特点，会故意达到失衡的目的以引起关注，在这种失衡的情况下，都会有相应潜在符号与之相对应。

（3）韵律与秩序

一般而言，韵律用于分析诗歌。但是人的视觉和触觉往往也存在这种韵律。秩序是网页视觉元素有组织、有规律的形式表现。韵律产生简单的重复，而秩序产生单纯的视觉效果，如图 1-57 所示。

图 1-56　均衡与对称

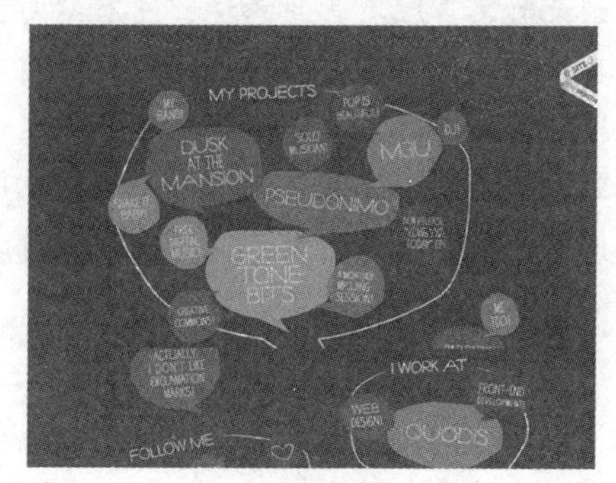

图 1-57　韵律与秩序

经验介绍

当我们接到一项网页视觉设计任务时，面对各种凌乱的资料，必须运用理智和逻辑思维，对各种材料进行大胆取舍，创建有秩序感的网页版面。秩序感会给人带来条理性，但是如果太过教条却会使版面过于呆板，适当运用韵律来打破呆板的秩序，会使网页视觉简单而生动。

(4) 空间与空白

网页版面设计可以说是在二维空间关系中营造出的一种具有三维效果的空间关系。这里所说的三维空间是指各种形状在视觉上能让人产生远、中、近的不同空间层次感。空间就是反映平面二维实空间和虚空间的一个总体，实空间是指文字和图形所占的空间结构，虚空间是指起衬托作用的留白、剩余的流动空间。

网页版式原是一片空白，当一行文字或图片以不同视觉形状出现在画面上时，就形成了上下前后的空间感觉。这种空间随着形状蕴含的内容不同而有所区别，如图 1-58 所示。

图 1-58　空间与空白

注意

空间中的空白是为了集中视觉，以突出文字和图形。正确巧妙地运用空白，常常能达到此时无声胜有声的意境，没有空白，会降低阅读和观赏性。单词和字母的拥挤直接导致可读性降低，在行间和段落之间使用空白，会给读者的眼睛提供休息的机会；同时也有效地和其他图形元素进行有机集合；空白还可以保持页面的平衡，通过若干视觉元素在空间上的布局，使浏览者感受创造者对空间的心理引导，从而产生视觉上的心理联想效果。空间的掌握和空白的大小，都需要设计者掌握好度。

3) 常用的版式

(1) 适合网页版式的尺寸

由于网页是在计算机屏幕中被观看的，而当前市面上流行的显示器分辨率各不相同，常见的有 640 像素 ×480 像素、800 像素 ×600 像素、1027 像素 ×768 像素以及现在大多数浏览者喜欢的1440像素×900像素宽屏显示。不同于传统印刷品都有固定的尺寸版式，网页会根据当前浏览窗口的大小自动格式化输出，不同种类、版本的浏览者观察同一个网页的视觉效果也是不同的，而且浏览器的工作环境不同，显示的效果也就不一样。这就使网页视觉设计师不能精确控制页面中每个元素的尺寸和位置，因此网页视觉设计中一般版面的尺寸折中为600像素×800像素。

一个成功的网页版式设计不仅能提高版面的注意价值，而且有利于该网页主题的信息传达并加强对浏览者的视觉留存。

（2）网页的框架结构

网页设计初期，设计师们为了保证自己的设计作品能够完全展现在网页中，大多数网站制作倾向于对可操作性强的功能性模块的把握。由于现代技术不断发展成熟，这些把握非常容易实现。我们可以把网页设想成为一张“白纸”，这样在创作构思时，就容易释放自己的灵感。

搭建网页框架结构，是为了让浏览者更清晰、更便捷地理解网站传达的信息内容，网页版式布局以导航栏的位置为界，大致可分为：T字形结构、左右结构、上下结构、上中下结构、上左中右结构、简约型结构、综合型结构、无规则结构（封面型）、文字型结构。

① T字形结构。这种结构是大中型企业比较喜欢的框架式，通常主标志放在左上角，导航在上部的中间占有大部分位置，然后左边是次级导航或重要的提示信息。右面是内容区域。有不少企业网页喜欢首页使用不同结构，二级页面使用T字形结构，如图1-59和图1-60所示。

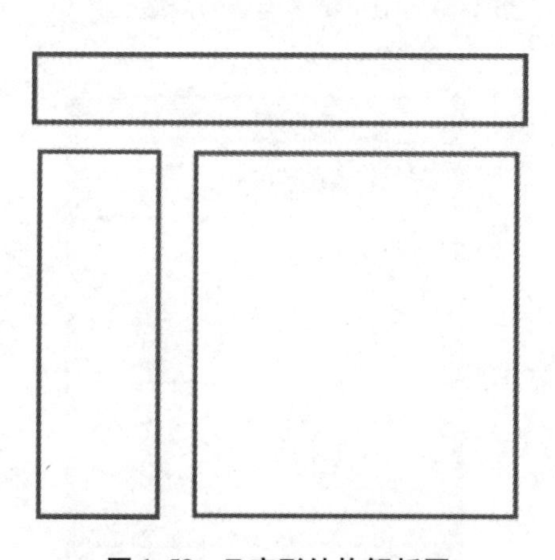

图1-59　T字形结构解析图

图1-60　T字形结构延展的企业网站

② 左右结构。左右结构型又被称为二分栏式，是清晰地分列两旁的框架结构。一般左侧是导航条，左侧上方会有一个标题或标志，右侧是正文。这种结构的好处在于内容相对集中，并且把设计表现区域化，如图1-61和图1-62所示。

③ 上下结构。通常上下结构的上方为导航条或动态的公司企业形象、广告区域。下方为正文、内容部分。此类设计在页面内容组织上，一般选取更加直接而质感强烈的图形和非常职业的文字排版，做到张弛有序，如图1-63和图1-64所示。

④ 上中下结构。上中下结构又可以称为“三”字形结构，三字形结构最突出中间一栏的视觉焦点，如图1-65和图1-66所示。

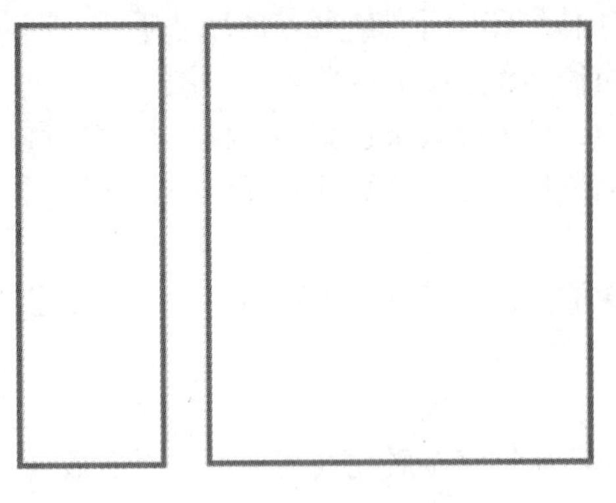

图 1-61　左右结构解析图

图 1-62　左右结构延展的网站

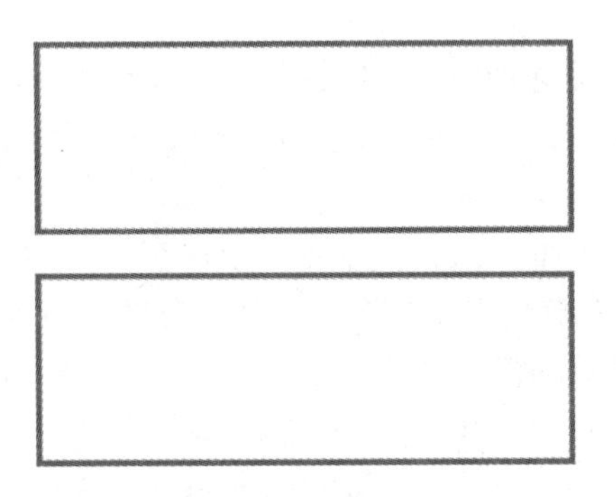

图 1-63　上下结构解析图

图 1-64　上下结构延展的网站

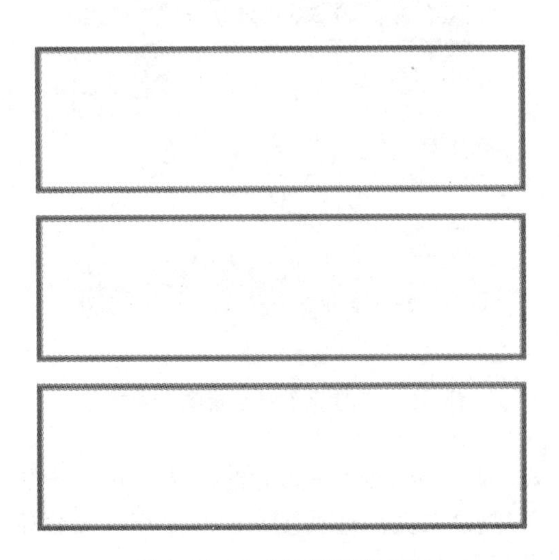

图 1-65　上中下结构解析图

图 1-66　上中下结构延展的网站

⑤ 上左中右结构。上左中右结构又称为三分栏式，是大型企业网站网站、电子商务网站、政府网站、教育机构网站、博客等较喜欢的框架式，也是常见的结构形式。同左右框架稍有区别的是中间区域是内容区域，右侧则是该网站内容的导航区域或登录内容等，如图 1-67 和图 1-68 所示。

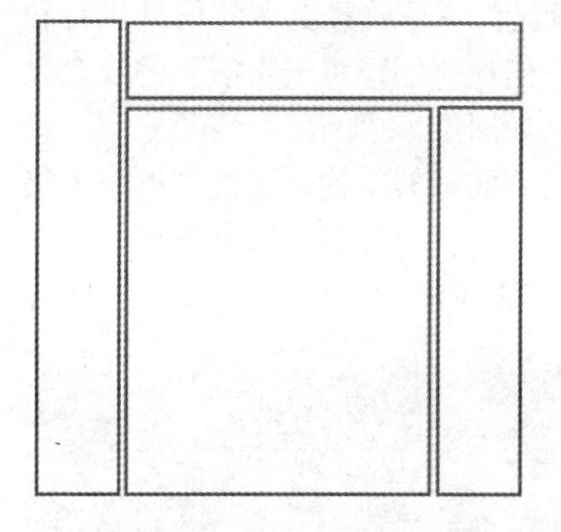

图1-67　上左中右结构解析图

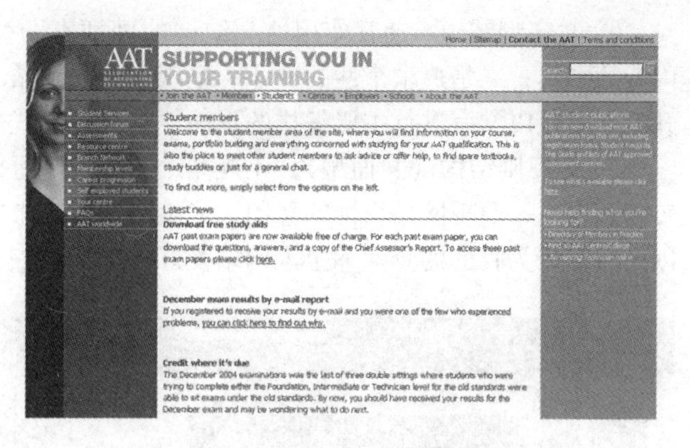

图1-68　上左中右结构延展的网站

⑥ 简约型结构。由于过剩信息存在的问题，浏览者和设计师开始喜欢用简单的语言，如图1-69 和 图1-70 所示。

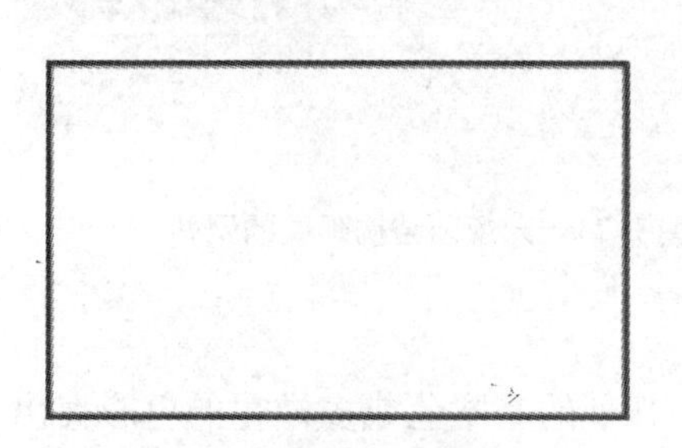

图1-69　简约型结构解析图

图1-70　简约型结构延展的网站

⑦ 综合型结构。真正能够说服浏览者的排版结构，往往是对多种排版基础形式加以特别的结合形成的综合版式。特点是功能模块多，信息分类详细，根据需要采用区域版面结构较合适。例如有些大型门户网站，首页可能采用简约型框架，二级页面会根据内容的需要改为左右框架，也有可能根据内容划分更多种框架结构。较常见的采用综合型结构的是信息储量大的门户网站，其框架中的结构变化，使该网站风格有别于其他网站。

如图1-71 所示，该网站从首页的三分栏结构式，转化为二级页面的二分栏结构式。

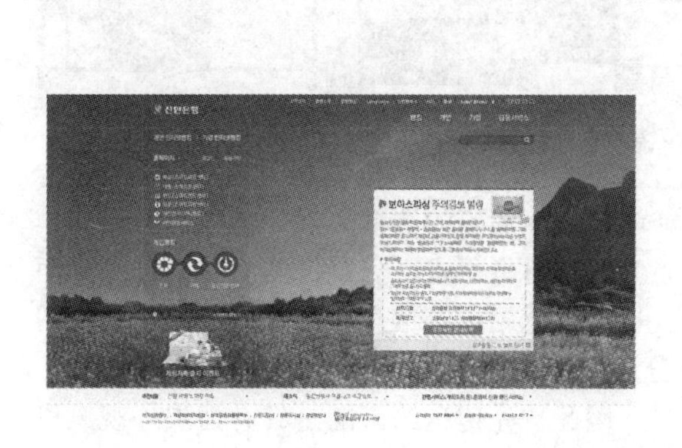

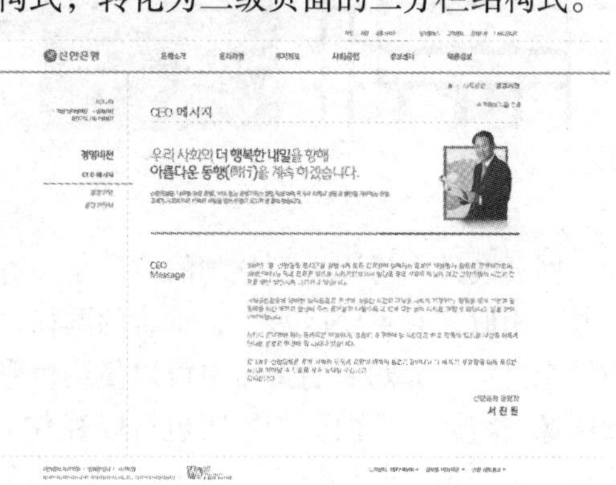

图1-71　综合型结构延展的网站

⑧ 文字型结构。通常使用这类结构的网站有两种情况，一是放置更多的信息栏目和内容的网站；二是追求个性的企业、组织或个人网站。我们把“图形重于文字”的观念抛开，会发现以文字进行主要编排的页面更加具有形式感，如图 1-72 所示。

⑨ 无规则结构（封面型）。不规则结构有别于上面提到的框架结构。无规则框架风格较随意自由，凸现网站个性的意图，能给浏览者带来较强烈的视觉冲击。这种框架大多被以产品宣传为目的的企业和个人网站爱好者采用，如图 1-73 所示。

图 1-72　文字型结构

图 1-73　无规则结构延展的网站

（3）页面分割

页面分割是指对页面进行水平、垂直分割，并运用强烈的基本色或多样化的色彩突出表现平面感的方法。页面分割技巧与蒙德里安的纯粹抽象作品的原理相似。

如图 1-74 所示，作品采用线和面构成的水平、垂直页面分割结构制作的页面比较单调，却能够表现出简洁的深度感和层次感，同时也能体现出几何学的比例美、秩序美、平衡美。

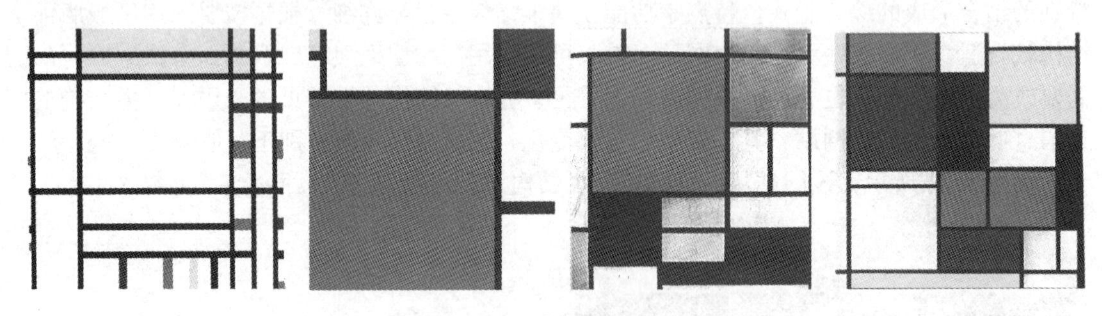

图 1-74　蒙德里安作品

网页设计中运用页面分割的技法是一种能够传达绚丽感的图形风格，与蒙德里安的作品非常相似，它主要以水平、垂直的网格体系为标准对页面进行分割，然后在分割的页面中填充色彩。分割后的页面中可以使用色彩，也可以运用内容信息、照片、插图等其他图形图像，因此，页面分割技巧也可以算作充分运用网格体系的网页布局结构的一种类型。不过，由于页面分割技巧主要表现华丽的色彩，因此首先传达给人的是具有强烈外观风格的视觉效果。

经验介绍

页面分割技巧的最大特点是活用了HTML文本中的表格结构。这种表格结构通过水平垂直分割，能够很容易地实现。也就是说，在水平、垂直分割页面的<tr>、<td>中使用色彩，这样的话，即使没有使用图像也能表现出绚丽多姿的色彩。可以说，页面分割技巧就是将HTML的实现原理活用为最感性的设计要素的表现方法。这种实现原理的网页容量比较小，因此能够支持网页快速加载。

如图1-75所示，该网站被分割成大小不一的网格，可以根据使用者的喜好改变网格大小，位置结构也随之发生变化，并且还提供蓝色、朱黄、绿色等三种色彩。

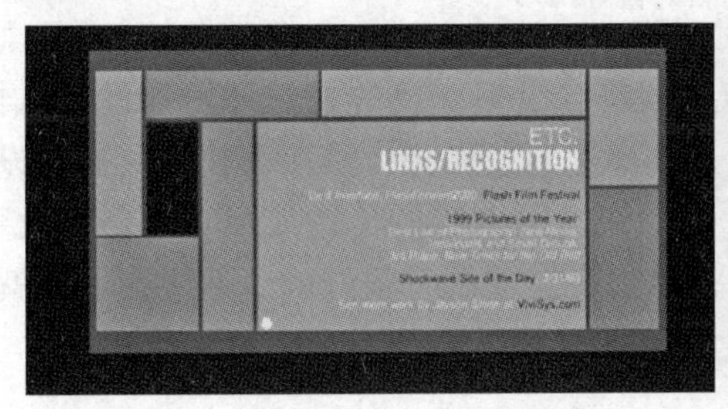

图1-75　创意媒体协会的网站

1.2.4　网页视觉传达设计的原则

一个能抓住用户的“眼球”并最终带来经济效益的企业网站的成功的网页设计作品，首先需要的是一个优秀的设计，然后辅之以优秀的制作。设计是网站的灵魂，用户认识企业的门户，是感性思考和理性分析相结合的一个复杂的过程。网页设计中最重要的东西，并非在软件的应用，更多的是我们对于网页视觉设计的理解与我们自身对美感的认知和把握。因此，在网页视觉传达设计全过程中，需要根据网页视觉设计的特点，遵循定位准确、通用性、个性突出、内容与形式统一等原则。

1. 定位准确

网页视觉传达设计作为视觉传达设计的一种，就功能性而言，有效地进行最终的信息传达，也是网页视觉传达设计的第一要务，就是明确信息传达的主旨。网页视觉设计的主题多种多样，既可以是传达某种信息，也可以是表达设计者的某种设计观点，甚至只是表达设计师想要追求的艺术形式。但是网页视觉设计的内容最终都要传达给浏览者，通过浏览者不同的感受和心理刺激，使浏览者得到一定功能性的满足。因此，如何将主题传达到浏览者，是网页视觉设计师一开始就要思考的问题。这就需要通过定位来明确网页的主题及其传达对象。例如制作一个个人网站，明确主题后，就要思考网站的目标对象是谁，是儿童、情侣、年轻人、中年人、男人还是女人，不同人群的生活习惯、特征、心理共性、审美层次是什么，通过何种途径去吸引他们的注意，网页视觉设计的风格要怎么确定，等等。如图1-76所示，百威啤酒旗下的百威中国官方网站首页上按照年龄对不同消费者进行分

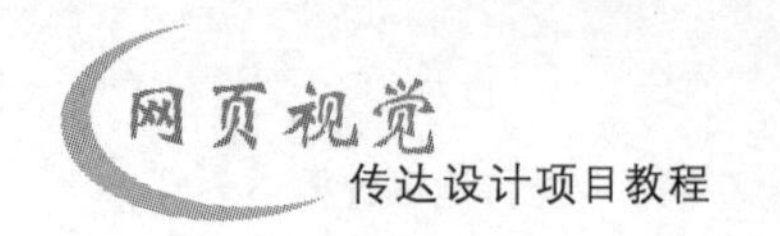

类，这就很好地把握住了基本客户群体心理、生活习惯等基本要素。

图 1-76　百威啤酒的官方网站

网站视觉设计必须经过科学的定位，才能达到符合目标对象的视觉环境和设计风格，才能鲜明地突出网页视觉主题，使网页信息传达效率达到最大化。然而，在网页视觉设计中，设计师往往容易忽略网页视觉设计定位，而专注网页内容的传达或网页风格的表现，其结果往往是内容充实却吸引不了人们的注意，风格突出却没有很好的表达主题，这就需要企业在整合形象设计的同时，把宣传媒体也贯穿进 CI 中，成为企业定位标准。

2. 通用性

大方、简洁、美观的网页视觉设计吸引了众多的浏览者并不能说明这是一个优秀的网站，只能说明达到了可视性标准。可视性仅仅是优秀网页视觉设计成功的一半。网页视觉设计还应该遵循通用性设计的原则。所谓通用性设计原则，是指设计者在设计网页视觉作品的过程中，应该考虑到视觉感受群体的普遍性，可以使得浏览者无差别地感受网页的内容和内涵，最终使得设计作品达到可视性和广泛亲和性（all-embracing accessibility）的目的，同时可视性和广泛亲和性的结合就被称为是“通用设计”（universal design）。

比如在进行网页设计时，仅仅单一地符合大多数浏览者的文字和图片，对于老年群体或者视力障碍人群来说就非常不适合。为了达到通用性的原则，我们需要在设计中加入包括视频的说明字幕和音频文件的文字副本，以满足这些特定人群的浏览需求。随着目前网络信道通信能力的不断增强，桌面带宽已经完全实现宽带传输的今天，世界主流网页设计已经不再由于带宽问题而减少流媒体的使用，更多的设计中将除了平面媒体设计之外的流媒体元素放置其中，以提高视觉感受群体对视觉表现对象的全方位感受，包括大量 Flash 元素、银光技术（Microsoft SilverLight）等在内的一系列流媒体技术都已经被广泛应用在网页设计作品中，从而提高作品本身的通用性，成为原始内容的必要的辅助设计元素。

另一个实现通用设计的有力技巧，是在设计网页作品时重点考虑结构化标记符号的使用。根据对网页设计作品在互联网使用过程中的统计发现，成功的网站往往是引导性的导航设计得比较好的网站，因为浏览者在决定进行下一步浏览过程中，往往习惯性地浏览导航目录，从而使得导航目录成为提高通用性的关键所在。在设计过程中，以醒目的导航标题为引导是构思的前提，在具体形式上可以采用横向菜单和纵向的工作目录形式完成对使用者的引导工作，适当情况下以明显的交互式动态图标形式进行深入设计，最终达到通用性的目的。

最后是通用性的适度问题。任何网站在设计时都是针对特定人群进行设计实施的，在商业网站推广过程中更是如此。因此通用性是需要被限定在商业推广人群的前提下的通用性，而不是所有的人群。根据笔者个人设计的经验，通用性原则更多的是被使用在服务类网站，特别是政府机关网站居多，如中国火车票购票网12306，由于其面对的人群是每一个中国公民，因此其设计的网站必须做到通用性的原则，以方便购票者的购票导航需求。

3. 个性突出

大多数网页视觉设计都强调整体性、统一性，网页整体性能给人一贯性、整齐性、稳定性、统一性等感觉，但是过于强调整体性会使网站出现呆板、沉闷的感觉，以至于影响浏览者继续浏览下去。所以要正确处理整体与个性的关系，个性中求统一，这样制作出的网页才能显得丰富。

优秀网页视觉设计的共同点是整体统一，个性突出。因此网页视觉设计要考虑主要体现什么标题，要呈现哪个行业的个性特色。

（1）标题风格的确定。在制作网页之前，必须先定位网页的方向，即确定网站的标题。标题在网站中起到很重要的作用，它决定着整套个人主页的定位是否正确，是否符合行业特点。就像一个好的名字应该概括、简短、有特色，容易记住，并且还要符合自己的主页的主题和风格。

（2）主页风格的确定应个性突出。对于不同行业，应该体现不同的主页风格。在同行业中，网页视觉设计也要体现个性化，并且具有时代精神。这样才能够吸引浏览者关注。例如havaianas官方网站页面，既有不同内容又区别于其他人字拖行业。整个品牌突出青年人追求时代精神的特点，其设计简洁大方并且富有活力，如图1-77所示。

该网站用缤纷的颜色绘制出世界地图，体现出该品牌是面对年轻的受众群体，网站视觉设计赋予了青春的气息。同时又根据产品特点、消费者的年龄、性别、颜色进行了更加具体的分类，以便于消费者选购自己所需要的商品。

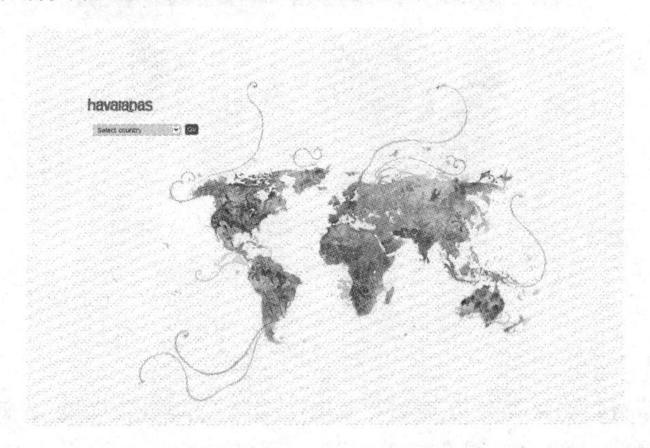

图1-77　havaianas官网

4. 内容与形式统一

内容与形式的统一非常重要，它是指整体视觉印象和内容意境的统一。网页是由多页面和多元素组合而成的，每个页面都可以独立进行版面的设计和编排。每一个多媒体元素都可以呈现出不同的风格。因此，要将丰富的意义和多样的形式组合成统一的页面结构，形式语言必须符合页面的内容，体现内容丰富的含义。如运用色彩、VI、造型、版式等手段去统一画面，获得和内容相一致的秩序感，并且内容上与网页之间体现出连贯性和整体性，使内容和形式实现统一。

网页视觉设计的内容，主要指网页的功能、主题、信息文本、题材、图片等基础文本元素的总和，也可以说是设计的文案部分。网页视觉设计的形式，主要指版式的面貌、风格、设计语言等，它是网页视觉设计的存在方式。

内容决定形式，形式表现内容。优秀的网页视觉设计，必定是内容与形式的统一，二者相辅相成。一方面，内容具有主导地位，它决定和制约了形式，在网页创作中，形式的选择和确定应当以能否恰当地表现内容为原则；另一方面，形式又具有独立性，它不但直接影响到设计作品内容的表达和体现，而且形式本身也具有自身的审美价值和艺术魅力。

网页视觉设计中应注意各组成部分在内容上的内在联系和表现形式上的相互呼应，并注意整体页面设计风格的一致性，以实现视觉和心理上的连贯，使其形成的视觉效果与人的视觉感受形成一种沟通，产生心灵共鸣。

网页视觉设计内容与形式必须统一，形式必须服从内容要求。网页中各个视觉要素之间构成的视觉流程，要能够自然有序地达到信息诉求的重点、各个视觉要素在颜色、形状、操作方式上达到一致性。多数情况下，我们通过 CSS（Cascading Style Sheat，级联样式表）完成网页形式的统一工作。如图 1-78 所示的 Sony 公司网站的视觉给人以简洁、明快之感，并且完全符合工业化标准秩序感，企业网站的风格和产品风格完全一致。

图 1-78　Sony 公司网站

课后练习

1. 中外企业网站有什么区别？在这种区别中技术与艺术又分别起着怎样的作用？
2. 网页视觉传达设计的定义是什么？
3. 简述网页视觉传达设计的三大要素。

项目 2
CIS 企业形象识别系统

本项目主要讲述 CI（企业识别系统）历史、组成、延展以及和网页视觉设计的相互关系。整个商业环境已由原来的实际交易发展成现下的虚拟交易，那么企业必然会对其整体形象宣传方式进行调整，在这种契机下，CI、Web、设计三者的集合必然成为未来发展的趋势。

- 通过本项目的学习，基本掌握 CI 发展历程与 Web 设计的关系；
- 了解 CI 发展历史，把握 CI 的概念；
- 掌握 CI 系统的构成以及各个组成元素的作用；
- 通过学习 CI 的理论知识，进一步掌握网络 CI 策划与设计。

企业识别系统是一个感性思考与理性分析相结合的复杂过程。它的方向取决于设计任务，它的实现依赖于多种媒体平台的呈现。虽然平面媒体在市场宣传中仍然占主导位置，但是网站已经成为现下应用最为广泛和便利的媒体之一。本项目着重介绍网站上的 CI 企业形象策划。

企业要为自己量身定做适合自身企业形象的识别系统，以消费者为中心，根据市场的状况、企业自身的情况等进行综合分析，从而作出符合企业自身需求的设计计划。在竞争激烈的商业市场中，企业的发展不再是单纯地卖出和买进产品得到利润，而是进入了一个整体形象识别系统的包装，使原来分散的产品和品牌集中化，通过各种渠道和媒介在消费者心中建立自身形象。那么作为一个视觉传达设计师，如何在多种媒体平台上体现出现代企业精神理念以及服务内容呢？

任务 2.1　CI 概述

工业革命为人类带来了空前活跃的经济活动，大量商品充斥着市场，企业竞争愈演愈烈。现代企业为了有效控制运作过程中企业信息的传递，逐渐引入并完善 CI 系统。从历史发展的角度来看，企业树立自身的形象是以商标确立展开的，已有数百年的历史，在 1700 年前后，欧洲大部分的商业单位都有自己的品牌，在中国，商标的历史更加久远。北宋时期，最负盛名的是济南刘家针铺的标记。

图 2-1　刘家针铺

如图 2-1 所示，标记上面写着“认门前白兔儿为记”，将门前石头白兔形象置于中心。这枚商标已经具备了现代标志所应具备的各种因素。但是早期的商标设计活动基本是分散的，不系统的，没有完整的科学设计规律和原则。

注意

了解两个基本的概念：CIS 与 CI。在介绍企业识别策划书籍中，常见的主要有 CIS 和

CI两种提法。CIS是英文Corporate Identity System的缩写，Corporate指的是“法人团体、公司”；Identity的意思是“同一、绝对相同、本体、身份、识别”，指的是能辨识出本体；System指“体系、系统”，即“企业同一形象识别系统”，是一种改善企业形象的经营技法，指企业有意识、有计划地将自己企业的各种特征向社会公众主动地展示与传播，使公众在市场环境中对某一个特定的企业有一个标准化、差别化的印象和认识，以便更好地识别并留下良好的印象。CI即Corporate Identity的缩写，中文直译为“企业识别”，指主体的识别性，主体有区别于其他同类的个性化特征；主体的个性化特征要有完备的统一性、共同表达主体的识别性。在大多数场合，CI被译为“企业识别”或“企业可识别标志”，简称“企业标志”。鉴于二者并无本质的不同，本书将不再区别CI与CIS，而一律采用CI的提法。

注意

区别一组概念：企业形象与企业形象识别（CI）。企业形象和CI关系紧密，但绝非同一概念，二者含义完全不同。企业形象是指社会公众和全体员工心目中对企业的整体印象和评价，是企业理念行为和个性特征在公众心目中的客观反映。而CI则是传播和塑造企业的工具和手段。我们说，企业导入CI的目的是通过塑造优良的企业形象（当然还有品牌形象和产品形象），提升市场竞争力和企业内在素质，但不代表CI就是企业形象。

CI是企业在行业结构和社会结构中的特定地位和个性化特征，它是通过不同的传播方式、方法在社会公众心目中对企业产生认同感的价值共识的结果。企业并不是一成不变的。企业必须随着环境的变迁，改变社会价值观；企业必须通过重新定位，调整经营理念来塑造新的企业形象。这正是CI的任务所在，即使企业不断地调整修正自己来适应环境的变化和自身发展的需求，以求得企业与社会和自然的一种平衡状态。如果CI仅仅是对企业本身形象的社会传送，其作用也就仅限于那些本来就具有良好的形象，只是信息传递力不强的企业而进行的信息传送设计。但事实上，大量的企业是因其形象不适应正在发展的信息时期形象竞争日趋激烈的需要，才求助于CI这一系统手段。这也正是CI产生和发展的深厚基础。

2.1.1 CI的形成与历史沿革

CI作为一种文化现象，它隐含着一个基本的功能概念——识别。CI的最初用途即是识别。CI不仅仅限于企业形象的识别，也可扩展到非企业的领域中，如区域形象识别设计，如运动会、博览会、学校等，它不单单是一种纯技术性的操作，还要符合本国国情及具体企业的特点。

1. CI的萌芽

1）背景

两次世界大战形成了新的世界格局，战后世界经济逐渐呈现国际化倾向，各行各业的营运范围日益扩大，企业经营迈向多元化、国际化的方向。经营者深感原有的企业形象已无法适应突飞猛进的企业实态，必须建立一套兼具统一性与组织性的识别系统，在这种情况下，CI应运而生。

随着科技的发展，大众的消费形态也随着物质文明的发展而不断变化，直接或间接地导致商品与服务需求由过去单一的选择，转变为多样性的选择。因此，企业为适应消费形态的需求而采取合并、改组、扩充的经营方式。企业在经营策略改变过程中，会造成消费者的迷惑，甚至会造成企业内部员工的不解和管理上的混乱，因此应该在适当的时机导入CI使企业改变经营模式。

消费观念和审美取向不同使现代每个企业必须面对和承受压力，企业要站在消费大众的立场上去看待自己的行销理念，建立良好的企业形象。在现代企业经营中，为了能建立具有独特个性的企业形象，以便在众多竞争同行中脱颖而出，则可依赖于运用企业识别系统（CI）来塑造企业形象。因为“企业本身的形象即决定、左右消费者的购买欲望”。

2）历史沿革

CI的历史可以追溯到远古的图腾，部落统一标识、服装、礼仪、口号、纪律制度等，都是CI的原始表现，CI随着社会和生产力的发展而不断发展，它的成熟是市场经济下企业经营发展的必然结果。

（1）萌芽阶段

第一次世界大战前，德国现代设计的奠基人物彼德·贝伦斯为德国电器工业公司AEG设计出西方最早的完整企业标志和企业形象，这是现代企业形象设计系统化的开端，如图2-2所示。

AEG

图2-2　AEG企业标志

19世纪初，伦敦客运总署的副总裁费兰克·匹克先后几次委托艺术家对伦敦的地下铁系统进行设计规划，最复杂的线路交错部分放在图的中心，忽略比例的约束，只重视线路的走向、交叉，让乘客一目了然。这套周密完整的系统规划成为CI的萌芽。

（2）雏形阶段

1920年3月18日希特勒反用中国的万字图形设计了纳粹徽标，在德国建立的法西斯体制沿用了系统的设计规则，在国家、政治、军事的统筹下进行设计，将其民族、社会的理念融入视觉符号中，建立了一整套纳粹帝国的视觉识别系统，如图2-3所示。

1916年，弗兰克·匹克委托被誉为20世纪字体复兴之父的平面设计家爱德华·约翰斯顿为伦敦地铁创制了无衬线字体——铁路体，将其作为标准字体援用到伦敦地铁系统上，并一直沿用至今，如图2-4所示。

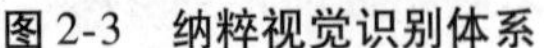

图2-3　纳粹视觉识别体系

图2-4　伦敦地铁

（3）形成阶段

第二次世界大战之后，各国的经济逐渐复苏，各种企业不断涌入，产品大量涌入市场且产品同质化严重。一些大型企业开始将树立企业形象视为崭新而具体的经营要素，个性化地将艺术设计、工业技术和商业结合起来，以实现企业利益和社会价值。

① CI理念传入美国

案例解析：IBM

1955年，美国IBM公司率先将企业形象识别系统作为一种管理手段纳入企业改革中，从企业标志入手，开展一系列有别于其他商业性识别的设计。由设计家保罗·兰德主持导入的CI设计体系，确立了企业商品、商标、专用品牌三位一体的企业识别标志，以企业文化和企业形象为出发点，将“透过一些设计来传达IBM的优点和特点，并使公司的设计在应用中统一化”的理念，运用到企业生产经营的整个过程中。保罗·兰德认为：“一个标志能够长期在商业市场牢固树立，必须要具有通用的、能够得到认同的、具有长久存在特点的基本形式，其设计往往是简单基本的。”至今，IBM公司给人的印象是组织制度健全，充满自信，永远走在电脑科技尖端技术前列的国际公司，可谓是“前卫、科技、智慧”的代名词。

如图2-5所示为IBM企业CI设计，IBM标志由蓝色横向线条构成，完美地展现了IBM的理念与高科技特性。

图2-5　IBM的企业CI设计

随着IBM公司导入CI的成功，美国许多公司纷纷效仿。初期导入CI企业有美孚石油、西屋电气公司、3M公司等。

案例解析：美孚石油公司

图2-6　美孚石油标志

美孚石油公司1870年成立，1882年改组成为托拉斯组织，到1900年就已经垄断了美国石油生产的90%。美孚石油公司商品名称的确立，花费了40万美元，调查了55个国家的语言，编写了一万多个用罗马字组成的商标后才定了下来。美孚就是Mobil的音译，意指信用、为人信服。在中文里，美孚的意思是“漂亮和可信赖的”。他们之所以肯花大本钱用在商品的命名上，就是因为他们深深认识到，一个商品名称，代表着一定的商品质量与特征，是企业经营信誉的象征和标志，如图2-6所示。

案例解析：西屋电气公司

西屋电气公司在世界26个国家和地区设有250家工厂，现有职工125 000人，持股人135 000人，年销售额107亿美元（1986）。其主要业务领域涉及发电设备、输变电设备、用电设备和电控制设备、电子产品等门类共4 000多种产品。从公司成立以来，一直享有世界声誉。历史上的西屋曾为世界带来光明（全球首次生产钨丝灯泡）、帮助人类将视野扩展（使用西屋摄像机拍摄人类首次登月活动）、为全球的科技与生活提供能源（西屋最早生产铀），为千家万户带来数字生活娱乐，如图2-7所示。

图 2-7　西屋电气公司标志

案例解析：可口可乐公司

20 世纪 70 年代，可口可乐推行的企业形象识别设计，可谓经典之作。1970 年，美国 L&M 公司在广泛的市场调研基础上，设计开发出可口可乐品牌、名称、商标、标准色以及可口可乐独特的玻璃瓶型，并通过一系列公关活动将其推向公众，导致世界各地掀起一场企业形象革新的潮流。

设计师罗维对"可口可乐"进行视觉整合，以崭新的企业标志为核心，开展了 CIS 的全面规划，令人耳目一新，并获得了巨大的经济效益。"coco cola"的文字结合，优美又具有动感，红白两色单纯响亮，成为 20 世纪 70 年代初期的设计典范，如图 2-8 所示。

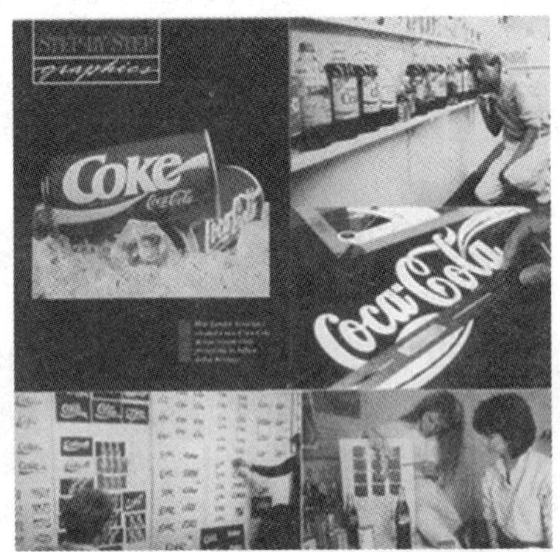

图 2-8　可口可乐公司标志

② CI 理念传入日本

20 世纪 80 年代后，美国风起云涌的企业形象识别设计浪潮席卷了太平洋彼岸的日本，并在日本得到了长足的发展。在日本，企业形象识别设计由最初的只针对企业视觉识别设计转向了企业营运理念、企业文化、企业资源等深层因素的重塑和再造，形成了具有日本民族的独特的识别设计模式。

案例解析："PAOS"设计事务

日本"PAOS"设计事务所在确立"CI"概念方面功不可没。PAOS 公司（Progress Artists Open System）旨在从事智慧与造型的价值创造，为企业更好的经营环境及生活文化赋予新价值。它在吸收了欧美企业形象设计的基础上，开发出"设计综合经营战略"（也被称为“设计管理”)。PAOS公司也是日本第一家CI策划公司。PAOS的口号是“创造思考”(Think Creative),就是要求公司职员经常思考:何为创造,如何创造,并把这种思考方式向顾客推出。这也是PAOS事业的源泉。

如图2-9所示为PAOS公司的网站,该网站一直致力于进行CI策划,为很多企业进行过CI策划。PAOS设计事务为日本多家公司服务,如马自达、大荣百货、住友银行、松屋百货等。1975年,PAOS设计事务所为日本株式会社生产的马自达(MAZDA)汽车打入国际市场开发了CI策划,树立了日本第一个开发企业识别系统的典范。

图2-9　PAOS公司网站

案例解析:MAZDA株式会社

MAZDA株式会社1971年开始做CIS计划书,当时其公司名称为“东洋工业”,然而产品却以“MAZDA”为其商标名称。这种使用双重商标政策的结果,为各种沟通场所带来了问题,常年没有得到彻底解决。直到1972年采用CI基本方针,“MAZDA”扩张声誉方针,将咨询与“MAZDA”连接在一起,以确认企业形象为目标,如图2-10所示。

图2-10　MAZDA株式会社标志

案例解析:大荣百货

大荣百货,号称日本两大百货公司之一,创建于1957年。初创时的大荣公司只是大阪的一家小百货商店,后来扩展到经营糖果、饼干等食品的百货公司。大荣公司的经营决策是“重视对人才的培养”,并由此走上了成功的道路。大荣公司提出的“企业生存的最大课题就是培养人才”,被人们称为“大荣法则”。大荣百货标志如图2-11所示。

图 2-11　大荣百货标志

图 2-12　住友银行标志

案例解析：住友银行

日本住友银行是日本知名的商业银行，在 1986 年年初，住友银行在开发新设计体系、保留传统风格的基础上，采用了以行名书写体为主的设计，如图 2-12 所示。

案例解析：松屋

松屋有一百多年的传统，是具有时代进步感的老店，颇受顾客信赖。为适应社会环境的变化，松屋开始导入 CI 系统，目的是使松屋成为有个性与特色的百货公司。为造就都市型的百货公司，他们以所设计的关键语为基本，以英文字体为中心，日文则作为辅助要素而使用，区别于过去字体与标志组合的形式，如图 2-13 所示。

图 2-13　松屋百货标志

在此期间，CI 在韩国和我国港台地区也开始传播。20 世纪 80 年代我国台湾省的台塑、味全、统一、宏基等企业先后成功地实施 CI 策略。20 世纪 80 年代中期，CI 传入我国内地。我国沿海经济发达地区部分企业受到国际化和市场化经营理念的熏陶，率先引入了识别系统，如太阳神、海尔、健力宝、科隆等。

2.1.2　CI 的概念

最初，CI 是英文“Corporate Identity”的缩写，可以解释为企业形象整体识别系统，指的是运用视觉设计的手段，通过标志的造型和特定色彩等表现手法，从企业的经营理念、行为观念、管理特色、产品包装、营销准则与策略形成一种整体形象。

经验介绍

CI 概念直接阐述其存在的主要任务，即为团队建设统一的个性识别，本质是通过统一设计将企业自身与竞争对手区分开，是一种差异化策略。它并不是一种空虚理论建构，而是源于企业实际操作中寻求特殊化的切实需要。CI 作为一种操作模式，并不是孤立存在于整个社会的文化、经济环境之外的，它总是力图融合当时的社会情境，为实现各种要素的新组合而不断发展。

案例解析：百事可乐

美国百事可乐公司企业形象识别系统就是一个典型的差异化设计，这种差异化是在与对手可口可乐公司的对比中产生的。百事可乐公司在标志设计中逐渐把蓝色升华为主色调，文字也从波浪的圆形中脱离出来，具备了灵活组合的可能性，逐渐放弃了柔美的曲线笔画，以无衬线等宽圆角的笔画重新构筑，倾斜的处理增加了字体的动感与力量，塑造出年轻富有活力的视觉感觉，逐渐摆脱与可口可乐标志中造型和色彩上的近似元素，形成自己特有的视觉风格，鲜明地表现出企业的文化理念与价值观，如图 2-14、图 2-15 所示。

图 2-14　百事可乐的标志

图 2-15　从 1898 年直到现今百事可乐包装的变化

百事可乐公司的品牌理念由原有附和可口可乐转变为倡导“渴望无限”的积极进取的生活态度。其寓意是“对年轻人来说，机会和理想有着无限多的空间，他们可以尽情地遐想和追求”。为了推广这一理念，百事选择足球和音乐作为品牌基础和企业文化载体，在广告中和社会公益活动中借助大批明星推广品牌形象。极力倡导企业文化所提倡的精神，使百事的“新一代的选择”和推崇“快乐自由”的风格广泛地被人们尤其是青年人理解和接受，产品从简单的包装到运动系列、功能系列拓展都刻意体现一种动感和欢快的格调，从而使许多青年人成为“百事”的忠实和热心的消费者。百事文化不仅是企业的，也是社会的，它深刻地通过其产品的推销影响着一大批人，反过来又推动企业按照这种文化的定位不断创新，得以经历了 100 多年还保持着旺盛的朝气。其中文官方网站如图 2-16 所示。

百事官方网站不但介绍百事可乐的相关产品，还将音乐、影视等相关文化产品纳入其中。百事可乐的英文界面采用与标志相关色视觉元素，将流行文化与企业文化并置。在网站的内容上充分展现了生动的企业文化形态，如图 2-17 所示。

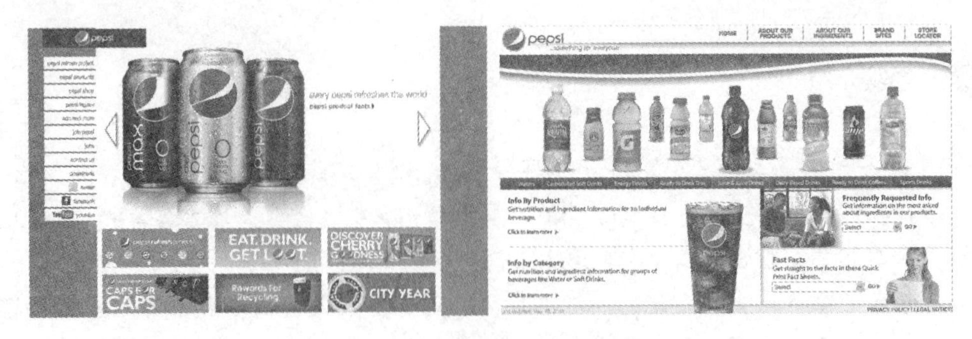

图 2-16　百事可乐中文官方网站

图 2-17　百事可乐群星网，百事可乐携手浙江卫视共同打造百事群音盛宴

2.1.3　CI 的价值

在如今复杂而瞬息万变的经济环境中，企业形象的好坏直接影响企业发展的脚步。CI 设计在以视觉为主导的信息沟通中，对企业起到了无形的巨大价值，是企业的重要无形资产。

1. 企业战略与形象的内在关系

企业在发展过程中会随着环境的变迁、社会价值的改变而重新定位，调整经营理念，塑造新的企业形象，这也是 CI 存在的原因和任务，即不断使企业调整自己来适应环境变化和发展需要，以求企业与社会和自然达到一种平衡状态。

案例解析：APPLE

1976 年，史蒂夫·沃兹尼亚克（Steve Wozniak）和史蒂夫·乔布斯（Steve Jobs）设计并打造了第一台家用计算机 Apple I。苹果公司的第一个标识非常复杂，是牛顿坐在苹果树下读书的一个图案，上下有飘带缠绕，写着 Apple Computer Co. 字样，外框则引用了英国诗人威廉·华兹华斯（William Wordsworth）的短诗：“牛顿，一个永远孤独地航行在陌生思想海洋中的灵魂。”这一标识的设计者是罗纳德·韦尼（Ronald Wayne），他实际上也可以算是苹果的联合创始人。乔布斯认为这一标识过于复杂，影响了产品销售，因此聘请

Regis McKenna顾问公司的罗勃·简诺夫（Rob Janoff）为苹果公司设计一个新标识。这就是苹果的第二个标识——一个环绕彩虹的苹果图案。1976年到1999年期间，苹果公司一直使用这一标识。公司产品也一直致力于多变和人性化设计。1998年，苹果更换了标识，将原有的彩色苹果换成一个半透明的、泛着金属光泽的银灰色标识，同时反映苹果公司与以往不同的企业经营理念，如图2-18所示。

图2-18　苹果标识的变迁

由此我们可以说，大量的企业因为形象发展跟不上时代的变化，但借助CI这一系统手段，能有效地改变这一状况。这是CI产生和发展的深厚基础。

2. 企业形象塑造与品牌价值提升

商品中的精神价值，是附加在商品的基础功能之上的价值，我们称为附加值，它是通过产品的品牌形象和企业形象加以体现的。所以实现最大可能的品牌价值增值已成为现代企业经营的最高目标。

现代社会中，社会时尚和风格急速变化，消费者的文化品位不断提升，消费形态逐渐分化，消费者需求及心理更加多元化，消费者对商品的满足不只停留在基本功能上，商品所具备的精神内涵已成为消费者追逐的主要目标。因此，企业形象和品牌形象也成了消费者在选择商品时的基本参考。企业通过产品的品牌形象，传递企业或产品的功能诉求和文化价值。

3. CI价值的具体体现

（1）制定完善的企业制度与管理标准。CI的制定是为了确保企业从系统的角度保证企业发展的一致性，同时完善企业经营管理标准、企业经营战略和发展规划。

（2）确立企业和产品定位。CI是企业自我意识的表现，它根据企业及产品的内在特征，确定其市场定位，并在理念、行为、视觉三个不同层面进行体现。

（3）强化企业文化作用。CI在理念层次上使企业员工的思想意识和价值观与企业的目标和企业文化作用相统一。也就是通过非法则、非制度化的手段，使员工的个人目标和企业目标一致，使得自己的发展与企业的发展联系在一起，增强企业凝聚力、吸引力，使企业成员团结在组织内形成强大的对外力量。

（4）企业宣传统一。由于CI制定了一套完整的行为识别——视觉识别规范，因此企业内外的信息传递和广告宣传能够具有很好的一致性。这种宣传的统一性，为消费者更容易地识别企业产品提供了便捷，也变相地让消费者在识别企业产品的同时感受企业文化宣传。

（5）提升企业品牌的价值。CI的最终目的是通过提升企业形象来增加企业的知名度，提高产品的竞争力，改善产品形象，有利于在消费者心目中建立起品牌偏好，从而增强企业品牌价值。

4. 现代CI设计的拓展

视觉文化的时代已经来临。随着时代的进步，大众社会的要求逐渐扩展延伸，品牌、形象等元素已经成为一种无形资产，商品分辨和信誉保证成为识别的重要因素，使人们视线里出现整体的视觉识别系统，时代也有了新的概念，即视觉文化时代。视觉文化时代的到来，急剧加速了经济的发展。

（1）设计维度的拓展。传统的 CI 设计多从二维角度出发，立足于标志、标准字体、标准色和辅助图形等平面设计和相关平面应用范围。随着互联网技术计算机技术、多媒体技术的应用，CI 载体因素向多元化扩展，形象展示全方位、多角度已经成为必然。CI 设计已经将视觉中心与应用载体相结合，从二维向三维甚至多维发展。

（2）从二维到三维。视觉展示设计以主体为商品。在既定的时间和空间范围内，运用艺术设计语言，通过对空间与平面的精心创造，使其产生独特的空间范围，含有解释展品宣传主题的意图，并使观众能参与其中，达到完美沟通的目的。视觉展示融入了二维、三维及四维的设计因素，涉及 CI 元素在特定时间与空间条件下的规范与施行。如专卖店的空间设计，不仅仅体现了产品的陈列功能，更重要的是体现了企业视觉形象，使顾客在购物的同时多方位地感受企业识别功能。

注意

CI 在环境中的应用主要是指系统应用和建筑外观应用。企业形象体现在建筑外观上，体现在员工与顾客之间的沟通、服务上。这也是 CI 策划深入程度的重要体现。

如图 2-19 所示的是兰芝化妆品 CI 设计，该标志选用了无衬线字体，便于顾客识别，在展示空间中大量运用蓝色、白色，使整个展示空间完全符合产品清透水润的功效，更接近于自然原生态。

LANEIGE

图 2-19　兰芝橱窗展示

（3）从静态到动态。网站是 CI 系统由静态到动态延展的典型。它高度集合了图像、文字、色彩和声音等传播元素，带来了全新的视觉传达方式。它不仅具备动态的展示功能，还可以实现与大众信息化的交流，具有很强的实用性。

网站是企业向用户和广大网民提供信息（包括产品和服务）的一种方式，是企业开展电子商务的基础设施和信息平台。这种平台可以称为“网页形象”。网站是宣传和反映企业形象和文化的重要窗口。随着互联网的发展和普及，网站建设和网页形象被越来越多的企业注视，网页已成为对外宣传和传播信息的新媒体。网页形象识别设计必须根据企业制定的 CI 识别系统中的视觉识别系统进行扩展延伸，设计出新的符合网页属性和企业精神取向的形象识别系统。

经验介绍

网页形象设计应该是统一的、整体的、便于识别的。策划设计人员应该依据企业 CI 进行整体定位策略，构成一套具有品牌形象的设计理念，便于浏览者更快捷、更准确、更全面地认识企业产品、掌握企业的发展动向，给人一种内部有机联系、外部和谐完整的美感。

构建网站企业形象的方法有多种，如可以凭借 CI 设计里已经指定的 logo、色彩、或标准字体等进行延展；重新整合设计出新颖的企业标准形象；针对 logo 本身的一致性所作的设计上的变化也可借鉴和采纳。企业建立自己的网站，必须注重网站的视觉识别设计，应该在统一的 CI 策划下，进行对视觉识别系统的局部调整。但是现在很多企业并没有在 CI 策划中的视觉识别部分提到，只是为了适应商业化潮流，纷纷建立自己的网站宣传，并没有和整体的 CI 策划统一起来，这样很容易在顾客思维中产生混乱，也很容易影响品牌形象质量。

如图 2-20 和图 2-21 所示，Autentika 公司平面视觉识别系统和网站整体视觉形成统一，可以在顾客的脑海中不断加深印象，形成 Autentika 公司整体形象。

图 2-20　Autentika 公司

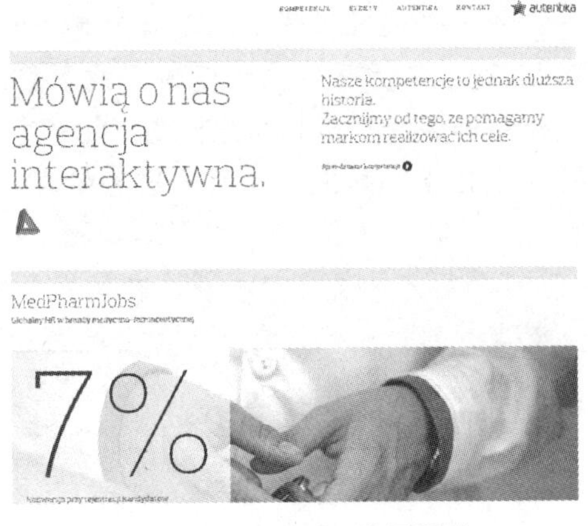

图 2-21　Autentika 公司网站

任务2.2　CI系统的构成与相互关系

CI作为一门交叉边缘学科，涉及许多领域。从某种意义上讲，CI设计是研究企业“形象”策略与方法的科学。它的核心应该是设计出杰出的理念、行为规范、视觉效果。它通过一系列的设计整合，建立企业核心思想与规范载体，并借助全方位媒体规划，促进与之相对应的识别符号传播。

2.2.1　CI系统构成要素

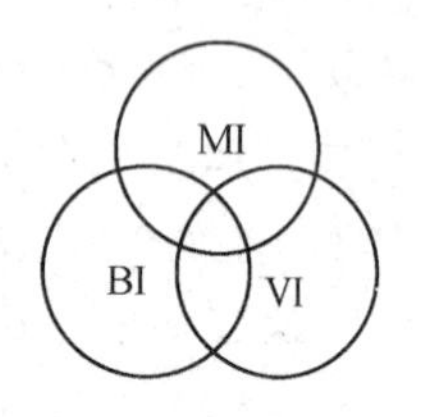

图2-22　CI系统的构成要素

CI主要由企业理念识别（MI）、行为识别（BI）、视觉识别（VI）三个部分构成。这些要素相互联系、相互作用、有机配合，共同推进CI战略的运作过程，带动企业经营，塑造企业独特形象。如图2-22所示。

1．理念识别——企业之“心”

理念识别（MI，Mind Identity）被称为“企业之心”，是企业经营的宗旨与方针，是企业形象战略的最高决策层次和定位，也是CI识别系统运作的原动力和基石。理念识别主要包括企业价值、企业经营宗旨、发展战略、组合体制、企业文化和远景规划等。它体现企业自身的个性特征，构建并反映整个企业精神的思想体系。因此，理念识别在CI设计中居于核心位置。经研究发现，世界上很多著名的企业之所以能够成功，重要的原因之一就是它们都有自己明确的理念。

案例解析：麦当劳

世界上知名的快餐连锁店“麦当劳”的创始人雷蒙德·阿·克洛克在创业初期就确定了他的战略理念，概括为四个英文字母就是“Q、S、C、V”。字面上的意思是质量（QUALITY）、服务（SERVICE）、清洁（CLEAN）、价值（VALUE），极具快餐业的行业特征。这四个字母概括了企业对全社会的承诺，即向顾客提供高质量的食物（Q）、良好的服务（S）、洁净整齐的用餐环境（C）、物有所值的消费方式（V）。其经营管理模式、各项规章制度、食物的科学配方及制作规程、特有的尊重顾客的服务方式及视觉识别系统，都是Q、S、C、V这一经营理念的具体体现。麦当劳有一条著名的店训：“如果你有时间偷闲，你就有时间去打扫卫生。”为了树立家庭餐厅的形象，麦当劳的历届领导人都特别强调餐厅内部的清洁，清洁制度的严格和细致程度，几乎令人吃惊。几十年来，麦当劳的全体员工严格恪守着这四个信条，并把这种经营理念始终贯穿于CI战略中，这也是麦当劳能够成功的主要原因。

如图2-23所示，以黄色M为标志的麦当劳企业，在世界各地拥有6 500多家连锁店，是世界上最大的饮食企业。麦当劳的企业识别有三大特点：企业理念很明确；企业行动和企业理念具有一贯性；企业外观设计统一化。

图2-23　麦当劳形象识别

2. 行为识别——企业之“手”

行为识别（BI，Behavior Identity）又称行为规范系统，是企业的理念行为化，是企业为实践经营理念，创造企业文化对企业运作方式所作的统一规划而形成的动态识别系统。BI根据不同企业、不同阶段的企业目标以及不同时间、不同场合的受众情况，会有多种多样的表现形式，所有的BI活动都是有计划、按步骤、分阶段来进行的，包括员工的组织与培训、企业内部管理制度、经营方针与市场策略、产品开发、广告与公关活动等。行为识别动态地贯穿于企业经营运作的各个环节，涵盖广泛，是决定企业能否在消费者及社会大众心目中建立认知与信赖的关键。

1）行为识别系统的组成

行为识别系统大体包括两大部分：企业内部行为识别和企业外部行为识别。

（1）企业内部行为识别。这包括组织制度、管理规范、行为规范、干部教育、职工教育、工作环境、生产设备、福利制度等。

案例解析：麦当劳BI规范

在企业经营管理方面，麦当劳公司具有独特的BI规范，前文提到过麦当劳创始人创业伊始，就确定了Q、S、C、V四个经营信条。除此之外，还特别制定了一套准则来规范员工的行为：OTM（Operation Training Mamas），即营业训练手册；SOC（Station Operation Chemist），即岗位检查表；QG（Quality Guide），即品质导正手册；MDT（Management Development Training），即管理人员训练，在企业内部建立起一套“小到洗手消毒有程序，大到管理有手册”的工作标准，以保证其Q、S、C、V理念的有效实施贯彻。

（2）企业外部行为识别。这是指企业在市场调研和营销策划的基础上，通过一系列的宣传推广向社会公众进行的信息传播活动。如市场调查、公共关系、营销活动、流通对策、产品研发、公益性、文化性活动等。

在市场经济条件下出现的一种新的销售方式是直销，在网络上，这种销售方式使广大的消费者既是消费者又是销售者，因此被称为 People Marketing（可译为大众营销）。

案例解析：安利公司

美国安利公司经过多年的开拓和发展，已成为世界上规模最大的直销机构，被美国《幸福》杂志列为500家大公司之一，由于近10年来向海外市场迅速发展，已成为美国在海外最大的10家公司之一。安利公司宣传其直销概念以人为本，为顾客提供既亲切又有保障的直销服务，有感于社会日趋商业化、人们的生活节奏加快、人际关系渐转淡薄等现实状况，安利公司强调市场营销道德，以填补人情淡薄的社会缺憾，其网站如图2-24所示。

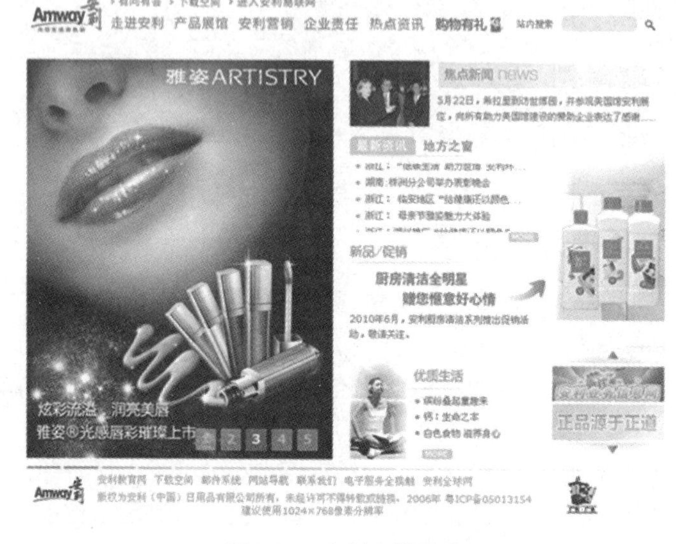

图 2-24　安利直销网站

2）行为识别系统特点

（1）现实且具体，易于操作。BI 是 CI 的“做法”，所以它不像 MI 那样高度概括和抽象，那样居高临下、深奥莫测。它必须立足企业的现状，一项一项去落实，去实施。BI 的所有活动，必须是现实的，合乎企业实际。BI 作为 CI 的执行层面，实践性极强，在 BI 设计活动中，当然也要讲究创新、超前，但首要考虑的是能否操作。BI 的策划方案不能只是大的原则、方向，应尽量周密、详尽，包括活动的组织机构、内容、时间、地点、目的要求、检测等，都要十分具体且简便易行。

（2）真实且诚挚，感情诉求。真诚是 CI 的生命。企业举办任何活动，都应出自真心诚意，而不是为了赶时髦、走形式、摆花架子，或哗众取宠追求新闻效应，更不允许弄虚作假，欺世盗名。

（3）纷繁且复杂，常变常新。在 CI 策划中，理念识别具有恒定性，一经确定就要相对稳定一段时间，不能频繁改变。行为识别则不然，BI 作为 MI 的具体表现形式，应该是不拘一格、多姿多彩、常变常新的。在行为识别中，尤其重要的是信息要灵通，能以最快的速度，准确地捕获市场信息，以便及时作出反应，制定应对良策。

（4）多角度、全方位，兼顾四方。企业举办的各种活动，必须是多方兼顾，不可顾此失彼。例如，企业经营必须讲求经济效益。就内部而言，既抓产、供、销，又抓人、财、物；既要有体现社会公众的利益，又要改善职工福利。就外部而言，既要舆论宣传，又要与公众沟通。就每一项活动而言，既有长远考虑，又有现实目标。总之，构建企业行为识别系统，必须是多层次，全方位，各方协调，配合默契，才能产生好的效果。

3. 视觉识别——企业之“脸”

视觉识别（VI，Visual Identity）又称品牌视觉系统，是指企业识别的视觉化，通过企业或品牌的统一化、标准化、美观化的对内对外展示来传达企业特点或品牌个性。它主要包括基础要素、应用要素两大部分。基础要素指企业名称、品牌标志、标准字和标准色等。应用要素指办公用品、公关用品、环境展示、广告展示及媒体宣传等。这些视觉元素将企业的理念与个性鲜明地展示给外界，同时沟通内部员工的意念，建立共识。

经验介绍

现代心理学、生理学的研究表明，人接受的外界信息中，83%来自眼睛，11%来自听觉，3.5%来自嗅觉，1.5%来自触觉，另外的1%来自味觉。因此视觉因素在企业识别系统中具有非常重要的地位。以视觉符号系统设计来传达信息，是一种比较有效的方式，它能将企业理念、企业文化、服务内容、企业规则等抽象语言转换为具体的符号概念，并展示出来。所以VI在CI中占有不可或缺的地位。

案例解析：耐克

费尔·奈特（Phil Knight）于1964年以500美元成立了运动鞋公司，并给这种鞋取名叫耐克（NIKE），该词源自希腊语，喻“胜利”之意。同时他们还设计了一种独特标志——Swoosh（意为“嗖的一声”），它极为醒目、独特，每件耐克公司制品上都有这种标记。

Swoosh就是NIKE的标志。1971年，一位美国在校学生卡洛林·戴维森设计了第一个Swoosh标志，其形象寓意为胜利女神一对舞动的翅膀。1978年，耐克的Swoosh标志由框线变为实形，出现在标准字的下方，更加醒目突出。1985年，标志组合在方形中，形成正负效果。如今，Swoosh标志依据需要被单独运用。如图2-25所示。

图2-25 耐克标志的变迁

耐克十分重视品牌的传播，从上世纪80—90年代开始，耐克就牢牢地锁定其目标营销市场——青春、性格及挑战现实的青少年，所有的耐克产品都特别彰显“钩形”品牌标志，同时发展提倡出“Just Do It”的理念来传播，由世界顶尖的运动巨星代言背书，很快地就虏获了全球青少年的心。同时耐克还宣称：“科技化的产品研发是耐克成功的重要关键因素之一，我们在发展新的制鞋材料、纤维及现代设计上不遗余力。”也就是说，促使耐克全神贯注于新产品研发的动力，还是在于目标消费者求新求变的行为态度。

2.2.2 MI、BI、VI之间的相互关系

日本人认为CI是一种方法，中国人认为CI是一种战略。我们可以认为CI首先是一种经营策略。美国Pard. Rand教授著名的CI三大支柱理论即企业个体形象、企业印象、企业识别设计，它们分别代表MI、BI、VI。例如一个国家，MI就好像国家的宪法，确定了国家的性质；BI是国家的法律，规定了公民的行为规范；而VI就是国旗、国徽。就个人形象而言，一个人的气质、性格是个体形象，行为举止、修养是个体印象，发型装束则是个体识别。IBM第二代老板认为作为一个企业家，定位是：要拥有卓越的经营信条，同时又要有随时能改变这些信条的勇气。这就是他的MI、BI、VI的设计来源。同样，企业也需要一种经营策略：企业性质、职能是MI，企业行为规范是BI，其标志、广告等视觉传达系统为VI部分。企业需要经营策略，要生产产品，从原料到市场，仅提高产品质量是不够的。在当今这个商品过剩的社会，消费者从追求物质本身的价值，逐渐过渡到重视精神理念的追求。

CI中的理念识别——MI（理念识别）、BI（行为识别）、VI（视觉识别）构成了一个有机的整体，这三个系统之间相互联系、相互推动，协调运作，层层递进，才能为企业塑造独特的形象，形成一个完整的形象识别系统。

MI是CI的核心和原动力，就像一个人的大脑，是思想系统，是灵魂。在CI设计中，没有理念识别，企业的发展就没有明确的方向，其内涵和实质必须通过BI和VI体现出来。BI是CI的基础，是非视觉化的活动识别，就像一个人的四肢，是行为系统，企业最终目标的实现靠的就是企业具体的行为。VI是CI的关键，是最直观、最具体、最富有感染力的外在表现，就像一个人的脸，是视觉系统。它能使公众通过视觉感受到企业的基本精神和差异性，达到为公众识别、认知的目的。

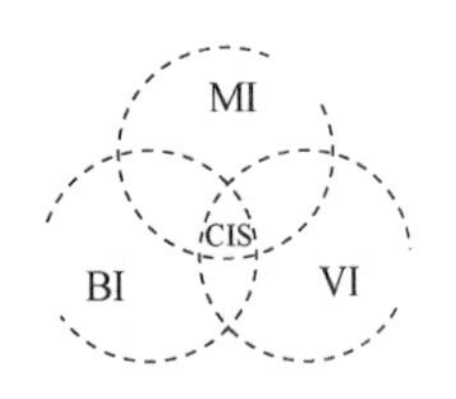

图2-26　MI、BI、VI三者之间的关系图

MI贵在“个性”，BI贵在“统一”，VI贵在“识别”。综上所述，MI、BI、VI各有特点，相互包容、相互作用，三者是不可分离的统一体，共同构成了企业同一形象识别系统。

如图2-26所示为三者之间关系图，而表2-1是三者的具体表现内容。

表2-1　MI、BI、VI的具体表现

BI	MI	VI
1. 实力定位 指在广告中展示企业自身生产技术人才和资金等实力。 2. 产品形象定位 指以突出企业的主要成名品牌在同类产品的竞争中具有代表本企业整体形象的鲜明性。 3. 经营风格定位 指在广告中突出高层决策者、经营管理者和技术人员。 4. 企业经营行为定位 指通过在广告中定位宣传企业经营管理活动，把企业经营行为、企业社会责任感传递到社会公众，以达到赢得支持和赞誉的效果。 5. 文化定位 指使广告的内容不仅仅显示商品本身的特点，更重要、更关键的是展示一种文化，一种期盼，象征一种精神，奉献一片温馨，提供一种满足	企业理念是企业的核心，不同理念识别，不仅决定着企业的个性特征，而且决定者企业形象层次的高低与优劣。其中它关系到经营宗旨的定位、经营方针的定位、经营价值观的定位。 1. 经营宗旨的定位，实际是企业自我的社会定位。 2. 经营方针是企业运营的基本准则。 3. 经营价值观是企业文明程度的标志，反映出企业文化建设水平	企业外在表象特征又被称为企业的视觉识别或者企业的感觉识别，它是企业静态识别符号，是企业形象的具体化、视觉化的直观传达形式，其传播力量和感染力量最为直接和具体

通过对CI系统构成要素进行分析，我们可以进一步明确，CI设计的任务是通过以标志设计为核心的视觉系统传达，将企业理念化的信息传播给大众，建立起良好的沟通关系。在这个过程中作为信息接收方的大众，是否会对视觉信息产生注意、判断、理解等行为效果是对设计师设计水平的检验。所以，现代CI设计的前提是站在受众立场上思考信息关注度的问题，以及从赢得对方注意力的角度出发考虑信息传播的形式和具体内容。

案例解析：2010年世界杯企业识别设计

南非2010世界杯足球赛形象设计方案，选用了个性化的识别所独有的丰富性与独特性，造就了大众认知与记忆的可能。用与以往案例相同的形象，借助不同的视觉元素形成特征鲜明的形象识别特征。世界杯倡导理念速度、激情和力量，南非把这些元素转移在丛林中猎豹的斑纹上，抽象化的形态更依赖于丰富的想象力，如图2-27和图2-28所示。

图2-27　南非2010年世界杯足球赛形象设计

图2-28　南非2010年世界杯足球赛官方网

2.2.3 CI设计原则

系统性设计是CI设计的主要形式特征。企业经营理念体系是企业行为规范体系与视觉形象识别体系的能动因素，三者互相作用形成企业的形象体系。虽然形象识别系统的最终表现是视觉形象设计，但是它关系到企业经营的诸多方面，必须与企业总体战略一致，并且要遵循CI设计的同一性、差异性、民族性、时效性等基本原则。

1. 同一性

为了达成企业形象对外传播的一致性，应该统一设计思想和统一大众传播方式。运用完美视觉一体化设计，将信息个性化、明晰化、有序化地运用到各种形式的传播媒体上，创造出能储存与传播的统一的企业理念和视觉形象，才能集中强化企业形象，使信息传播更为迅速有效，给大众留下强烈的印象和影响力。

对企业识别的各种要素，应采用同一规范标准化，同时对外传播采取统一的模式，并坚持长期一贯的运用，不轻易变动。要达成同一性，实现CI标准化导向，必须采用简化、统一、系列、组合、通用等手法对企业形象进行综合的整形。

（1）简化。对设计内容进行提炼，使组织系统在满足需要前提下尽可能条理清晰，层次简明。如VI系统中，构成元素的组合结构必须化繁为简，以利于标准的施行。

（2）统一。为了使信息传递具有一致性和良好的接受性，应该把品牌和企业形象不统一的因素加以调整。品牌、企业名称、商标名称应尽可能地统一，给人唯一的视听印象。

（3）系列。这是指对设计对象组合要素的参数、形式、尺寸、结构进行合理的安排与规划。如对企业形象战略中的广告、包装系统等进行系列化的处理，使其具有家族式的特征、鲜明的识别感。

（4）组合。将设计基本要素组合成通用较强的单元，如在VI基础系统中将标志、标准字或象征图形、企业造型等组合成不同的形式单元，可灵活运用于不同的应用系统，也可以规定一些禁止组合规范，以保证传播的同一性。

图2-29 标志的通用性

（5）通用。即指设计上必须具有良好的适合性。如标志不会因缩小、放大产生视觉上的偏差，线条之间的比例必须适度。如果太密，缩小后就会并为一片，要保证大到户外广告，小到名片均有良好的识别效果。在标志的通用性中，标志不会因缩小或放大失去原来所具有的视觉效果，如图2-29所示。

通用原则的运用能使社会大众对特定的企业形象有一个统一完整的认识，不会因为企业形象的识别要素不统一而产生识别障碍，增强了形象的传播力。

2. 差异性

企业形象为了能获得社会大众的认同，必须个性化、与众不同，只有这样才能在众多同行业中脱颖而出，因此差异性的原则尤为重要。

经验介绍

差异性首先表现在不同行业的区分上，在社会性大众心目中，不同行业的企业与机构均有其行业的形象特征，如化妆品企业与机械工业企业的企业形象特征应是截然不同的。在设计时必须突出行业特点，使其与其他行业有不同的形象特征，以利于识别认同。其次必须区别于同行业，这样才能独具风采，脱颖而出。

日本享誉世界的五大名牌电器企业：索尼、松下、东芝、三洋、日立，其企业形象均别具一格，十分个性化，有效地获得了消费大众的认同，在竞争激烈的世界家电市场上独树一帜。

3. 民族性

企业形象塑造与传播应依据不同的民族文化。美、日等许多企业的崛起和成功都根植于把本民族文化作为驱动力。美国企业文化研究专家肯尼迪指出："一个强大的文化几乎是美国企业持续成功的驱动力。"驰名于世的"麦当劳"和"肯德基"独具特色的企业形象，展现的就是美国快餐文化。

塑造能跻身于世界之林的中国企业形象，必须弘扬中华民族文化优势。灿烂的中华民族文化，是我们取之不尽、用之不竭的源泉，有许多我们值得吸收的精华，有助于我们创造中华民族特色的企业形象。

4. 时效性

信息具有动态性，一个固定信息的使用价值必然会随着时间的流逝而衰减。信息的时效性是CI设计中一个不容忽视的问题。

企业的经营哲学、价值观会随着时代的变化而更新发展，人们的消费观念、审美情趣也随着时代的发展而变化，因此企业的理念、品牌形象、行为规范、视觉形象要与时代合拍，顺应时代潮流。企业形象识别不是一个固态的、静止的体系，从设计初始到制作完成再到设计是一个不断修正、不断完善的过程。所以参与CI设计的企业领导和专业设计人员应具备时代的前瞻性。

2.2.4 CI功能

企业形象识别系统CI是现代企业经营管理的战略手段。导入CI，要完成经营过程中经营理念和经营战略的统一，实现经营管理行为的规范化，对外树立良好的企业形象，从而保证在实施视觉形象的一体化的过程中，同时树立和实现理念和行为规范的统一化。CI战略的功能正是结合现代企业管理理论与设计观念的整体性运作，以刻画企业个性，突出企业精神理念，使消费者产生一致的认同感，从而达到促销目的的全案策划。

1. CI应用功能

1）象征性的功能

CI的价值在企业对自身具有的特质、经营理念、经营行为的同一性与连续性作一番自我认知后，通过推广传播，以此架构CI，成为企业符号性的载体。

2）凝聚力的功能

在企业内部，CI确定的企业精神、工作规范可成为激发员工士气、增强凝聚力与自信心的原动力，进而提高管理效率，创造出企业长久的生存活力，确立适合时代的认同感，树立朝气蓬勃的企业形象。

3）竞争力的功能

对于企业或集团，良好的形象，除有助于企业力量的整合及化解经营的风险外，更可以衍生出多品牌下的相关企业，发挥多元化的正面效果，提高企业的效率，使得企业的市场价值和竞争力水平得到提升，有利于企业的长期整体发展。导入CI战略的目的，是希望建立良好的企业形象，博得消费者的好感，使企业产品更畅销。而传播行为所树立的形象，再经由企业、商品和消费者的互动而扩大效果，从而形成良性循环。

4）创造高附加值的功能

创造高附加值的产品品牌效益，是CI战略实施的目的之一。品牌效益是超越了产品本身物质存在的基本价值而融入文化价值、情感价值、服务价值、信息价值、企业形象价值等多方面价值因素。今天，我们已不为同一种产品、不同的价格差异而疑惑，具有卓越品牌效益的名牌产品，不仅体现在消费市场上的强大竞争力和占有率，也表现在它为企业所带来的品牌价值上。从2009年品牌咨询公司Interbrand发布的“全球最具有价值100强”来看，高居榜首的可口可乐（2009年品牌价值达687亿美元），销售收入为31 944百万美元，在2009年度《财富》世界500强排名中列第259位；排名第三的微软（品牌价值566亿美元），销售收入为60 420百万美元，在世界500强排名中列第117位；居于亚军的IBM（品牌价值602亿美元），则没有入选2009年度《财富》世界500强。

2. CI的应用扩展

形象整合不仅限于企业，随着时代的发展，CI战略的触角已伸展到除了企业之外的广大空间中去：从一个团体，一个组织，一项赛事，一次公益活动，一个网站，一次会议，一个居住小区，一个城市，到国家形象、政治形象、文化形象、市场形象……都需要形象的设计与整合。领域的延伸，必然也导致人们对CI理论研究的进一步深入和细化。

案例解析：神奈川县

1984年，由中西元男领导的日本PAOS公司率先为神奈川县导入CI战略。这是日本第一家导入CI的行政机构。通过对该县深入细致的现状调查，提出了以象征“精度感”、“时代感觉”和“适应性”为理念的CI政策，并进行县政府新的信息系统的开发设计。以“神”字为母题的标志设计，在造型上利用富有传统意味的形式寓示了该县的文化含义，颇具现代感的色彩、字体设计，则赋予了它更新的时代意义。并且设计了从建筑环境到运输车辆，从报刊封面到标识，将行政机关的服务和神奈川县固有的传统文化价值体现得完美独特，从而创造了一种崭新的形象典范。

图2-30　北京奥运会标志

奥运会是世界体育的一项重要赛事，每四年举办一次，2008年北京奥运会标志用中国象形文字“京”和奥运五环共同构成。围绕着这一形象将展开包括一系列宣传用的印刷品、城市宣传海报、广告等的设计，如图2-30所示。

随着我国社会主义市场经济的建立，在转变政府职能普遍获得认同的今天，越来越多的政府机构开始邀请 CI 机构为自己的机构作品牌策划与形象设计，如作为国家级信息咨询、决策、服务和交流权威机构的国家信息中心，于 2002 年 11 月起邀请 CI 机构重新规划、设计整个中心的形象，以期塑造一个充满现代气息的、权威的综合性信息咨询和服务机构的形象。

注意

“三种 CI 战略”的理论构想，即 Corporate（企业）Identity、City（城市）Identity、China Identity，指从一个国家形象建设的高层次来审视 CI 战略的现代使命和责任。“像企业 CI 包括三重内容一样，城市 CI 策划也包含多重内容，城市的发展战略、城市的个性发展、城市的面容，任何城市都应该有自己的特殊面容。

“例如，维也纳元旦音乐会是维也纳的中心，斯德哥尔摩的少女号角是瑞典的表达。我们的每座城市也应该有自己的形象、自己的面容，大同以云冈石窟代表其文化形象，风筝是山东潍坊的城市名片。”

从以上内容可以看出，以个体形象代表集团形象，以集团（市）形象来代表民族形象，CI 战略的价值体现已走出了企业经营的小范畴，而进入了更为广阔的社会发展的大环境，发挥出了更大的社会效益。我们应在 CI 导入各个机构中找寻它们自己所独有的特征，从而充分发挥 CI 战略的功能。

3. CI 的局限性及负面影响

CI 在现代企业经营发展中的地位和价值表现在它对企业的定位、发展规划、协调运作等方面起到了巨大的作用，但它又绝非包治百病的灵丹妙药。

20 世纪 80 年代末期，在经济发达的欧美国家开始出现 CI 战略即顾客满意战略，从另一角度探讨企业所扮演的市场角色。1986 年美国一家市场调查公司以 CI 理论为指导首次发表了顾客对汽车商满意程度的调查报告，而瑞典则引进 CI 指标体系，建立了全国的 CI 系统，1990 年日本在 JR（东日本铁道公司）全面实施 CI 战略。第二年日立公司导入 CI 战略，在电器领域产生了强大的影响，并很快波及其他行业。此后十余年间，CI 战略已在全球发达国家中迅速波及开来。以视觉识别为主要表象特征的 CI 战略历经 40 多年的辉煌发展，为企业树立了良好形象，创造品牌立下了汗马功劳，也露出了它的缺陷与局限性，CI 战略的出现，从某个方面弥补了 CI 过分强调企业自身形象的不足，更符合时代需求趋势进步的原则，使 CI 战略更全面地发挥其为企业树立形象的效应。

企业在市场竞争中，能否获得生存和发展，其因素是非常复杂和变化不定的。产品、资金、规模、市场、管理、成本以及政治、文化等，都是影响企业运作的重要因素。

产品策略代表着企业的一个根本素质，商品质量不行、商品价格不合理或商品的生命周期不对，都是企业的致命伤。在这种情况下，CI 做得越好，越为虚假广告宣传，社会效果越坏，负面效应越大，企业也难以立足。另外，片面夸大 CI 战略的做法也会使企业造成投入和产出比例的严重失调，甚至使企业倒台。

失败案例解析：秦池酒

秦池酒曾经一度成为中央电视台标王，因过度的广告投入而导致企业资金链的断裂，终因无法经营而关闭。珠海的巨人集团成功的CI策划使其在短期内就确立了市场的地位，同时，也因为某个形象广告策略的失误而遭到国家职能部门的封杀，巨额的广告投入付之东流，“巨人”也应声而倒。

在20世纪70年代后期的美国，“CI热”曾一度出现衰退的迹象。而日本在CI热方兴未艾的时候，就有很多专家已提出“CI的负效应”，指出它也会给企业带来不利的影响。为此，我们在肯定CI战略具有塑造企业形象功能的同时，还要看到它的局限性和可能带来的潜在问题，在推动CI走向成熟发展之际，同时应该防止CI带来的危害。

现代经济学强调市场的思维方式应立足于“从外向里”的观念，这与CI理论中的“从里向外”的思想不一致。从历史的角度看，CI在发达国家的诞生和发展时期，正是这些国家企业市场营销观念从“推销战略”时代转向“市场营销”的时期，因此CI诞生时不可避免地带有历史的局限因素。从CI的局限性来看，它不能及时、全面地适应市场的价值变迁，也是它的局限之一，所以要有计划地对CI系统进行运作，同时还必须敏锐地观察市场瞬息万变的需求动向，及时调整战略。否则，CI反会成为捆住自己的绳子，有可能产生负面的效果。

任务2.3　网络CI策划与设计

进入20世纪90年代以来，先进的计算机技术不仅克服了文字数字化的难题，而且征服了比文字更复杂的声音世界。如今，展示和记录人类物质和精神世界的数字、语言、文字、声音、图画和影像等过去相互之间界限分明的各种信息传播方式，都可以用计算机的二进制语言来作数字化处理，从而可以浑然一体，相互转换了。报纸、广播、电视和书籍、杂志、电影等传统大众传播媒介在形式之间的差异正在缩小或消失。交互式传播媒体的出现，使得传播者与受众之间的传统的相互关系正面临巨大的变化。人类进入了真正的信息时代。

网络作为新兴的第四媒体确实有它独特的优势，几乎任何一个用过互联网的用户都能一一道来：报道及时、零传播成本、多媒体、可以检索等。有报道说互联网发展的速度远远超过了前几任媒体：无线电广播问世38年后，拥有5 000万听众，电视诞生13年后，拥有同样数量的观众，而互联网从1993年对公众开放，到拥有同样数量的用户只花了4年时间。网络作为新的信息传播的载体，确实起了传统媒体所起的很多功用，或者说它替代了传统媒体的很多功用。互联网的发展使企业视觉文化识别出现了新的空间和领域，那么在这种形势下，企业应该如何应用CI战略来迎合当下的网络媒体，使网络这一传播载体，服务于商业，从而在降低媒体成本的基础上企业赢得利润呢?

2.3.1　明确企业形象建设的目的与动因

由于各企业有不同的市场地位，其对企业形象系统的需求程度也有所差别，因此不同的企业导入CI的时机也不相同。形象识别系统的实施往往要利用一些特殊的机会，解决企业面临的特殊问题。只有目的明确、思路清晰，才能取得理想的形象建设效果。以下几种情况可能成为导入CI识别系统的动因。

1. 新建企业或转变企业经营体制

企业在新建之初就导入企业形象系统，一切从零开始，通过运用CI识别系统引入可以集中资源，集中视觉焦点，快速建立（品牌）形象资产，把企业文化信息传播给社会公众，形成影响力。在千变万化的市场经营环境中，企业转变经营体制的情况时有发生，企业经营体制的转变会使得企业最高决策层经营理念随之变动，此时需要企业整合理念，建立统一的新形象。

2. 企业经营领域的拓展与转型

企业在扩大或改变经营领域时，产品结构逐渐向多元化发展，企业过去的形象会和现在的企业形象有所偏差，为了提高信息的效率，增强市场竞争力，这时就必须考虑重新导入企业形象设别系统，或为原有的形象系统注入新的内容，以确保企业的理念与视觉形象相呼应。

3. 品牌开发与整合

自创品牌是企业导入 CI 的动机中十分直接的一个，自创品牌一般称为品牌识别系统（BIS）。运用 BIS 可以快速建立品牌全系列的一致形象。品牌识别是中国特色的 CIS 的重要内容之一，和战略识别（SI）一起丰富、补充和完善了国外的理念识别（MI）、行为识别（BI）和视觉识别（VI）三大板块，使 CI 战略更加适合于中国企业，同时也为消费者提供更多的选择。企业往往采取多元化的品牌战略，通过建立品牌识别系统，理顺品牌形象与企业整体识别关系，使品牌策略与企业的整体营销相辅相成。

4. 企业进入国家化市场

随着企业实力的发展，原本立足于本国市场的企业逐渐实行跨国经营，市场环境的变化要求企业改变地域化特征而展现国际化企业形象。

5. 企业原有形象陈旧落后

一些传统企业虽然拥有稳定的影响力和固定消费者，但是它的理念、形象因长久不变而显得陈旧落后，无法适应当下的社会趋势。另外，竞争带来的“同质化”使缺乏个性的企业无法脱颖而出，不能获得较高的认知度。在这种情况下，企业需要对其理念与传播环节进行突破性的改变，立足于市场，明确自身的性格和特征，以建立区别于同行的形象识别，并有效地传播。valens powerful water 形象标志及应用如图 2-31 所示。

图 2-31　valens powerful water 形象标志及应用

2.3.2 设计调查

CI开发的准备工作是通过调查掌握企业形象的实际状况作为战略决策的基础。企业的持续发展必须建立在市场环境的正确分析和反应上。

CI设计的综合性特征依存于系统的开发与设计。系统是指由相互作用和相互依赖的若干组成部分结合而成的具有特定功能的有机整体。系统具备整体性、关联性、层次性、目的性和与环境的适应性等重要特征。CI的设计调查是了解企业生存环境的现状和发现所存在问题的过程。只有通过制订周密的实施计划，明确调查的内容、调查的对象并按照系统思维进行分析才能获得良好的效果。

设计调查分为三个阶段，分别为明确调查内容、明确调查对象、确定调查方法等。

1. 明确调查内容

1）企业现状调查

企业现状调查分为内部环境调查和外部环境调查两个方面。

企业内部环境调查重点在于对企业的自身进行研究，包括企业的历史沿革、组织机构、经营方针、营运能力，领导层经营理念、广告意识、员工素质，现行市场销售策略与对应措施，企业发展的潜力评估，近期与中长期既定发展目标，企业优势和缺陷的分析与评估。

企业外部环境的调查是对企业所处的外部社会整体市场环境的把握与分析，包括国内外市场产品的结构，产品的市场分布，产品的市场份额，销售价格，销售渠道以及同业竞争者的数量，地域分布，市场占有量，经营方针、经营特点、销售渠道，竞争者的广告策略、广告预算、广告种类、广告特点的调查等。

通过对企业现状进行调查分析，可以评估出企业的实际社会形象，为下一步进行企业形象概念的定位确定方向。

2）消费者调查分析

市场导向专注于购买者的需要，产品导向专注于销售者的需要。市场的概念暗示了制造商只会制造人们会买的东西，产品的概念暗示了制造商会努力销售它决定要的东西。所以在这个产业链中我们要洞察消费者的生活意识、购买动机、购买能力、地域区划、文化层次、年龄层次、审美观念等，以及潜在的市场消费者。

3）产品自身研究

产品自身研究的内容包括产品种类、特点、功能、质量、价格、外观造型、成本核算，调整产品结构的可能性与可行性评估，潜在价值与附加价值的调研。

4）视觉媒体分析

这是指搜集企业本身媒体现状和竞争者媒体的现状进行整体比较，分析企业的影响力，评估企业在公众心目中的形象。调查内容的针对性，对于新成立的企业，调研重点是本行业以及竞争企业的状况。对于已有一定形象历史的企业，除了要对自身形象的识别现状进行调查外，还应当对同行业及竞争企业的形象设计现状进行调查。

2. 明确调查对象

针对不同的调查对象进行调查，可以了解企业不同层面的现状和运作状态。调查对象主要针对企业内部（包括高、中阶层主管，一般员工）和企业外部（经销商、代理商、消费者、传播媒体）等具体对象开展调查工作。

3．确定调查方法

调查方法分为定性和定量两种形式，应视具体情况综合应用。

1）问卷

问卷分为开放式的定性调查和封闭式的定量调查问卷两种。这种方式的成本较低，发放量大，回收信息快，但是回收率无法保证，这就直接影响调研的准确率和质量。

2）访问

访问的目的是了解与企业相关的各类人群对企业的感受与印象。访问的形式和规模可视具体情况而定。注意应该在轻松愉悦的环境中进行，以主题明确为原则，与受访者真实地交流相关信息。通过访问，可以综合客观情况和主观印象，分析来自各方的不同观点，从各个角度勾勒出企业形象的大致轮廓。

3）综合调查

这是指收集和归类关于企业各个方面与各个渠道的相关资料，进行统计分析，从而得到有效的分析结果。通过电话调研、网络投票以及报刊资料等形式进行研讨，能够得到总结性的消息，可以进一步确认信息的真实性、客观性、完整性等。

企业形象建设涉及面广，应当根据导入CI的目的和动因，组织相关人员，制定调研计划，确立调研体系。

2.3.3 形象识别定位

在CI策划中，企业“形象识别定位”主要是指识别定位，着重体现企业的“个性”特点。形象竞争实际上是企业个性的竞争，缺乏个性与差别化的形象设计是没有价值的。企业的相互竞争主要表现在同一行业中的竞争。在考虑行业特征的基础上，CI的定位应该更注重体现企业的个性、风格和追求。美国著名的品牌战略研究专家迈克尔·波特提出：差别化就是企业在全产业范围内树立起一些具有独特性的东西。比如沃尔沃等同于安全象征，IBM等同于科技象征，可口可乐等同于激情，象征是企业独特性给消费者带来最直观的感受。因此，企业形象的差别化设计不仅有利于消费者识别，还有利于表现企业的产品或服务等方面的独特性，增强大众对企业形象的认可度。形象识别定位主要从四个方面对企业方向和产品进行定位。

1．目标市场

目标市场是企业定位的指南针。企业通过市场细分发现市场机会，为塑造自己独特的品牌提供客观依据。目标市场的人文特征、社会特征、经济特征、心理特征是影响品牌市场定位的基本因素。市场研究表明，消费者的生活方式、生活态度、心理特性和价值观念逐渐成为市场细分的重要变量，因此目标市场的基础性市场细分是目标市场定位的立足点和出发点。

2．竞争

竞争是企业形象定位的后视镜。在今天，没有竞争对手的市场是不可想象的，面对同一消费群体市场，竞争定位成为企业形象定位的重大干扰因素。世界上没有两片相同的树叶，也不可能存在两个相同的企业品牌，竞争定位也不可能是完美无缺的。

3. 企业文化

企业文化是企业形象定位的灵魂。没有文化的企业称不上是品牌企业，没有文化的企业是没有生命力的。品牌文化是企业文化的子文化，品牌行为和品牌文化体现着企业独特的价值理念和企业哲学。因此，只有当企业文化融入品牌，企业才富有内涵，才能和消费者建立血脉相连的关系，才能赢得市场的认可和客户的忠诚。

4. 产品属性

产品属性是企业形象定位的载体。产品属性融合了消费内容的基本特征，包括功能、结构、形状、质地、色彩、生理、社会等属性，是企业形象定位的“物资”基础，企业形象定位所确定的众多概念需要给消费者可解释的理由。产品属性是概念的载体，离开产品属性的定位只能是空中楼阁。

2.3.4 标志设计

标志设计贯穿在整个 CI 策划和设计中，它既是 CI 理念的体现，也是直接与消费者沟通的符号，可以说是整个 CI 策划和设计的结晶。

21 世纪是视觉时代，随着世界经济和商业的发展，设计在工业、商业、文化、社会活动中的作用越来越大，标志正成为这些行业的启航标。在商业流通领域中，标志作为最简洁有效的传播方式，成为商品与消费者之间的沟通纽带；在文化交流中，标志以其独特的形式向人们传递信息和观念；在国际交往中，它对于树立国家和企业的良好形象起着积极的作用。标志已经成为融合不同民族、语言、文化并以最直观的信息进行交流的一种重要方式。

1. 标志概述

1）标志的定义

标志作为一种传递信息的视觉符号，同时负载象征意义，传达出国家、地区、集团、活动、事件、产品等特定含义的信息，并以其特定的造型和色彩成为机构、企业和商品的重要象征。企业标志的应用最为广泛，是视觉识别中首要的形象要素。标志设计不仅是发动所有视觉设计要素的主导力量，也是所有视觉要素的中心，以它特有的视觉艺术语言传递着大量的信息，而企业标志通常涵盖人们通过标志对某些事物所有的印象，进而对其加深了解和认同。

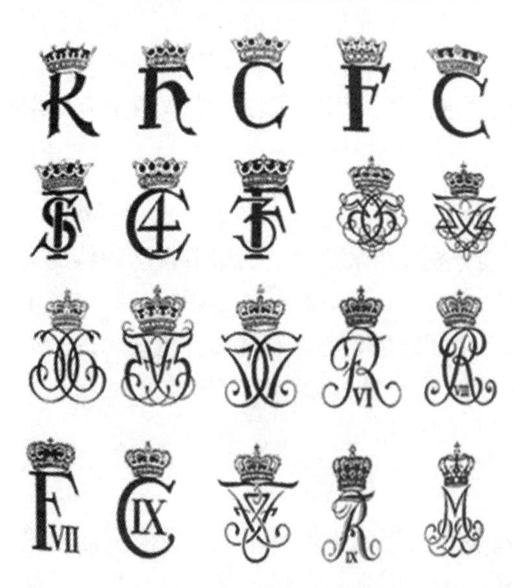

图 2-32　墨西哥一世袭家族标志

标志作为较早出现的广告形式，对整个社会活动都起着积极的推动作用，如商标、会标、路标以及一些显赫家族的族徽，都很具代表性的标志。图 2-32 是墨西哥一世袭家族标志，由于家族的变化，族徽也随着变化。

注意

图2-33 马自达标志组成

标志与标识虽然汉语读音一致，但其含义并不相同：

- 标志——象征（Symbol）是一种象征某一集团、活动、事件、企业或产品的形象，是一种传递特定思想内容与文化内涵的表现形式，但它不包括字体形式。
- 标识——标语（Logo）标志的第二种类型，标识文字是用来清楚说明集团、活动、事件、企业或产品名字的独特字形或字体，它是在标志出现之后才发展起来的。

一般我们说的标志都包括 Symbol 和 Logo 两个部分，只有在特定的情况下可以分开应用，如图 2-33 所示。

2）标志的历史

标志的历史可以追溯到原始社会时期，当时以符号的形式出现。符号的历史沿革也是人类自身进化的过程，从个体上讲，图形符号浓缩了人们的情感，辅助口述语言完成了难以言传的信息传达任务，形成抽象的概念，从而延伸了人们的记忆。从社会整体上看，图形符号加强了人与人之间的交流，成为整个社会总体上的行为规范。例如在岩壁上所留下的远古岩画，陶器上印刻的图形符号，各个氏族所崇拜的“图腾”，这些都是早期标志的雏形。

（1）奴隶社会时期

图2-34 饕餮纹

古埃及、古希腊、古罗马、古代中国和古代印度创造了人类早期最灿烂的文明。这一时期的符号虽源于原始社会的图腾和图像纹饰，但却带有浓厚的宗教和神话色彩。图形符号传达的是一种观念，是为奴隶主阶级的统治服务的。它一方面体现了人们对于自然的解释，另一方面又体现了奴隶主阶级的威严。如图 2-34 所示，奴隶时期代表的纹饰符号是饕餮纹，它大量运用在统治阶级祭祀的器皿上，也是皇家尊严的一种象征。

（2）封建社会时期

图形语义在内容和形式上都受到封建禁欲主义思想的束缚，随着生产力的发展和生产关系的变化，图文并茂的标志开始出现，最具代表性的是中国北宋时期“济南刘家功夫针铺的白兔儿”，一个白兔儿形象印刻在石块的中间位置上（此标志现保存在中国历史博物馆）。在本项目开始已经提到，可作为参考，如图 2-1 所示。

（3）欧洲文艺复兴时期

达·芬奇和其他艺术家及科学家在透视、解剖和其他自然规律的发现都为欧洲文艺复兴时期的图形符号的发展作铺垫。设计上提倡个性的解放和自由，从这一时期起，图形符号在造型上以简洁、单纯、实用、和谐为基本特征，在自然主义风格中体现出艺术与技术的内在统一。特别是谷登堡在中国印刷术的基础上发明了铅活字印刷机，使得图形和文字信息可以大量、准确地传向世界各地，并且通过印刷可以重复应用到不同的场合，从而在广告领域引起了革命，是图形符号史上的一次飞跃，如图 2-35 所示。

图 2-35　第一位美国印刷商威廉卡克斯登的标志

（4）工业革命时期

随着经济的发展已开始出现资本主义的萌芽，实验科学和应用科学迅速发展，大工厂体系及城市生活的新模式开始出现，发生了工业革命，促进了劳动力的分工，设计从生产中分离出来，消费文化呈现多样性。

到现今，快节奏、全球化的现代生活方式和激烈的传播竞争使得现代图形在形式上日趋符号化，能够以简洁的视觉形式在世界范围内快速、准确地传达复杂、丰富的信息内容。无论哪个国家的人，其生理结构和视觉感知方式都大体相同，现代科技和世界经济的一体化日益消解了地区间的差异，这是形成世界通用图形语言的生理基础和客观条件。如今，标志逐步发展成为超越国家、民族、文字语言障碍的国际化的图形语言。标志设计随着生产力的发展，经过漫长的历史发展和演变，经历了由繁到简、由粗到精的过程，如图 2-36 所示。

图 2-36　美国邮政标志演变

3）标志的分类

（1）商用标志

商用标志即商标。商标是用在商品上或用于商业目的的标志，是企业为了区别产品或服务的不同制造商、不同品牌、不同类型而设计制作的。商标可以等同于企业标志。

企业标志承载着企业的无形资产，是企业综合信息传递的媒介。标志作为企业 CI 战略的最主要部分，在企业形象传递过程中，是应用最广泛、出现频率最高，同时也是最关键的元素。企业强大的整体实力、完善的管理机制、优质的产品和服务，都涵盖在标志中，通过不断刺激和反复刻画，深深留在受众心中。企业标志，可分为企业自身的标志和商品标志。譬如一个企业下面可以拥有很多品牌。而企业只有一个标志代表本企业形象。比如美国通用公司下属“凯迪拉克”、“别克”、“雪佛兰”、“旁蒂克”、“奥兹莫比尔”和“土星”等品牌，图 2-37 为美国通用公司产品的徽标。

商品标志顾名思义就是对不同商品以及同种产品的不同类型、牌号进行区分。代表着产品的品质、信誉，是对其所代表的商品的最好的自身宣传，同时也是企业的形象、精神的代表。

（2）团体标志

团体标志多数指政府机构或组织的标志，例如国徽、城市标志、联合国标志和红十字会等都是标志的一种表现形式。整体性和信号化是这类标志的首要原则，如图 2-38 所示。

（3）活动标志

活动标志是对重大会议、节日等活动具有象征性的符号，作用在于体现活动的性质、主题和精神。比如北京文化活动节、四明读书，如图 2-39 所示。

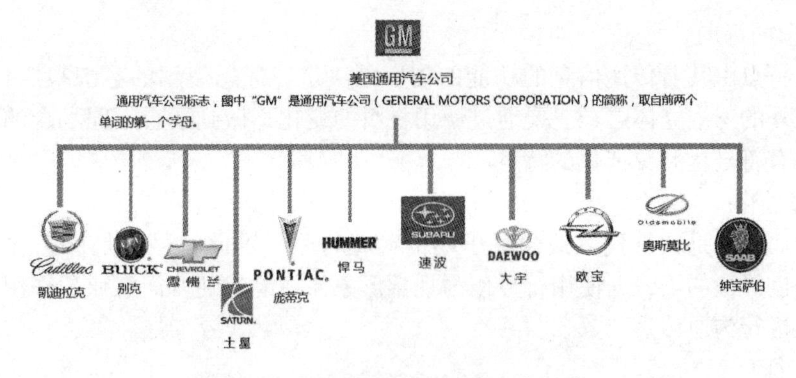

图 2-37　美国通用公司下属各个品牌

图 2-38　联合国标志　　　　图 2-39　活动标志

（4）公共标志

公共标志指以指示、识别、警示功能为主的标记，主要是表现公共场所导视标志、道路标志，如图 2-40 所示。

图 2-40　公共标志

4）标志的特点

标志的特点由其所传达信息的功能的需要而决定。标志使用的范围很广，小至名片，大到建筑物外的三维立体雕塑。要通过使用材料的变化，做到适合不同场合的需要，这就要求标志具有符号化和象征化的特点。

（1）符号化

标志简而言之是一种代表或象征事物的简化符号，因此符号化是标志的典型特征之一。符号是世界性的语言，使用符号作为视觉形象往往能起到言简意赅的作用，方便不同国家与民族进行沟通传达。

（2）象征化

象征性是标志设计的主导要求，每个标志都代表着不同企业或团体所赋予的寓意。通过提取这些企业或团体的特征进行强调和艺术处理，使消费只要看到熟悉的商标就能马上联想到相应的产品及其所代表的良好的信誉。

5）标志的功能与作用

标志在工业、商业、文化和社会活动、国际交流中，起着信息传递和交流的作用。标志在现代社会生活中，被日益广泛地运用，已经成为社会中不可缺少的一部分，可以说人们已生活在充满标志符号的世界中，并且享用着标志带来的简便快捷的生活方式。

（1）识别功能

识别是商标的最基本功能。标志是代表企业或商品的符号，象征事物不同的意义，主要功能是区别与归属商品。现代商业的竞争是形象的竞争和品牌的竞争，企业通过标志来树立自身形象，开拓市场，提高产品附加值，便于消费者在繁多的商品中识别品牌。

（2）阐述功能

现代标志不仅是商品的记号，还要通过标志表达一定的寓意，传达明确的信息，给公众留下独特的印象，这个信息来自于企业自身的经营理念、本身的历史文化、产品的性能、服务品质等各方面特征。选择最具代表性的特征，运用艺术处理手法，创造出可以为消费者带来可视性和可读性的信息阐述，通过这些无声的形象标志将企业、品牌、产品的性质及品质特征等信息，清晰、明确地传递给大众，使信息接受者能很快产生认知、理解以至于产生共鸣。

（3）信誉功能

标志是一个企业的象征符号，具有一定的法律效力。它有责任向消费者保证产品质量、服务质量、经营合法的信誉，也正是标志的这种信誉度，使它能够持久地代表企业获得大众的认可，成为品牌。因此，一个优秀的标志可能会为一个企业带来巨大的无形资产，例如“路易威登”、“百事可乐”等著名标志。

（4）创造价值

标志创造的价值主要体现在潜在价值和法律价值两个方面。

潜在价值即无形资产，标志代表着制造商、组织者及商品或服务的信誉，标志可以提高企业的知名度和可信度，培养受众对品牌的忠诚度，这样对于企业的收益来说是一个无形的资产，而且是一种长久收益。

法律价值指经过注册的商标在法律上具有准用性，它的价值是可以作为有价财产登入企业的账户。

2. 标志设计的创意

1）标志设计的创意思路

标志是看似简单，然而简单的符号赋予了丰富的主题和内涵。在信息高速运转的社会中，呆板没有新意的标志是不会被大众注意的，因此美观的外形是标志必备的元素，丰富的内涵更是增加信息传达功能。

经验介绍

设计者应该始终贯彻“以人为本”的精神，这里的人不单单是指消费大众，同时也要为制造商、营销者的服务。

标志设计的创意是一个理性和感性的综合体，也是创意与表现有机结合的产物。标志创意，要求设计者根据一定的设计要求，理性把握设计对象的性质、理念、特征、功能，通过理性的分析，确立准确的主题，决定标志生命之所在。主题一旦确定下来，感性思维开始运作，运用形象思维和美学等一系列艺术手法展开表现，把概念转化得简洁、具体，使其能够表现出主题的具体形象。可以说标志创意是内容与形式的统一体，是理性和感性的结合体，也是逻辑思维和形象思维的结合体，它具有理性的“准”和感性“美”。

标志的创意要求主题准确、突出，在形式优美的基础上，做到准确的信息传达，以理服人、以情动人使大众欣然接受。

注意

标志设计使艺术形式和社会功能挂钩，因此它的思维方法、表现手段、艺术语言和审美观点等都不同于一般艺术创作，要求它应简单、易读、易记。

标志的主题寻找和确定，要按照传达的信息内容为依据。一般是从四个方面进行主题的寻找和确定。

（1）企业名称

企业名称是最为常见的标志设计构思主题，这种方式强调发音，使视觉与听觉同步在大众脑中形成印象，从而强调企业与品牌诉求。此类标志围绕企业性质、企业名称、品牌名称展开构思。

（2）历史文化的展开

以企业历史传统作为设计要素，如品牌独特的文化和历史背景、优良传统或故事题材等来塑造企业品牌文化。

（3）产品特性

以企业或组织经营的产品、服务内容为题材，如产品独特的工艺制作流程、外形特征、服务范围、行业特征等。

（4）地域性特点

不同的文化背景在一定程度上决定了人们的认知和接受能力，因此在构思时要注意地域文化特点、民族特征、产品产地等特征，体现别具一格的地域风格。

2）标志创意的表现

（1）精简与提炼

标志的符号化使标志中的各个元素进行精简，在简单中追求统一。把各个要素形状、位置、大小、质感、颜色以及表现内容进行统一化处理，使标志的设计与应用更方便、更便于记忆，能够在CI系统中规范使用。

（2）同构组合

在现代标志设计中，大多数标志是由两种或两种以上相同的视觉元素进行组合的形式出现的，力求标志的简练，以及涵盖准确的主题。同构组合式把不同设计元素，通过一些巧妙的组合，以达到一种设计作品呈现出多种概念的创作目的，多用于公益宣传和企业标志设计中。

（3）异形特性

异形特性重在满足产品独特性或满足某些个性化需求，在形式上简洁而不简单。这种表现方式能够唤起人们视觉注意力或产生可以记忆的亮点。

3）标志设计制作程序

（1）准备工作——调查研究

设计标志之前，首先必须确定CI系统中理念识别系统是否符合目前企业的现状以及未来的发展目标，其次对理念识别进行提炼，作为标志设计的依据和创意的出发点。

（2）创意——构思过程

这是一个展开创意进行标志设计的过程，这时要对调查和收集的所有资料进行整理和归纳，作为创意的突破口，找出与MI系统相吻合的特质，进行设计。

（3）调整——草图阶段

这一阶段要把前面的调查和构思具体化，并依据客户的要求，运用所掌握的美学知识、标志设计的知识及设计者自身创造能力，将所设计的标志以草图的形式表现出来，这一阶段往往需要大量的设计草图并进行筛选。

（4）修改——整合阶段

从若干草图中选出几个进行深化构思，确定设计的造型要素，选择设计构成形式，然后在计算机上进行设计。通常至少拿出三个彩色打印稿与客户进行沟通，对标志进行再一次的整合修改，对最终获得认可的标志进行放大和精细制作，以求更真实、更准确地表现出设计的原创构思，这个阶段是设计的完善过程，对标志的色彩、造型、比例等方面需要进行反复推敲。

（5）标准化作业

企业标志是企业形象的核心要素，在使用中精确的复制非常重要，这需要有合理的便于制作的标准制图，让制作者有章可循，依图制作。因为不正确的使用与任意的设计，容易给人造成标志使用混乱的印象和负面效果，致使社会大众产生误解，从而影响企业的形象（在后面项目四中将有详细讲解）。

3. 标志形式的构成方式

标志形式的构成方式主要有字形类、图形类、数字类、综合类。

1）字形类

以文字或字母为表现素材进行设计是一种较为直观的设计方法，因为它兼具视觉和听觉的形式，几乎所有的字形标志都有一个确定的视觉形式。同时它又是象征形式的一个听觉符号，这类型标志的最大优势就是观者说出，也就是说出他们看到的。相对于本国或本地域性，这种标志的直观性更加显著。

字形类标志通常分为三种：

（1）以企业、品牌全称为素材，设计重点是对文字和字母的结构、空间、笔画、形态进行变化处理，从特定的文字或字母设计造型中归纳出相关行业的性质和特点。如图 2-41 所示，喜之郎的标志采用草书字体、走势及大小安排，整体表达一种欢乐、喜悦的气氛。

（2）以企业、品牌名称与其字首组合为素材，兼顾字首形式鲜明的造型特点和名称标志。宏基电脑公司标志运用字母作为公司标志的基本素材，整体的字母结构空间体现了自由感和现代感，更加简洁明快，充分体现了宏基总裁施振荣所介绍的“鲜活思维”企业理念以及“全方位追求”创新和贡献的文化企业。标志色彩也更富有企业特点，如图 2-42 所示。

（3）以企业、品牌名称的字首为素材，有单字首、双字首和多字首等多种形式。如图 2-43所示，光大银行的标志把其简称“E”和“B”组合成虚实对比的图形，并结合了外文文字“Bank”，表明光大银行作为国内第一家国有控股并有国际金融组织参股的全国性股份制商业银行的特点。金色与紫色的对比显得华丽高贵，体现银行资本雄厚的外在形象。

图 2-41　喜之郎标志

图 2-42　宏基电脑公司标志

图 2-43　光大银行标志

2）图形类

图形符号所能够传递的信息量一般是文字符号传递信息量的数十倍以上。由于受人的心理因素的影响，人们所正常接受“信息”的 80% 以上是视觉信息，记忆的顺序为景物、图形和文字。在信息传递当中，速度最快、最简明的是图形，图形符号对人脑的刺激、转化为记忆的强度远远超过文字。

如图 2-44 所示，其标志属图形类，以红色为背景吸引眼球，图形设计中既有圆滑的弧度，又有刚健的硬度，表示互生互进的服务理念，并形成摩托罗拉公司（MOTOROLA）英文首写字母缩写“M”，同时造型又酷似夜间的蝙蝠，蝙蝠能发出强烈的超声波，不使用视觉即可感受到周围的各种情况，准确地体现出了行业的特点和产品的优势。

3）数字类

数字构成标志是以数字为造型基础进行标志设计，包括汉字数字和阿拉伯数字。当前用数字作为标志设计的还不多见，因为数字构成设计相对具有独特性，易引起人们的注意。数字还有记忆的深刻性特点，自古至今，人们对数字的敏感可以说是天生的，所以数字构成更容易被人们记忆。数字构成具有简洁、通用、便于识别等优点，再加上一些巧妙改造的数字造型极具韵味和现代感，因此数字构成形式可以说是一条很好的标志设计的创新之路。

图 2-44　美国摩托罗拉公司

如图 2-45 所示，运用正负形的手法，很好地把 7、6 进行了结合。

4）综合类

综合类的设计方法是对文字或图形的补充，它兼有文字的识别准确和图形的生动亲切，相对比较全面、完整。汉字具有象形、会意、表音三位一体的优势，拉丁字母简洁、规范，具有几何形的特征，有着很强的国际化优势。把汉字和拉丁字母以及图像进行结合，可以更好地利用这三者的优势。当今社会更趋向国际化，各种文化的大融合已成为一种趋势和潮流，在这种社会背景下，将汉字、拉丁字母和图像进行综合设计，无疑是既具有前途又具有价值。

如图 2-46 所示，史努比是漫画家查尔斯·舒兹从 1950 年起连载的漫画作品《花生漫画》中主人翁查理·布朗养的一只黑白花的小猎兔犬，品种为米格鲁犬。

图 2-45　德国画廊标志

图 2-46　史奴比

4. 标志设计的趋势

标志是一种个性化、商业化、特征化、精神性的符号。在商业眼花缭乱的各种品牌中，企业应建立与众不同的精神理念、管理模式以及不同的企业文化以向世人展现。企业CI系统的整体识别设计已经成为多元化方式的延伸趋势。

标志经历了由复杂向简约，由散乱向标准，由具象向抽象，由仅用于商品包装或企业本身向可延展至整套企业视觉欣赏、视觉识别系统趋势化过渡。

如今，标志已经发展成为一种新型沟通媒介。标志的设计由静态的视觉形象变得越来越富有动感，由呆板变得富有活力，并且由二维的平面表现逐渐转变到三维的立体效果，大大推动了标志行业的发展。

1）网络标志的应用

网络生活已经成为现代人不可缺少的日常生活。"网络服务热线"这个词对大多数人来说也并不陌生，比如 Skype、QQ、MSN 等。在现在的网络时代，为适应某些特定类型的事务，我们可以说这是一个新的趋势——视频网络服务标志设计时代的到来。

企业识别系统设计已经是不可逆转的趋势，它影响着设计。这类标志大都色泽鲜艳，用色大胆，色彩层次明快，可爱并具有三维效果，字体简单易记。这类型的标志也被称为"水果型图案"，这一称号源于我们所熟悉的苹果公司的商标。事实上，早在1998年，苹果公司就放弃了"彩虹图案"，并推出了"玻璃苹果商标"。未来几年网络标志图形将充斥我们的生活，这也是未来标志发展的趋势之一。如图2-47所示为较典型的水果型图案标志。

图2-47　水果型图案标志

2）三维造型的应用

现今标志设计中越来越多地运用三维手段，也就是在二维空间的基础上利用色彩、造型给标志加入光线感和纵深感，使标志更加生动，更加吸引客户眼球、思索遐想，这类标志设计，力求简洁、明确、易认、易读、易于理解；它摆脱旧有的写实的、复杂的设计。新媒体的迅速发展，也为这种标志发展创造了载体。如图2-48所示为三维造型应用。

图2-48　三维造型应用

3）多元化的表现手法

由于载体与表现手法的多元化，标志设计的风格也开始尝试与多种艺术形式进行结合。如透明度一直是时尚。设计师经常使用的透明度分为折叠、反射、渐变、远近等，结合不同的设计图形，从而给出一个特别的形象。借助透明度，可以创造不同的角度，提出新颖的思路，使图形设计更明亮，从一个单元的设计微妙过渡到另一个亮点。如图 2-49 所示为多元化的表现手法。

图 2-49　多元化的表现手法

2.3.5　企业形象视觉网页设计

网页设计 = 网页形象设计？

首先应明确网页设计不等于网页形象设计，网页形象设计是我们前文所提到 VI（企业视觉识别系统）领域中视觉为主的互联网媒介应用的视觉系统，是以企业 CI 策划为理念，形式内容有严格的标准的系统化网站建设。

互联网经济是注意力经济，如何吸引大众的注意力，除了内容是一个重要的因素外，外观也同样起着举足轻重的作用。一个网站的内容固然重要，但是如果没有一个好看而吸引人的外表，即使有再好的内容、再好的结构，相信整个网站的浏览效果也会大打折扣，浏览者的阅读兴致也会大减。正如一个内涵丰富却外表平庸的人在一个公共场所出现，难以引起别人的注意，网站的外观非常重要，网站的 VI 设计也非常重要。

就网站而言，一个网站上看到的所有图片、文字、动画，以及它们的编排方式等一切能够看到的元素都是 VI 设计的一部分。简单来说，其实就一个网站的外观，能在色彩、版式等方面形成一种认知识别，达到一定的视觉效应。VI，即网页形象识别系统（Visual Identity System），它既是 CI 部分的延伸，又是 VI 部分的发展与具体应用，网络形象识别系统是一个系统化的识别形象，它根据企业理念进行网络的要求整合，并定位成网络形象识别系统。

1. 网络的特点

以互联网为代表技术的信息时代，为视觉传达设计师们提供了更为广阔的自由发挥空间。视觉传达设计与新媒体的结合必将产生前所未有的巨大力量，数字化设计将成为未来设计师的主要表现手段。

（1）传播广。国际互联网的优势之一是全球传播，不论在世界的哪个角落，只要计算机能连入网络，就可以将信息传送给他，或是获取他的信息。商家在互联网络上只花极少量的广告费用，就可以将他的产品在全球宣传。

（2）资源丰富。有上网经验的人都有这种体会，即当你在网上冲浪的时候，会真切地感受到互联网络这个信息海洋的广博无边。目前全球网民数量已超过 1.5 亿，网上主机数量约 3 000 万台，可检索的网页数约 50 亿，称得上是“信息海洋”。

（3）形态多样化。网络对多媒体技术的支持，体现在视觉传达丰富多样的手段上。多媒体技术是将传统的、相互分离的各种信息传播形式（如语言、文字、声音、图像和影像等）有机地融合在一起，进行各种信息的处理、传输和显示。这样，视觉设计的表现手段和表现范围得到了大大的扩展，未来的视觉设计是综合性的，涵盖了人类全部感官的全面设计。这已经超越了现有视觉传达设计的概念。

（4）交互传达。互联网是有史以来影响我们生活面最广、最容易产生互动的新科技，它改变了人们的思考方式，从以前的线形思考到现今的网状思考，由一体通用到量身定做，从单向沟通到双向沟通，从实体到虚拟，这皆是互联网的互动特性所带来的新特性。互动的设计更会引起受众的兴趣，满足人们的参与感。受众不再只是信息的接受者，他们拥有更大的选择自由和参与机会。如大量的口碑网的产生，使网上浏览者对产品、服务以及企业各方面的形象进行评价，并作为后面购买此产品的依据。同时对某些信息作出自己的反应，并将其加入到网络媒体当中，反过来又成为互联网信息的一部分。

2. 企业形象识别视觉网页设计

根据企业制定的识别系统进行扩展延伸，设计出新的符合网络属性特点的形象识别系统。从宏观上讲，网络形象应该具有统一的、整体的、便于识别的设计。

首先，网络形象设计要进行整体定位，整体的网络视觉效果很少能出现在我们的屏幕中，这就需要策划设计人员有依据地进行整体定位策划。VI设计中的企业标准形象需要重新整合组成，事实上可以凭借CI设计里已经指定的Logo、色彩或标准字形等予以发展。尤其是色彩部分，使用正确的色彩往往可以得到相得益彰的效果。针对Logo本身的一致性所作的设计也是一种变化，总而言之，所有的做法必须能够发展出一套更具品牌形象的完整设计。

网络形象标志设计可以以动态形式也可以以静态形式出现，网络的Web色彩和版式需要统一，基本元素主要包括文字的处理、背景色彩、各种动态按钮、图表、表格、导航工具、背景音乐、互动影像、视频播放、小窗口等，我们需要根据实际情况确定元素，更重要的是整个元素要有一种共同点，这也就是网络视觉形象设计的创意设计所在。无论是文字、图形、动画，还是音频、视频，网页设计者所要考虑的是如何以感人的形式把它们放进页面这个“大画布”里。

其次，各视听元素大量增加。浏览器本身都可以显示一些带有动画效果的GIF文件和一些具有播放功能的文件，无须任何外部程序或模块支持。比如，大部分浏览器都可以显示GIF、JPEG图形和GIF89A动画。还有一些多媒体文件（如MP3音乐）需要先下载到本地硬盘上，然后启动相应的外部程序来播放。另外，在浏览器中使用插件（Plug-in）可以播放更多格式的多媒体文件。微软推出IE浏览器后，提供了基于OLE的ActiveX技术，用来在网页中播放多媒体。目前ActiveX已经成为热门技术。另一种播放多媒体的技术是Java Applet，它是用Java语言编写的应用于网页之中的小应用程序，相比于插件和ActiveX，Java Applet具有更大的灵活性和良好的跨平台能力，因此具有很好的发展前景。总之，技术的不断发展使多媒体元素在网页艺术设计中的综合运用越来越广泛，使浏览者可以享受到更加完美的视听效果。这些新技术的出现，也对网页的艺术设计提出了更高的要求。

多媒体技术的运用大大丰富了网页艺术设计的表现力。技术的不断发展使多媒体元素在网页艺术设计中的综合运用越来越广泛，使浏览者可以享受到更加完美的视听效果。这些新技术的出现，也为网页形象设计奠定了技术基础。

一、填空题

1. CI 即______的缩写，中文直译为______，指______的识别性，主体有区别于其他同类的______特征；在大多数场合 CI 被译为______或______，简称______。

2. 企业形象整体识别系统指的是运用______，通过______和______等表现手法，从企业的______、______、______、______、______与______形成一种整体形象。

3. CI 主要由______、______、______三个部分构成。这些要素______、______、______，共同推进 CI 战略的运作过程，带动企业经营，塑造企业的独特形象。

二、简答题

1. 企业形象与企业形象识别有什么区别？

2. MI、BI、VI 三者之间有什么关系？

项目3
企业网页形象中的营销定位

本项目主要讲述在数字化时代中应运而生的互联网媒介平台和其给市场营销者和消费者带来的卖与买的变革。

这种新营销情况刺激着各种企业在传统媒介宣传上的转型。市场细分以及消费者的知情权越来越大，市场营销者和消费者之间的交换更具有了交互性和瞬间性，这种新兴营销模式的发展开始代替传统的消费方式，成为未来营销发展的主流。

- 了解消费者行为、市场细分关系以及企业的产品营销定位；
- 了解数字化时代对消费者行为的影响，把握市场细分九个变量；
- 掌握市场细分对于企业产品营销的定位作用；
- 通过了解消费者行为和市场细分的知识，进一步掌握企业产品营销的定位。

企业形象中的产品定位是一个感性思考与理性分析相结合的复杂过程。它的方向取决于市场细分变量的不断混合，它的实现依赖于网络广告定位的呈现。总之网页站点不仅展现了企业形象、产品介绍和优质的服务，同时也是企业发展战略的重要途径。

任务 3.1　数字化时代对消费者行为的影响

持续的信息技术革命与信息化建设使资本经济逐渐转变为信息经济、网络经济和知识经济。传统的市场营销组合策略制定、经贸交易方式乃至整个社会经济的面貌都在不断接受着网络时代的数字化变革。市场营销将不可避免地与网络经济时代的各种活跃因素相互促进和相互影响，传统市场营销理论和方法在网络时代面临着各种机遇和挑战。

近 20 年来，数字化革命导致商业环境领域几个明显的变化。

1. 消费者比以前拥有更大知情权

信息技术一日千里的进步，使生产者、营销者与消费者可以进行等同的三方沟通，这就出现了以服务经济作为主要方式的消费模式。从原始社会进入商品时代开始，到而后的资本商品市场，生产者、营销者和消费者之间由原来的彼此矛盾到现在的三方沟通，大大提高了精神层面的营销方式，如图 3-1 所示。

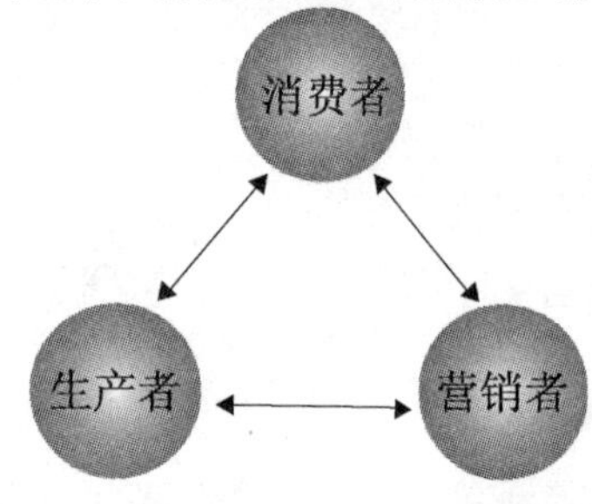

图 3-1　现在的生产者、营销者与消费者之间的供应链图表

应用网络的“智能代理”可以寻求产品或服务的最佳价格，对各种营销提供物进行出价，绕过分销通道和中间商以及根据各自家庭便利的网络系统进行全天候的全球购物，并且可以轻易地找到先前购买本产品的消费者的相关评论，得到消费者使用产品后的详细情况。

2. 市场营销者可以提供更多的服务

信息的数字化使卖方可以根据自身企业特点、经营理念及 CIS 系统，来自行装点虚拟化空间企业店面并且对他们出售的产品和服务进行专业化定制。

案例解析：亚马逊

亚马逊（Amazon. com）为购书的消费者发送个性化的电子邮件来预告最新出版的图书信息。这些专业化定制的服务是通过细分市场得到信息，同时基于目标消费者的兴趣而给出的，在大量信息的编辑储存中根据先前目标消费群所购买的图书情况进而确定信息的准确性。

3. 市场营销者和顾客之间的交换具有更强的交互性和瞬间性

传统的广告方式是单向，市场营销者在大众媒体上投入大量的资金以期接触到大量的潜在消费者，然后通过未来销售量或者市场调查来衡量广告信息是否有效。数字化沟通开辟了双向交互式的交换，消费者可以通过点击网络上的链接或者离开这种网站等方式对市场营销者传达的信息迅速作出反应。这样市场营销者可以迅速地衡量出促销信息的有效性，而不用依靠那些滞后的、通过收集销售信息而得到的反馈。

4. 市场营销者可以更快地收集到消费者的相关信息

市场营销者可以追踪消费者的在线行为，通过要求消费者在享受网站的特性之前先进行注册和提供一些个人信息来收集基本的信息。因此市场营销者可以有效又廉价地构建与更新他们的消费数据库，从而有效并快捷地使网络企业的形象识别更加符合受众群体的品位。

5. 数字化时代革命的影响力已超越了通过个人电脑来连接的网络

当前，消费者和市场营销者之间大多数的数字化沟通是利用个人电脑，通过电话线路、调质解调器或者是高速连接器连接到网上。然而，数字化革命也给我们带来PDA（个人数字助理，即掌上电脑），可以迅速通过无线连接网络。这就为营销者开通了更为广阔的宣传平台。

注意

数字化时代使我们可以更好地享受其带来的便利咨询和企业的周到服务，同时缩小了企业和企业之间、品牌产品和一般产品之间的距离。虚拟空间排除了基于空间距离和地理位置的利益关系（比如理想的店址），虽然在某种意义上牢固了品牌的名称和品牌形象，但是同时也相应地给具有自我创新的新型营销者提供了一个公平的平台进行竞争。

3.1.1 消费者行为的概念和范围

“消费者行为”的概念被定义为：消费者在寻求、购买、使用、评价和处理他们期望能够满足其需要的产品和服务过程中所表现出的行为。

从狭义上讲，消费者行为仅仅指消费者的购买行为以及对消费资料的实际消费。从广义上讲，消费者行为包括消费者为索取、使用、处置消费物品所采取的各种行动以及决定这些行动的决策过程，甚至是包括消费收入的取得等一系列复杂的过程。消费行为关注的是消费者购买什么、为什么购买、什么时候购买、在哪里购买、购买的频率、使用的频率、购买后如何评价、该评价是否影响以后的购买以及购买后怎样处理这些产品。

“消费者行为”范围中描述两类不同的消费实体：个体消费者（personal consumer）和组织消费者（organizational consumer）。个体消费者购买产品和服务是为自己，为家人，或者是作为礼品馈赠给朋友。可以说产品的购买都是为了最终的消费，所以我们也可以把这种个人消费称为最终用户（end users）或终极消费者。第二种消费者——组织消费者，包括营利和非营利的商业单位、政府机关（地方的、全国的和国际的）和各种组织机构（如学校、医院），这些必须购买产品、设备和服务来维持组织运转的商业单位、政府机关和各种组织机构。尽管这两类消费者都很重要，但是本项目主要探索和研究的是个体消费者，它们的购买是为了自己或家人消费，最终使用消费也是各类消费者行为最为普遍的特征，它们包括了不同的年龄、不同背景下的每一个个体，不论是卖方还是买方，抑或是买卖双方。大多商业单位反其道而为，在个体消费者和组织消费者这两者在提供更加具有说服力的服务和产品信息，以赢得更多的终极消费者，扩大企业发展。

3.1.2 网络时代消费者行为分析

1. 消费行为的主要特征

1）冲动式购买大量增加

所谓冲动式购买，是指消费者事先没有购买计划、在现场临时决定的购买。在社会分工日益细化和专业化的趋势下，即使在许多日常生活用品的购买中，大多数消费者也缺乏足够的专业知识，不能对产品进行鉴别和评估。随着上网用户的大量增加，依赖于网络了解市场信息的群体日趋增多，网络中出现的一则商品信息，就有可能带动一个群体的网络用户在短期内进行冲动式购买，导致许多商品的购买行为具有极强的冲动性。

案例解析：淘宝网——聚划算团购网

在网络购物大量充斥的生活中，冲动式购买直接导致一种新型的购买团体的出现——团购。其以网络作为基本的平台，以低价格作为赢得终极消费手段，在短时间内形成了大量的购买团队。用时间来控制购买者的加入，也变相地刺激消费者冲动购买的动机。聚划算是淘宝网购的一个分支，它就是利用低廉的价格和时间的限制来变相地在网上形成大量的促销团队，来赢得终极消费购买和青睐，如图3-2所示。

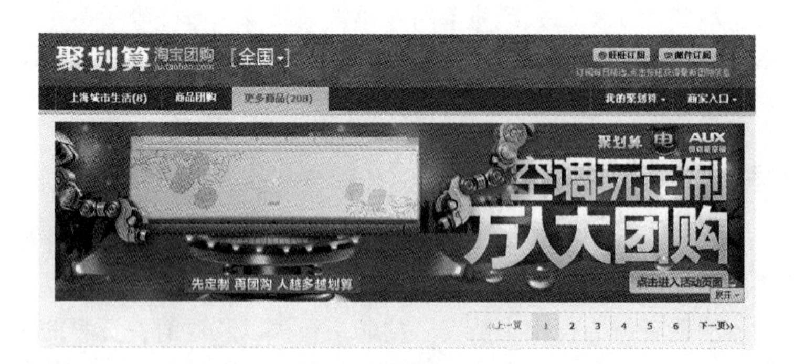

图3-2 聚划算团购

2）对便利的要求更高

随着人们快节奏生活的到来，人们对于日常生活用品的购买，不仅要求质量好、价格合理，而且要求方便、快捷，以节省时间。现代物流技术的采用，以及运筹学中管理技术的引入，加快了商品的物流速度。使消费者可以通过网络，更加广泛地了解市场商品性能及价格信息，确立自己的消费目标，并选择其对自身最为便利的消费方式。

3）消费主动性增强

在社会分工日趋细分化和专业化的趋势下，消费者对购买的风险感随着对商品的选择增多而上升，而且对单向的“填鸭式”营销沟通感到厌倦和不信任。在许多日常生活用品的购买中，尤其在一些大件耐用消费品（如家用电器）的购买上，消费者会主动通过各种可能的途径获取与商品有关的信息并进行分析比较。这些分析也许不够充分和准确，但是个体消费者可从中获取心理上的平衡，以减少购买后的后悔感，增加对产品的信任和心理上的满足感。消费主动性的增强来源于现代社会不确定性的增加和人类追求心理稳定和平衡的欲望。

4）追求名牌产品消费

名牌效应早已深入人心，购买名牌产品已成为人们消费的一种时尚和信誉的保证。许多产品都积极地通过网络打造自己的品牌。消费者可以通过网络更加广泛地了解名牌产品的各方面的相关企业信息，或对诸多名牌产品的价格性能进行比较，以确定他们的消费决策。

5）热衷上网消费

如今上网查询商品信息，通过上网购物已不再是单纯的赶时髦，而已经成为网络用户日常生活消费方式的一部分。商家通过搭建网络销售平台，为消费者提供更加便利的网上购物渠道，激发网络用户对电子化方式购物的积极参与，改变传统营销方式（营销者作为中枢，单方面地针对消费者和厂家，消费者和厂家的购买关系是通过营销者建立的，这就是传统营销模式），从而重新确立了网络时代的消费者行为方式。

6）消费的个性化日益突出

如今消费者的消费已不再是盲目地跟随潮流，而是向着个性化方向发展。消费者可以通过网络更快、更全面地了解某一商品的市场价格、性能、售后服务等方面的信息，对一些最新出现的个性化商品，他们可以通过网络的便利条件，确定他们的消费行为，为自身的个性化消费找到决策的依据。许多商家也可以通过网络平台，更加广泛地传播产品的市场特性，为一些个性化消费品的市场宣传找到更加快捷的传播方式。

2. 网络时代影响消费者行为的因素

形成上述消费者行为特征的因素有许多，不仅包含社会经济因素，也包括消费者个人年龄、性别及职业等个人因素。

1）收入水平的提高为消费者提供了物质基础

消费者收入水平的高低直接影响着消费者的消费行为。根据“恩格尔定律”，当消费者家庭收入增加时，多种消费比例会相应增加，而用于购买食物的比例将会下降。如今，人们收入水平较之以往任何时候都有所提高，因此，人们的收入总额中可自由支配的部分大大增加，这就为消费者积极购买、追求品牌、个性消费奠定了物质基础。

2）市场发展为消费者提供了更大的选择空间

市场供应是否充足，直接影响着消费者的消费选择空间。试想一个供应短缺、供求矛盾突出的市场，消费者买到商品都很困难，哪里还敢奢望对商品“挑三拣四”。随着社会经济的发展及科学技术水平的迅速提高，市场产品的供应数量充足，花色品种繁多，这不仅扩大了消费者可选商品的范围，还使消费者在挑选商品的过程中，充分体现消费者的个性、爱好和情感。

3）保障体系不断完善为消费者解除了后顾之忧

消费者的收入水平构成了消费者消费的经济基础。然而，要让消费者放心大胆地消费，必须解除消费者的后顾之忧。

经验介绍

以购房为例，人们曾经引用一位“美国老太贷款购房”和一位“中国老太存钱购房”的对比案例，来激发中国消费者的超前消费意识。殊不知，并非中国老太不愿意超前消费，只是迫于其背后就业、医疗、养老“三座大山”的威胁，不敢超前消费罢了。解决这一问题的根本在于社会保障体系的不断完善。如今，随着金融体制改革的不断深入，社会养老保险、就业保险体系的建立和不断完善，消费者的消费后顾之忧也将随之解除，中国的消费者同样也可以潇洒地购物，尽情地享受生活的美好。

4）“e 人类”的鲜明个性成为个性消费的内在动力

“e 人类”是对网络媒体的大众化催生出的新一代消费者的总称。他们的特点是年轻、富有、受过良好教育，并且生长在技术成熟的时代里，他们个性鲜明，永远追求新奇的思想和事物，并能迅速接受。他们在消费需求上推崇消费者支配货架，希望商品生产者满足他们的每一个要求；在服务时间方面要求快捷；在产品质量方面希望达到自己的要求，而非企业确定的全球最佳质量；他们要求每一件产品都能按照其个人爱好和需要定制生产；他们要求最优的价格以及最优先的服务。“e 人类”鲜明的个性构成了个性消费的内在动力。

3.1.3 市场营销理念与消费者行为学的发展

消费者行为领域的发展起源于市场营销理念（marketing concept），这是一种在 20 世纪 50 年代发展起来的经营哲学，是在经历几次不同经营哲学演变之后发展起来的。按照出现的次序不同，分别称为生产观念、产品理念和推销理念。

案例解析：生产观念

没有哪种产品比私家汽车对美国人生活产生的影响更大了。汽车业的商业领袖亨利·福特给我们带来我们能够支付起的汽车，他经营的哲学被称为生产观念。在 20 世纪前，只有那些富有的消费者才能买得起汽车，当时的汽车由于生产模式的落后都是人工组装，生产出的每一台汽车都需要耗费大量的时间和成本。20 世纪初期，亨利·福特有了让一般人买得起汽车的想法。

1908 年，福特开始以 850 美元的价格出售牢固可靠的 T 型车。不久，福特就发觉已经不能满足消费者对他生产汽车速度增长的需求，在 1913 年，开始大批量引进装配线。这种新的生产方式使得福特可以更快且更便宜地生产出高质量的汽车，销售量也比 1908 年时增长了 100 多倍。同时仅在 8 年间，汽车拥有量的增长影响了美国高速公路系统的迅速发展，以及郊区和彼此相连的大型购物中心的出现。

生产观念认为消费者对以低价获得的产品感兴趣。它所固有的市场经营目标就是便宜、有效的生产和密集的分销。当消费者对获得产品比关注产品特殊属性更感兴趣，或者是愿意购买可得到的东西而不是他们真正需要的东西时，对于发展中国家或者在主要目标是为了扩大市场的时候，运用这种生产观念经营哲学非常有效。

产品理念认为消费者愿意购买高质量、功能好且最有特征的产品，产品理念指导企业不断地改进产品质量，并且在技术上精益求精。但是产品理念往往忽略了消费者的真正需求，导致“营销近视症”。

推销理念是由生产观念和产品理念自然演化而来的，推销理念关注的是将厂商单方面决定生产的产品销售出去。推销观念认为消费者不可能购买产品，除非他们是被强烈要求去这么做（大多时候是通过“强行销售”的方式）。这种方式的问题就在于没有考虑到顾客是否满意。当消费者被引导去购买了他们不需要的产品时，他们将不会再一次购买，而且还会通过负面性的口碑将产品的不满传播出去，并劝阻那些潜在的消费者不要购买同样的产品。

案例解析：脑白金

“今年爸妈不收礼，收礼只收脑白金”、“脑白金，年轻态健康品”，从2001年起，铺天盖地的脑白金广告，成了一道电视奇观。其广告之密集，创造中国广告推销之最。当年就靠着在网上被传为“第一恶俗”的广告，脑白金创下了几十个亿的销售额。变相式的推销理念为脑白金打下大市场，不是用偶然性能解释的。凭借自己雄厚的资金，脑白金对受众进行狂轰滥炸，其覆盖率是少有其他广告能够相比的。据统计，春节高峰期脑白金广告在二十多家电视台同时播出，平均每台每天要播出约两分钟，加起来一天大概播出四十多分钟，脑白金的销量却从1998年至今一直是有增无减。从这一层面上来说，脑白金是一个成功的广告。国外消费行为学家 Anthory R. Pratkanis 的研究表明：过多地重复广告信息虽然引起受众的反感，但却不影响受众对信息的记忆以及日后的商品购买行为，这些令人愉快或不愉快的一面将随时间的推移而不复存在，只有广告信息本身牢牢地保持在消费者记忆深处，这就是睡眠者效应。

1. 市场营销理念

20世纪50年代后期形成市场营销理念，市场营销者开始认识到如果只生产消费者购买的产品，那么他们能更容易卖出产品，与试图说服消费者购买企业已经生产出来的产品不同，市场营销导向的企业发现生产经过研究确认是消费者需要的产品销售得会更加容易。消费者的需要和需求正逐渐成为企业首要关注的对象。这种以顾客为导向的市场经营哲学被称为市场营销理念。

市场营销理念主要认为：一个企业想成功，必须确定精确的目标市场的需要和需求，并比竞争对手传递更好的顾客服务。市场营销的前提：市场营销者生产能销售出去的产品，而不是试图去销售已经制造出来的产品。推销理念关注的是卖方的需求和已经生产出来的产品，市场营销理念关注的是买方的需求。推销观念关注的是通过销售量产生利润，市场营销理念关注的是通过顾客满意来创造长久的利润。

案例解析：肯德基

20世纪30年代，Colonel Sanders 开了一家路边餐厅，并开始研制配方和烹饪方式，成为今天肯德基成功的关键。随着这家餐厅越来越流行，Sanders 将它扩建并开设了一家路边汽车旅馆。在当时汽车旅馆有着不好的名声，那些“正派”的人都会只为住市区的旅馆而行驶很远的距离。Sanders 试图通过在他的经营成功的餐厅的中心位置建立一个样板间来改变这种形象，甚至把餐厅女士卫生间的入口设置在样板间内。Sanders 认识到形象的重要性以及通过重新定位来使原有事物转向成功的重要性。不久 Sanders 提出利用他的烹饪方式和鸡肉的配方开展连锁经营的想法，而且对配方成分进行保密，成立了现在我们所熟知的肯德基。这种模式变成了很多快餐连锁企业所采用的商业模式。

市场营销理念认识到消费个体对于市场需求是多种多样的，这是由于消费者本身心理和社会需求所造成的。因此，实施市场营销理念的工具包括市场细分、目标市场、定位和营销组合。

2. 消费者研究角色

消费者研究描述了用以研究消费者行为的过程与工具。一般分为两种：实证主义方式和阐释主义方式。

（1）实证主义趋向于客观化和经验主义，他们探究各种消费行为的原因，该方式适合大部分人群。战略管理决策提供的数据亦可以归为此类。

（2）阐释主义研究的内容倾向于定性，通常是基于一个小的样本，将每一个消费者情形都视为独特的、不可预言的，但是他们依然试图在各种消费情况中找出有效的价值、意图和行为的共同模式。

3. 细分、目标市场和定位

市场营销理念关注的重点是消费者的需求。同时认识到消费者行为的多样性和复杂性，消费者的研究者也在努力识别研究对象的相似性。例如共同的生理需求，不论我们出生在哪里，都有对食物、营养、水、空气的需求以及在自然界中获得庇护的需求。这种需求会被我们所处的环境与文化、接受的教育、个人的经历所影响，但是却在这种多方影响中形成相同的需求。这种需求共性会形成一个潜在的细分市场，这就是市场营销者所要探寻的目标消费者，并通过专门设计的产品或促销方式来满足细分市场的需求。同时市场营销者也必须为产品树立合适的形象（对产品所处行业与其他同类产品所不同的“定位”），这样可以使每一个细分市场意识到这些产品能比同类产品更能满足消费者的特殊需求。其包括的三大要素是市场细分、目标市场和定位。

1）市场细分（market segmentation）

这是指企业根据消费者需求的不同，把整个市场划分成不同的消费群的过程。其客观基础是消费者需求的异质性。进行市场细分的主要依据是异质市场中需求一致的顾客群，实质就是在异质市场中求同质。市场细分的目标是为了聚合，即在需求不同的市场中把需求相同的消费者聚合到一起。这一概念的提出，对企业的发展具有重要的促进作用。

2）目标市场（market targeting）

所谓目标市场，就是指企业在市场细分之后的若干“子市场”中运用企业营销活动之“矢”而瞄准的市场方向之“地”的优选过程。

3）定位（positioning）

在消费者的脑海中为产品或服务树立起一个与众不同的形象，这种形象能够区别同行业竞争者的产品或服务，并能清晰地向消费者表达出这一特殊的产品或服务的优越性能，更好地满足他们的需要。成功的定位要求遵循两大原则：首先，要能传达产品所能提供的利益，而不是产品的特征。正如营销者指出的“消费者所购买的不是钻头，而是打洞的方法”。其次，由于在很多市场上都有类似的产品，因此一个有效的定位战略必须开发并传达“独特的销售主张”。

案例解析：中国移动

中国移动通信的手机卡的种类分为全球通、动感地带、神州行、集团客户。手机卡的划分就足以体现它对市场定位的细分，采用了同质和异质市场定位方式来划分消费群体，如动感地带以青年人或学生用户居多，全球通主要面对成功人士，神州行所面对的是大众消费群体。

4. 网络时代营销理念

1）采用新的营销理念

进入网络时代，营销理念发生了根本性的转变，首先，将营销战略与互联网技术结合起来，形成了网络整合营销。网络整合营销有助于企业综合运用一系列互联网技术来销售产品和服务，影响利益相关者（特别是顾客）的态度，从而实现营销目标。整合营销是一种系统化的营销方法，具有自身的指导理念、分析方法、思维模式和运作方式，是对抽象的、共性的营销的具体化。

经验介绍

整合营销理论是由美国企业营销专家劳特明教授于1990年提出的。该理论强调用4C组合来进行营销策略安排，4C即消费者的欲望和需求（consumer wants and needs）、消费者获取满足的成本（cost）、消费者购买的方便性（convenience）、企业与消费者的有效沟通（communication）。整合营销理论主张重视消费者导向，其精髓是由消费者定位产品。整合市场营销是以整合为中心，讲求系统化管理，强调协调与统一，注重规模化与现代化，是以当代及未来社会经济为背景的企业营销新模式。

当今世界经济正朝着全球化发展，将整合营销与互联网结合起来，不仅打破了地界、国界的限制，而且为市场营销赋予了极强的互动性，使众多的中小企业也增强了市场竞争能力。

注意

如今，市场营销理论又从4C发展到了4R，即关联（relating）、反应（relation）、关系（relationship）、回报（repay），这反映出市场营销更加重视与顾客建立联系，提高市场反应速度，注重关系营销和市场回报。

2）突出个性化营销

（1）采取定制生产

定制生产方式是一种古老的生产方式。现在网络经济时代重新提出，是因为这种生产方式的针对性比较强，其生产出来的产品不仅按照消费者的要求，而且还打上了消费者自己的烙印。但是，定制生产成本较高，对企业生产线要求有较好的可伸缩性。

（2）拓展产品设计生产空间，强化消费者参与意识

以往企业在提供产品方面都是尽可能多地提供一些花色、品种、款式和型号等以满足消费者选择。如今，面对个性化消费，企业应在产品设计、生产方面为消费者留出空间，强化消费者的参与意识。

案例解析：个性化定制

按照消费者选择的产品外观、颜色进行生产；对于电子产品（手机等），可以让消费者自由设计声音、图像；在用于礼品类产品的外包装上留有空白，让消费者自己随意添加图案或文字，以体现消费者的个性、情感和品位。图 3-3 为淘宝网购，专门针对一些年轻消费者在 T 恤上的个性化需求所开创的网上平台。

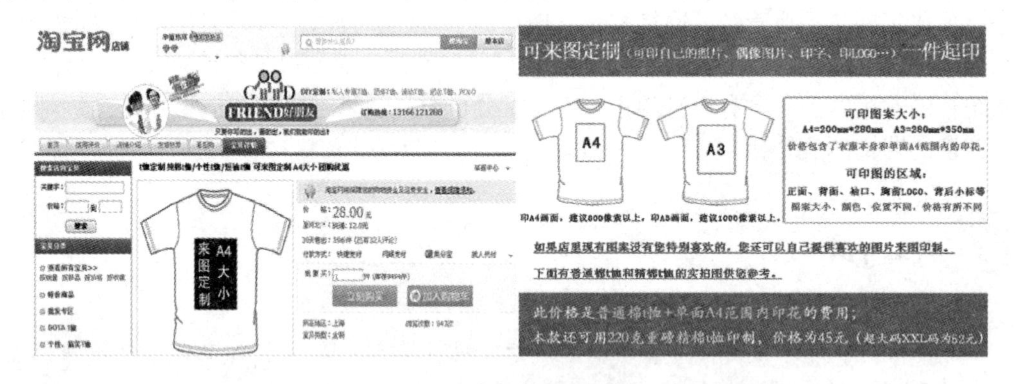

图 3-3　个性化定制服务

（3）强化虚拟市场营销

随着信息社会的到来，网络经济的发展将改变传统市场营销的运作模式，以互联网技术为基础的电子商务不仅会取代旧有的贸易方式，而且将市场营销竞争从一个物理的空间转化到一个虚拟的空间。消费者通过互联网这个虚拟的购物空间确定自己的消费行为。

新世纪市场营销因素的组合是信息与互联网技术的组合。以互联网技术为基础的高新技术与市场营销资源融合在一起，在信息社会发展的催化与影响下，生成新的市场营销模式——营销虚拟化、消费者身份虚拟、消费行为网络化，并且广告、调查、分销和购物结算都通过互联网而转变为数字化行为。传统的工业时代创造的市场营销 4P's 要素必须与互联网技术资源重新整合，因为基于全球经济一体化和网络社会的到来，传统的以规模化和大工业化背景而存在的区域市场，逐渐演化为开放及个性化的虚拟市场。产品、价格、分销渠道、广告和人员推广等市场营销要素的组合，面对的不再是单一或具体的市场，而是全球性的一个统一而又抽象的市场。

经验介绍

"4P's"理论：产品（product）、价格（price）、渠道（place）、促销（promotion），由于这四个词的英文字头都是P，再加上策略（strategy），简称为"4P's"。

产品（product）：注重开发产品的功能，要求产品有独特的卖点，把产品的功能诉求放在第一位。

价格（price）：根据不同的市场定位，制定不同的价格策略，产品的定价依据是企业的品牌战略，注重品牌的含金量。

分销（place）：企业并不直接面对消费者，而是注重经销商的培育和销售网络的建立，企业与消费者的联系是通过分销商来进行的。

促销（promotion）：企业注重通过销售行为的改变来刺激消费者，以短期的行为（如让利、买一送一、营造现场气氛等）促成消费的增长，吸引其他品牌的消费者或导致提前消费来促进销售的增长。

（4）更新市场细分的标准和方法

在网络时代，消费者个性化需求导致细分的标准"更细"，市场细分难度加大。这就要求企业不断调整市场细分标准，寻找出准确的适合企业发展的差异性目标市场，实现企业的市场定位。如企业欲进行网络营销，除了传统的细分标准，还要按消费者是否上网、上网能力、上网时间、适用的语种等新的细分表对目标消费者进行划分。

（5）调整市场营销组合

市场营销组合，也就是企业的综合营销方案，即企业根据目标市场的需要和自己的市场定位，对自己可控制的各种营销因素的优化组合和综合运用，使之协调配合，扬长避短，发挥优势，以取得更好的经济效益。比如营销工作者倾向于以各种差别化来减弱消费者对价格的敏感度，避免恶性销价竞争，但价格始终对消费者的消费起着重要影响。特别是在网络时代，消费者可以从网上获取同类产品的最低价格，或求得产品的最佳性价比。因此生产或经销企业就应根据产品的性能、科技含量以及所处的不同生命周期阶段，适时调整营销组合的某个或多个因素，使营销组合灵活有效地适应营销环境的变化，最大化地满足消费者的消费需求，实现企业营销目标。

5. 顾客价值、顾客满意与顾客维持

自20世纪50年代市场营销观念开始，很多企业已经很成功地采用了市场营销理念，为更多型号、款式、版本更多的品种的产品提供更精确的目标市场。这就形成了竞争日益激烈的市场。在20世纪90年代，数字化革命使很多市场营销者在降低成本和行业进入障碍的同时，能够提供更多的产品或服务并在更广的范围内进行分销。网络快捷平台的建立，加快了市场细分、目标市场和定位方式的升级或更换的速度，但是其网络平台也更容易模仿或过时。

1）顾客价值（customer value）

顾客价值指由于供应商以一定的方式参与到顾客的生产经营活动过程中而能够为其顾客带来的利益，即指顾客通过购买商品所得到的收益和顾客花费的代价（购买成本和购后成本）的差额，企业对顾客价值的考察可以从潜在顾客价值、知觉价值、实际实现的顾客价值等层面进行。换句话说，顾客价值形成一个价值的主张，是实现成功定位的核心。例如，力士宣称给顾客高质量、零缺陷生产与出众的个人售后服务。

案例解析：戴尔（DELL）

DELL 网站以为消费者或企业提供相应的解决方案作为基础，根据个人喜好或者价格因素来调整产品配置，而 DELL 网站会实时计算出来相应产品的价格，让人一目了然。由于省略了一般公司所采用的渠道销售方式，节省了一、二级代理销售渠道，因此直接节省了销售成本（销售成本中包括运输、人员工资等）。只是在中国，DELL 还是会有一小部分采用直接和政府或大型企业接触，而放弃使用网站订购和电话订购方式，这是和中国国情相关的。DELL 公司直销模式的精华在于“按需定制”，在明确客户需求后迅速作出回应，并向客户直接发货。由于消除中间商环节，减少了不必要的成本和时间，使得公司能够腾出更多的精力来了解客户需要。

DELL 公司的直销模式能以富有竞争力的价位，为每一位消费者定制并提供具有丰富配置的强大系统。通过平均四天一次的库存更新，戴尔公司及时把最新的相关技术带给消费者，并通过网络的快速传播性和电子商务的便利，为用户搭起沟通桥梁。

DELL 的“按需定制”：别人不一定敢做的保修政策

由于 DELL 采用直销模式，使得用户可以对产品配置规格进行随意选购，也因此就可以对保修进行按需购买。这样就可以做到想要充分保护自己笔记本的用户可以购买更高规格的保修，而对价格敏感的用户可以购买最基本的保修。让用户自己按需定制，这是目前很完善的一种保修方式。

DELL 比较有特色的保修服务之一就是上门维修服务。以前很少有公司可以作出上述承诺，而现在就连 IBM 在中国也开始推出相似的服务——上门给用户维修了。如果你购买了 DELL 的下一个工作日上门服务，当机器出了问题时，你只需要打一个电话告诉 DELL 公司，报上主机的序列号，然后描述一下故障现象，DELL 就会在下一个工作日带上备件上门为你维修。DELL 公司网站如图 3-4 所示。

图 3-4　DELL 公司网站

2）顾客满意（customer satisfaction）

这是指顾客对一件产品满足其需要的绩效（perceived performance）与期望（expectations）进行比较所形成的个性化认知。当顾客体验低于他的期望时（如果在一家很贵的餐厅，用过的餐具没有被很快收走或者麦当劳提供的是冷的油炸食品），顾客将不满意。当他的体验与期望相匹配时，他是满意的。而当超越了他期望的时候（如果在昂贵的餐馆就餐过程中能提供来自厨师的少量食物样品，或者在麦当劳里有良好设计的儿童乐园），顾客将非常满意。

将顾客的满意水平和顾客行为联系在一起，就可以识别几种类型的顾客：

（1）完全满意型的顾客。他要么是保持购买的忠诚者，要么是作为一名信徒。他的体验超过了他的期望，他将向其他人传播企业的正面口碑，这也是大多数公司所希望能够赢得的顾客。

案例解析：苹果公司——顾客至上

无论产品有多好，总是难免出现故障。按照传统的客服理论，只有这时，用户才能真正看清一家公司。最近几年，各类企业尤其是苹果公司在电脑和手机领域的竞争对手们，都对客服采取了逃避策略。他们花很少的钱将此业务外包，把用户打发给那些只会照本宣科的接线生，更有甚者干脆让用户自己上网阅读“常见问题解答”。谷歌通过网上商店推出 Nexus One 手机时，就忽略了这一问题，没有安排足够人手来提供现场解答。结果没多久，谷歌的网上论坛就被愤怒挤爆。10 年前苹果在设计零售战略时，只有一个最重要的目标：为用户提供与传统电脑行业的体验截然不同的零售店，为此苹果分别从塔吉特百货和美国服装品牌 GAP 挖来了零售业务高管罗恩·约翰逊以及乔治·布兰肯希普，在广泛调查后他们发现多数消费者都对酒店的服务台有好感，受此启发，苹果的“天才吧”应运而生。在“天才吧”，无论苹果产品的购买地是何地，苹果的客服人员都会为你免费提供服务，他们不仅会修复一些与苹果无关的软件问题，甚至会帮用户完成一些与技术支持无关的要求。只有过了保质期的商品才会收费，而且这个费用店员还有权力决定是否免去。“这是为招揽顾客而做的亏本生意。有时，人们进来只是为了寻求帮助，但出门时可能会决定再买点东西。”德尔说。

（2）“叛离者”型的顾客。他们是感觉中立的或者仅仅感到被满足而已，他们可能会和公司停止交易。

（3）消费“恐怖者”型的顾客。他们有着负面体验，将传播负面口碑。

（4）“质押者”型的顾客。他们是那些并不对消费感到高兴的顾客，但他们因为垄断的环境或者是低价格仍然与企业保持着交易，跟这类顾客打交道很难而且耗费成本。

（5）“唯利是图”型的顾客。他们是很满意的顾客，但是他们对企业没有真实忠诚，可能因为别处的价格更低或一时冲动背离企业。

所以在企业建立之初，就应该努力创造企业的信徒顾客，提高叛离型顾客的满意从而将他们转化为忠诚型顾客。

3）顾客维持（customer retention）

向顾客不断地并比竞争对手更有效地提供价值的总体目标就是要拥有高度满意（甚至是愉悦）的顾客。顾客维持策略能使其切中客户兴趣所在，使得顾客留下来而不是转向另外一家企业。几乎在所有的商业情形中，赢得新顾客的成本要高于维持已有顾客的成本。

研究表明稍稍降低成本的流失便可获得利润的明显上升，因为：

（1）忠诚的顾客购买更多的产品；

（2）忠诚的顾客对价格不是很敏感，也很少注意竞争对手的广告；

（3）那些已经对企业的产品和流程很熟悉的已有顾客的服务成本要低些；

（4）忠诚顾客传播正面的口碑并吸引其他顾客注意。

此外，旨在吸引新顾客的营销努力需要耗费很高的成本。

事实上，在饱和的市场中也许不可能找到新顾客。现在，基于互联网和数字化的市场营销者和消费者之间的互动，可以说是向有特殊需求的顾客定制产品和服务的理想工具（通常是一对一营销），通过增加与顾客的商品互动提供更多细致的服务，从而使得顾客仍旧返回到自己的公司。

任务3.2　市场细分

市场细分和差异性是一组互补概念。如果没有拥有不同的背景、国家、血统、兴趣、需要和认知的人组成的差异性市场，就不会有细分市场的理由。全球市场的差异性使得市场细分成了一项具有吸引力的、可行的、具有潜在高获利性的战略。成功的市场细分的必要条件是任何一个市场都有足够的钱用于消费，并且按照地理的、心理的或者其他战略性变量细分的差异性市场有足够的规模。

在市场营销者向消费者提供一系列产品或服务以满足他们多样性的兴趣时，消费者会更加满意，消费者的满意程度以及生活质量最终都会提高，因此，对消费者与市场营销者来说，市场细分是一种很实际的工具。

3.2.1　什么是市场细分

1．市场细分

市场细分（market segmentation）可以描述为将市场划分成拥有共同的需求或特征的消费者子集合，选择一个或更多的细分市场作为目标，以实施不同的营销组合。现在市场细分被广泛接受，经营的主流方式是大规模营销模式（mass marketing）——向所有的消费提供相同的产品与营销组合。如果所有的消费者都是相似的，他们都有相同的需要、欲望与需求，有相同的背景、教育和经历，那么大规模（无差异的）营销可能就是符合逻辑的。它的主要优势就是成本较低：只需要一场广告活动，只要一种营销策略，通常只提供一种标准化的产品。如主要生产农产品或者拥有非常基础的生产资料的企业，仍能成功地采用大规模营销策略。但是运用在其他领域，这种大规模营销策略就有很大的缺点。

市场细分战略可以让厂商差异化他们的产品，以避免市场上的激烈竞争，市场细分不仅指在价格上面进行细分，也包括在风格、包装、促销诉求、分销方式以及超值服务上的细分。

整个营销战略可分三步：第一步，按照不同行业、不同的消费者群体以及不同的认知水平进行细分市场，来确定主要的目标消费市场。第二步，在上述的前提下，针对每一个具体产品、价格、渠道、促销方案，作一个详细的营销组合。第三步，进行产品定位，这样细分市场，消费者才能体会到所选产品区别于同类产品更好的需求。市场定位流程如图3-5所示。

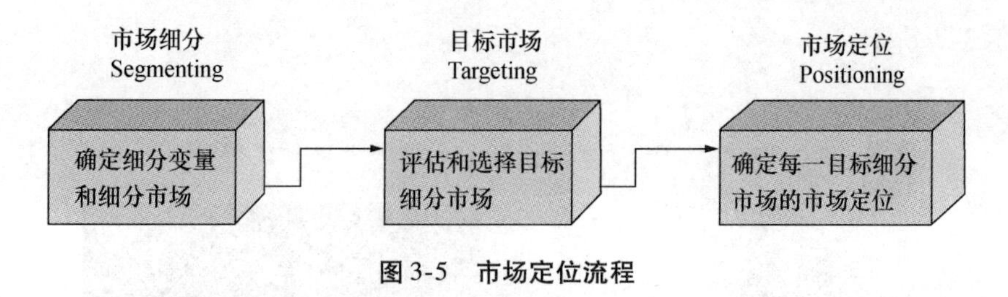

图3-5　市场定位流程

2. 谁使用市场细分

因为市场细分战略对消费者与市场营销都有好处，所以消费品市场营销者就是理想的细分实践者（细分实践者包括零售商、旅馆业和企业产业组织等）。

案例解析：丰田

丰田汽车在官方网站中进行车型的细分，方便消费者在选购汽车时能够快速查阅。比如，针对汽车的不同风格进行定位，丰田的Celica系列的汽车选择就是运动风格，最小的座椅，车身也很小，专为单身年轻人设计；而Avalon汽车则是更大的，定位于需要多空间的家庭汽车购买者，如图3-6所示。

图3-6　丰田车型细分

(1) 零售商已利用市场细分方式。

案例解析：Gap集团

Gap在不同的零售店以不同的年龄、收入和生活方式的细分市场为目标。在Gap官方网站中体现了Gap的商店设计以吸引不同年龄段的寻求购买正式、休闲式服装的消费者。Gap集团旗下拥有三大品牌，分别是Gap品牌（关注平价时装品牌）、Banana Republic（香蕉共和国）及Old Navy（旧海军），Gap通过香蕉共和国的商店来关注高档消费者，通过旧海军服装公司商店来关注低档消费者，通过婴儿Gap和Gap小孩商店来关注年轻的父母。Gap在满足具体的市场成员的需求以及识别他们独特或特殊的购买风格方面非常有创新，如图3-7所示。

图3-7 Gap官方网站

(2) 旅馆业也细分它们的市场，以向不同的细分市场提供不同的系列服务。

案例解析：Marriott

Marriott经营着13个“住宿品牌”。比如Fairfield旅店针对那些关注价格的短期停留者，Spring Hill套间针对那些要求适当价格的套间的客人，Residence旅馆针对寻找类似宿舍的住宿条件的长期停留者，Courtyard针对那些关注价格的商务人士，Marriott旅馆针对全程服务的商务旅行者，如图3-8所示。

图3-8 Marriott官方网站

(3) 企业产业组织同样也在细分市场，如非营利性组织与中介机构。

案例解析：Peterbilt 汽车公司

Peterbilt（彼得比尔特）汽车公司生产两种不同型号的卡车，满足卡车司机长期使用之需，并且满足建筑工程、废物回收公司、伐木公司等需要。这家公司网站上面列出了不同细分类型的各种设备，如图3-9所示。

图3-9　Peterbilt 汽车公司网站

越来越多的商业组织开始使用数据库营销来寻找谁是最优秀的顾客，然后将顾客划分到不同的细分市场上。这样的划分至少可以分为四类：① 低型——所占份额低，消费量低的顾客；② 高低型——所占份额高，但消费量低的顾客；③ 低高型——所占份额低，但是消费量高的顾客；④ 高高型——所占份额高，消费量也高的顾客。根据这种划分，市场营销者们才能更有利地掌握顾客的需求和定位，进而扩大销售份额。

3. 市场细分是如何运行的

细分市场只是为了发现特定的消费群体的需要和需求，在此基础上向消费者提供特定的商品和服务，以此来满足不同群体的需要。市场细分研究同样也引导产品以及新增加的细分市场的重新定位。

细分战略的第一步是选择进行市场细分的最佳依据。根据消费者个性特征类别为市场细分提供具体的依据。其包括九个方面：地理因素、人口统计因素、心理因素、生活方式特征、社会文化区别、使用者的个性特征、使用情景因素、所追求的利益以及混合细分方式（例如从人口统计及心理层面，地理及人口统计因素方面，以及价值观和生活等方面进行细分）。每一种细分混合形式都结合使用了几个细分依据，从而描绘出特定细分群体，比如特定的年龄段收入、生活方式以及职业结合体。

案例解析：美国安全剃须刀片有限公司

美国安全剃须刀片有限公司生产的系列产品 Bump Fighter Shaving System 就是一种专为美籍非裔男性设计的可更换刀片的剃须刀。到目前为止，该产品已经延伸到了生产剃须前使用的泡沫凝胶、剃须后的护肤品，以及一次性剃须刀架等产品。该公司依据细分包括的9种方式对产品进行细化。其官方网站针对产品功效又进一步进行了细分，如图3-10所示。

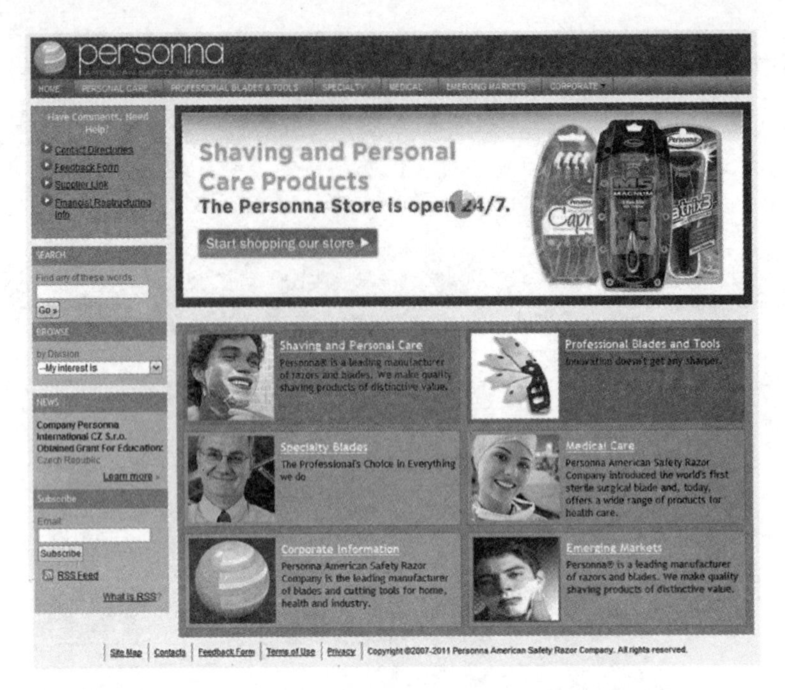

图 3-10　美国安全剃须刀片有限公司网站

1）地理细分

在地理细分中，市场根据所在区域进行划分。这种战略背后的理论是居住在相同区域的消费者拥有某些同样的需要和需求，而这些需要和需求与居住在其他地点的消费群体有所不同。

现在大多数消费者会利用网络购买各地的名产，很方便地享受了现代媒介所带来的便利。

2）人口统计细分

这是使用最为频繁的一种市场细分依据。其细分要素包括年龄、性别、婚姻状况、职业及受教育程度等。人口统计变量是指在人口方面重要的同时又是可以衡量的统计量。这种变量可以帮助市场营销者确定目标市场，而心理特征和社会文化特征用来帮助市场营销者描述顾客在想什么以及感受到了什么。

（1）年龄。对产品的需求和偏好经常随消费者的年龄而变。年龄，尤其是心理年龄，可以解释一系列潜在的趋势因素。

案例解析：麦当劳变脸行动案例

麦当劳是全球知名的快餐业巨头，之所以一直保持着经久不衰，是与它求新求异的经营理念分不开的。麦当劳以前是以温和妈妈和小孩的快乐形象作为经营理念。随着目标消费者的大量流失，麦当劳意识到了问题的严重性。它开始大量收集目标消费者的资料，并分析研究，得出了目标消费者追求的是个性化、自我化、时尚化的精神理念。麦当劳开始由原来的温和妈妈和小孩的快乐形象，转变为个性化、自我化的精神理念，在全球同步推出了“我就喜欢”品牌的更新活动，让目标消费者在食物认可的基础上，重新认识麦当劳，成功挽回了目标消费者。这一系列的广告创意活动，验证了麦当劳变脸行动案例的成功。

麦当劳在全球推出“我就喜欢”品牌更新活动的平面广告，由广告中的广告语“我就喜欢”可以看出，每张平面广告都突出了自我个性、自我追求。

（2）性别。性别是一种经常应用的细分变量。传统上，妇女是诸如染发剂和香水之类商品的主要使用者，而男士则是各种工具以及剃须产品的主要使用者。但是现在性别角色开始发生混淆，在一些产品中，性别不再是一种准确划分消费者的方式。

最近一项研究显示，男士和女士在看待互联网的使用问题上持有不同的看法。特别的是由于男士的“信息导向”，他们喜欢“点击”各类网页。而妇女点击是因为“它们喜欢一些交流的媒介来娱乐或者受到教育”。所以市场营销者在建立网站时，要定位网站细分依据，可以以性别划分作为根据。

（3）婚姻状况。传统上，家庭是许多市场营销工作努力的焦点，而且对于许多产品的服务而言，家庭将继续作为其相关的消费单元出现。市场营销者应致力于寻找购买以及持有某种商品的家庭数量及类型，同样对于家庭中决策制定者或参与商品实际选择的人进行人口统计，从而制定相应的市场营销战略。

（4）收入、受教育程度及职业。在确定不同细分市场时，收入及知识是非常重要的变量。因为市场营销者认为收入情况决定了消费者能或不能负担起一件商品或者某种特别的商品类型，因此他们通常将细分市场的划分建立在收入多少的基础上。这是为了更加准确地确定目标市场，收入通常要与其他的人口统计变量结合起来使用。

教育、职业及收入常常倾向于结成紧密的因果联系。好职业通常带来高收入，而好的职业的获得通常需要高水平的工作。对于互联网使用偏好的调查支持了收入、职业及受教育程度之间的紧密联系。调查人员发现收入较高，且受过比较好教育的白领工作消费者，倾向于在家中花费更多的上网时间，而收入较低且从事蓝领工作的消费者在工作时间通常难以接触到互联网。

3）心理细分

心理细分（psychographic segmentation），就是根据购买者的社会阶层、生活方式、个性特点或偏好，将购买者划分成不同的群体。属于同一人群的人可能表现出差异极大的心理特征。例如消费者通常根据他们的动机、个性、预期、学习经验以及态度被细分。

4）心理图式细分

心理图式是个体对世界的直觉、理解和思考的方式，属于心理学范畴。心理图式细分是在消费者的消费心理层面进行细分，按照消费习惯、兴趣及价值取向进行分类，并反映到视觉设计产品信息的过程。

案例解析：Centrum Performance 维生素公司

Centrum Performance 维生素公司的目标顾客是更倾向于将午饭时间用于工作而不是进餐的个人。Centrum Performance 维生素公司官方网站中展现其公司产品在消费者生活方式中所展现的姿态，如图 3-11 所示。

5）社会文化细分

社会学组织和人类学文化方面的差异——也就是说社会文化方面的差异，为市场细分提供了更深的基础。例如，建立在家庭周期阶段、社会阶层、核心文化价值取向、亚文化群体以及超越文化之间的联系的基础上，消费者市场可以被成功地进一步划分为各个子市场。

图 3-11　Centrum Performance 维生素公司官方网站

（1）家庭生命周期。家庭生命周期细分即大多数家庭都经历了相似的形成、成长以及最后解散的一个过程。在每个阶段中，家庭单元都需要不同的产品和服务。从表面上看，家庭生命周期是由婚姻及家庭状况等可变因素组成的，但实际上，它反映了家庭成员的相关年龄、收入及工作状况等原因。

（2）社会阶层。社会阶层可以作为一种市场的因素，通常用几种人口统计变量加权的形式衡量，包括受教育程度、职业及收入等。社会阶层概念揭示了一种等级概念，处于同等阶层的个体一般拥有相似的社会等级，而处于其他阶层的成员，地位较这一阶层而言或高或低。比如许多大型银行和投资公司，通常会提供各种各样不同水平的服务，以满足处于不同社会阶层的消费者的需求。

（3）文化和亚文化。很多市场营销者都以文化为基础来细分市场。来自同一文化背景下的消费群体倾向于拥有同样的价值观及风俗习惯。使用文化进行市场细分的市场营销者强调特别的消费群体广泛持有的文化价值观，它们希望消费者能够识别出这些价值。比如对当下的 90 后的中国年轻的消费者而言，年轻、舒适以及个性是普遍的价值观。

使用文化进行细分在国际市场营销中尤其重要。市场营销者必须清楚整个目标国家的信仰、价值观以及风俗习惯。

文化细分同样可以被运用到商品上，某些特别的经历、价值观或者信仰来区分不同子文化，从而帮助市场营销者作出有效的市场细分。

（4）跨文化——全球市场细分。随着世界越变越小，一个真正的全球市场正在形成。一些公司开始拥护那些具有独特价值的广告战略信息。

案例解析：麦当劳全球细分

麦当劳在每一个经营的跨文化市场里，都尽力向消费者展示本土化的广告，以此来做成一个“全球化”公司。我们都知道 Ronald 麦当劳已经更名为 Donald 麦当劳，就因为日语中不包含“R”的发音。麦当劳在日本的菜单已经本土化。而瑞士麦当劳采用一种使用木刻说明和柔性化设计的新型包装用于满足该国消费者对食品价值和户外饮食的需求。

6）使用相关细分

一种非常流行并且有效的市场细分形式是基于消费者对产品、服务或者品牌的使用的相关特征的一种方式。例如使用水平、感知水平及品牌忠诚度。

使用相关细分在特定商品、服务及品牌等方面，将消费者分为经常使用者、普通使用者、偶尔使用者及从不使用者。

7）使用情景细分

市场营销者发现环境和情况通常会决定消费者购买什么或者消费什么，因此他们将“使用情景”作为一个细分变量。

许多市场营销者为了推销产品，在特定使用情景或者使用时间进行销售。

案例解析：金帝巧克力

细分受众，促进销售

为了促进“金帝巧克力”的销售，扩大其受众空间，广告公司以2007年2月的两个节日——情人节（2月14日）、春节（2月18日）为中心，以节日经济为契机，以广播媒体为载体，从广告公司的专业角度出发，对“金帝巧克力”的宣传采用多种发布方式相结合、持续性发布与重点活动信息相结合的策略，快速展开宣传，为即将到来的市场旺季的销售做好准备和铺垫，力争将企业的品牌影响力进一步提升，使销售业绩大幅提高。经过对“金帝巧克力”消费群体的细分，确定出这个庞大群体所具备的共性，即：喜欢时尚、浪漫、音乐的学生群体和青年群体，以及文化素养较高、具备一定消费能力的高知识层次人群、追求品牌的成功人士。因此广告推广选择了在符合受众特点的娱乐节目中广播广告，通过持续的信息传播，进一步提高受众对“金帝巧克力”这一品牌的认知度和忠诚度，也进一步提升了“金帝巧克力”的市场知名度和营销业绩。金帝巧克力在情人节选择的传播媒体和时间如表3-1所示。

表3-1　金帝巧克力在情人节选择的传播媒体和时间

频　率	投放周期	广告形式	广告长度	点　位	广告所在节目	所需费用
FM98.8 陕西音乐广播	20天	品牌广告	15秒	14：26	快乐时间	略
				15：26	快乐时间	
				16：26	K歌之王旋律版	
				16：56	K歌之王旋律版	
FM93.1 西安音乐广播	20天	品牌广告	15秒	13：30	音乐一级棒	略
				14：30	中国歌曲排行榜	
				14：55	中国歌曲排行榜	
				17：30	汽车音乐地带	
				17：55	汽车音乐地带	
				20：30	智力过山车	
FM104.3 西安交通旅游广播	20天	品牌广告	15秒	12：30	彩铃彩铃我爱你	略
				12：58	彩铃彩铃我爱你	
				17：58	吃遍西安	
				19：00	酷音乐	
				19：30	酷音乐	
				19：58	酷音乐	
					费用总计	略

8）利益细分

消费者购买商品所要寻找的利益往往是各有侧重的，据此可以对同一市场进行细分。利益细分就是按照购买者购买某种产品所追求利益的不同进行市场细分。

在消费者决定哪些产品利益对他们而言最重要的时候，不断改变的生活风格也在其中扮演着重要的角色，同时为市场营销者推出新产品和新服务提供了机会。利益细分同时还被用于在同类产品中为各种各样的品牌进行定位。

经验介绍

一个经典的利益细分成功的案例是牙膏市场。如果消费者非常乐于参与社会活动，那么他们希望牙膏能够给他们带来洁白的牙齿与清新的口气；如果消费者吸烟，他们则希望牙膏可以去除牙齿上的污渍；如果预防牙科疾病是消费者的主要利益诉求点，那么他们会选择抗菌性牙膏；而对于已经有孩子的消费者而言，他们希望能够通过使用牙膏降低孩子看牙医的费用。

9）混合细分方法

市场营销者在进行市场细分时，通常喜欢将几个细分要素结合起来，而不仅仅是建立在单一分变量的基础上。

本节上述讲述的9种变量，可以按照因地制宜的本土化需求进行混合战略。

3.2.2 有效定位细分市场的关键

1. 可识别

在不同细分类别的市场上，具有一系列与产品和服务相关的具有普遍、共有的需要或者可识别特征。为了做到这样的细分，市场营销者必须能够识别出这些相关的特征。如上一节简述的九种变量。

2. 市场容量

一个细分市场要想成为一个有价值的目标市场，必须包含足够数量的消费者，从而确保推出的某种相应的产品或者促销活动，可以满足其特定的需要和兴趣。

3. 稳定性

大多数市场营销者倾向于选择这样的细分市场，即在人口统计、心理因素以及需求方面相对稳定，同时这些因素都呈现出不断增长的趋势。

注意

比如：刚步入社会的大学毕业生所组成的细分市场是规模足够，同时很容易识别其偏好和需要，他们有强烈的购买欲望，只是支付能力相对较低。但是，问题在于等公司某种正在流行的商品生产出来后，这个目标消费群体已经对产品丧失了热度。

4. 可进入性

一个有效的目标市场的第四个必要条件是要具备可进入性，这就意味着市场营销者必须能够以可以接受的成本进入到他们想进入的细分市场中。除了广泛应用的各种针对不同兴趣爱好的杂志、有线电视节目外，市场营销者还在寻找新的媒介方式，以帮助他们降低在流通和竞争环节中的花费，即可接触到目标市场。最为简单的方式是通过互联网。针对消费者的不同需要，越来越多的网站开始定期向网络使用者发送电子邮件，邮件的内容专门迎合单独使用者的特别兴趣。

案例解析：腾讯QQ邮箱订阅

腾讯QQ邮箱订阅仅是有针对性地让使用它的消费者在查收邮件的同时，能够针对自己感兴趣的话题进行订阅，如图3-12所示。

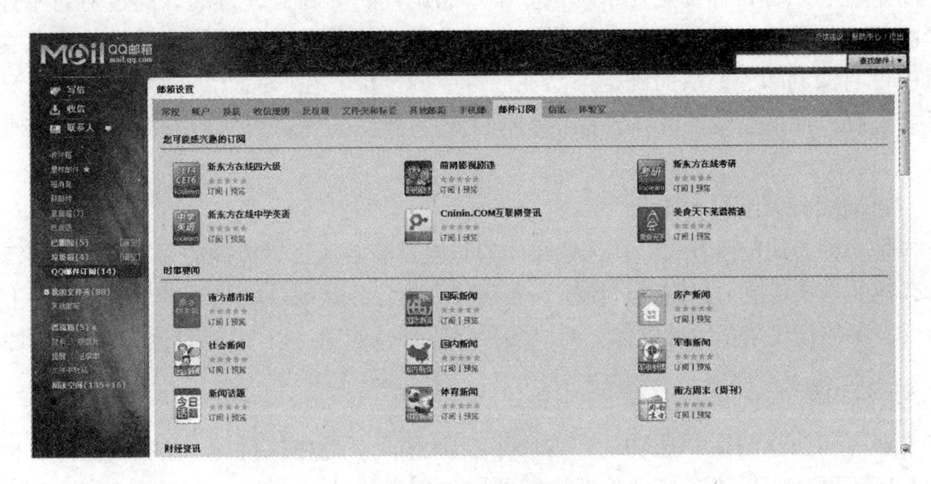

图3-12 QQ邮箱订阅

任务3.3 企业产品营销定位策划

在全球经济一体化中，市场营销者运用各种细分战略和不同的传播方式向消费者进行各种产品的推销。在目标市场一定、细分变量一定的情况下，市场营销者开始针对产品层次进行进一步的具体定位，以满足消费者选购的需求。在这种情况下就要运用媒体广告作为市场营销传播的辅助手段。

3.3.1 市场定位的程序与内容

市场定位是科学系统化的程序。所谓市场定位，是指在目标市场中为产品找到一个与其他竞争产品相比，具有明确、独特而又恰当的位置。也就是说，市场定位要根据所选定目标市场上的竞争者产品所处的位置和企业自身条件，从各方面为企业和产品创造一定的特色，塑造并树立一定的市场形象，以求在目标消费群中形成一种特殊的偏爱。

1. 准备阶段

市场调查是定位策划的先行者，是在执行定位策划之前围绕着市场供求关系所进行的科学的调查研究，定位策划的市场调查由市场调查、产品调查、市场竞争性调查及消费者洞查四部分构成。通过对这四部分的深入调查，了解市场信息，把握市场动态，准确地判断出消费者的需求方向和心理嗜好，并且明确市场营销者及其产品在人们心中的地位和形象。

2. 整合阶段

整合阶段处于定位策划的核心阶段，即在准备阶段的基础上，开始确定所选择媒体对象，制定广告目标，进行媒体的选择策略。

1）市场定位和广告目标

市场定位和广告目标都是在市场调查中产品调查的基础上进行的。通过对自身产品与同质产品相比较得出的具体情况，分析出产品的哪些特质区别于其他产品的特点，在消费者心目中留有深刻印象，从而确定产品在广告中的定位。在产品严重同质化的今天，大部分商品会选择产品的背景文化、产品的科学工艺、产品的优质售后服务等附加值来明确广告目标。

2）媒体选择和组合计划

广告是一种大众传播方式。在选择媒体的时候要清晰地掌握传播的目标对象是什么，需要以什么样的方式传播，我们通过传播来表达什么内容，这都是媒体选择的需要。在信息繁杂的今天，不能仅仅依托一种媒体，而应多种媒体整合使用，以增强信息传达的有效性。

3. 执行阶段

广告业有句公认的话“成功的广告一半在创意，一半在执行”。这里的执行与标题所提到的有所不同，它单指市场定位后进行的广告创意的具体实施。但也可以从这句话中体会到，执行阶段（广告创意与表现）是前两个阶段的总结和效果反映。执行阶段的好坏直接反映在最后产品的销售上。

3.3.2 市场调查与分析

1. 市场调查的目的和要求

这是指人们为解决某项产品的营销问题而有意识地对市场进行深入、具体的了解，以认识市场的市场调查运行状况和运行机制。

1）市场调查的目的

面对产品的同质化、媒体分流化、消费者注意力分散化的市场变化，掌握全面、准确的信息，就有可能在市场上取得胜利，所以必须进行市场调查，掌握市场趋向以及科学的数据。

（1）市场调查是媒体选择的依据和参考，是整个企业形象宣传活动的开端。新时代的市场定位是艺术与科学决策相结合的合理计划。市场调查的数据和资料直接关系到广告活动、广告计划的顺利进行。如果企业的广告代理公司对产品或服务在市场上的优势、劣势和市场竞争状况等基础信息不能完整、准确而迅速地掌握，就不能做到知己知彼，更不可能百战不殆。

（2）市场调查是预测未来的基础。市场调查了解的是客观实际情况，最终目的是立足现在、把握未来。通过对市场上搜集的直接资料和来自历史的间接资料进行科学合理的分析，对未来作出一个相对科学的预测。

（3）市场调查有助于测定广告效果，评估广告活动。广告效果是广告主最关心的问题，在广告方案实施之前的调查，可以帮助广告主和广告代理公司了解广告计划在市场中的适应性和实施性。通过调查，可以及时发现问题，保证整个广告计划的顺利实施。在广告方案实施之后的调查，更可以帮助企业营销者了解广告方案在受众中的接受度与好感度，以决定是否延续或改变方案策略。

2）市场调查的要求

（1）市场调查必须经常性地进行。商场如战场，商品竞争的变化，消费者需求的改变，市场所在地政策经济形势的不断变化等，如果没有及时的市场调查，企业就不可能在瞬息万变的商场中获取主动权。因此市场调查要根据市场的变化，有对应性地多频次进行。

（2）重视市场调查的成果，并及时付诸实施。科学的市场调查能够给企业带来丰厚的利润，如果忽视了调查的结果，对市场调查的成果不积极付诸行动，不仅是极大的资源浪费，也会让企业错失良机，丧失企业竞争力，给企业造成重大损失。因此，我们不仅要把市场调查作为计划实施的依据，而且要积极应对，付诸行动。

（3）建立消费者信息系统和资源库。建立消费者信息系统和资源库是一项十分重要的工作，企业在平时就要注意做好消费者信息的收集和积累、产品售出和回馈消息的处理。一般而言，市场调查人员经常需要收集的资料有两类：一是原始资料，也称“一手资料”，即经过实地调查获得并以反映市场现状为主的资料；二是文献资料，也称为“二手资料”，即通过各种报纸杂志和书籍、报告等公开发表的资料，这些资料主要反映市场环境和市场历史等。无论是原始资料，还是文献资料，都是市场调查中不可缺少的资源。这些资源为日后开展专项广告活动提供具有针对性的依据。

2. 市场调查内容及其分析

市场调查大体分为四部分内容，分别是广告市场调查、产品调查、市场竞争性调查和消费者洞察。

1）广告市场环境调查

广告环境分为内环境和外环境。内环境的调查是广告环境中直接影响企业广告活动的各种行动者，如广告受众、竞争者、媒介、广告公司等。外环境的调查是指影响内环境中所有行动者的较大的社会力量，也就是人口、经济、科技、法律、社会文化和生态与可持续发展等。

（1）市场环境调查的概念。广告市场环境调查是以一定的地区为对象，通过系统地、有计划地收集、记录与市场营销相关的大量人口、政治、经济、文化和风土人情等方面的资料，加以科学的分析和研究，从中了解本企业产品的目前市场和潜在市场，并对市场供求变化及价格变动趋势进行预测，为企业经营决策提供科学依据。

（2）市场环境调查的内容。

① 广告对象。广告对象即广告主的产品目标市场资料，包括广告对象的年龄、性别、

职业、收入状况、生活方式、购买习惯、文化程度、价值观念和审美意识等，以及广告对象的地域性差异。

② 产品特点。产品特点即进行产品分析，包括产品的优点、特色及产品给消费者所带来的利益。

③ 市场特征。市场特征是指目前广告主的商品的知名度、好感程度、品牌和企业在消费者心目中已形成的印象和概念等心理特征。

④ 竞争状况。竞争状况包括竞争者的广告内容、广告费用、分销渠道、价格水平等。

⑤ 营销组合情况。营销组合包括广告主的产品计划、价格计划、分销渠道计划，以及各种促销方法的使用。

（3）市场环境调查的作用。无论是广告的外环境还是内环境，都对广告起着促进、调整、制约的作用。

① 促进作用——为广告主体、广告本体、广告客体的发展变化提供有利条件。

② 调整作用——环境的变化促进广告主体、广告本体、广告客体的发展同时适应环境的变化。

③ 制约作用——为广告主体、广告本体、广告客体提供有限的发展条件或者削减其有利条件，使它们在限定的空间中生存和发展。

（4）广告市场环境调查的基本程序。为了实施有效的传播沟通，减少巨额广告费用的投资风险，获得预期的广告活动效果，必须有计划、有步骤地进行广告市场环境调查工作，如图3-13所示。

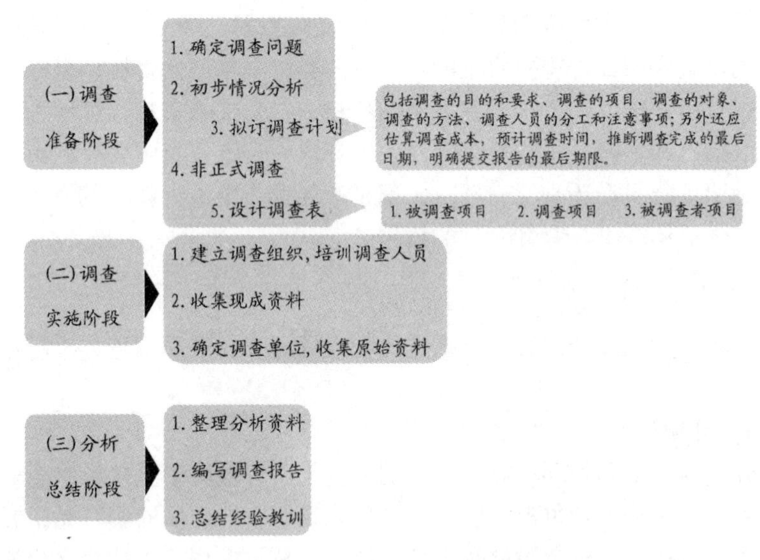

图3-13　广告调查的基本程序

2）产品情况调查

了解产品的生产情况、性能情况、生命周期情况和服务情况，通过调查了解同一类产品市场的结构，以及在同类产品中不同品牌的特点和市场中的位置，从而根据某一产品的自身特点、消费者的喜好、可替代产品的相似状况来确定产品的市场位置，从而打造差异化较高的产品。那么产品是以什么方式存在，又如何感觉到自身产品与同类产品的差异性，也是产品调查的职能所在，如图3-14所示。

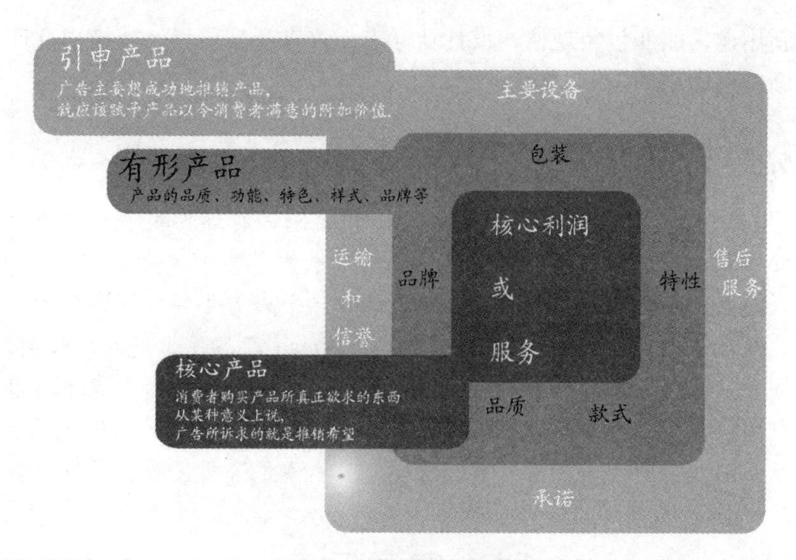

图3-14 产品情况调查

（1）产品的生命周期。产品的生命周期，简称PLC，是把产品的营销历史比作人的生命周期，也要经历出生、成长、成熟、老化、死亡等阶段。就产品而言也就是要经历导入、成长、成熟、衰退几个阶段。产品的周期随着市场的周期产生而变化，如图3-15所示。

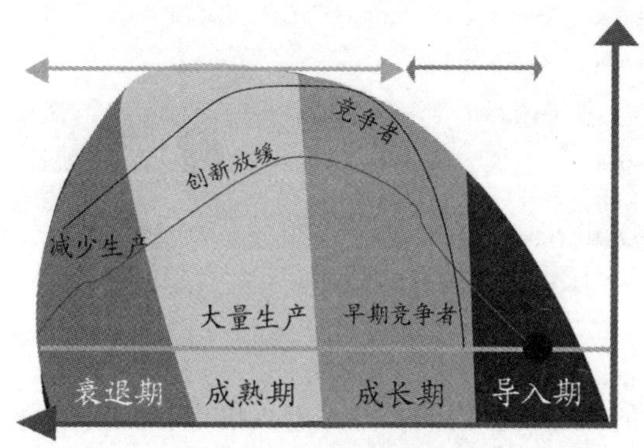

图3-15 产品生命周期

在产品导入期，产品刚上市，急需要开拓市场。由于引入市场的费用较高，广告主必须花费大量的广告经费，建立自己的市场。广告主力争在成长期开始前就赢得较大的市场份额，企业在这一阶段基本无利可图。这一阶段主要诉求产品的基础信息，例如Logo、产品职能和口号等。

产品到了成长期，市场快速扩大，越来越多的顾客受到大众广告和品牌的影响，对产品已经有一定的认知度和购买体验。这一阶段主要是强化产品的特点。

产品进入成熟期，由于竞争产品的增加和新顾客人数的萎缩，市场逐渐饱和，企业销量趋于稳定，竞争进入白热化，利润开始减少，在这个阶段企业纷纷加强自己的促销力度。这个时候“选择性需求”是产品在成熟期时消费者选择产品的依据。此时，产品已进入美誉度阶段，拥有自己的固定的消费人群，但上升势态减弱。

产品由成熟期转为衰退期，各厂商都在力争延长产品的生命周期，尽力寻找新用户，开发产品的新用途，改变包装规格，设计新标志，改进产品质量，或推出此产品的系列产品，以开始新的生命周期。

案例解析：索尼公司

20世纪70年代，日本索尼公司发现年轻一代需求一种迷你型音乐播放机。在这个契机下Walkman产品被推出了。公司运用了大量的广告宣传来增强青年人对它的了解，引起了消费者的兴趣点，增加了购买的冲动。Walkman几乎成为年轻一代的时尚。在产品导入的阶段就强化新产品的优异之处。新品上市后Walkman产品逐步进入成长期，与旧商品、同类产品之间展开竞争，从进入市场转变为如何巩固既有的市场、引导市场潜能、引导消费者增强品牌的认知，最大限度地占领市场份额。随即Walkman产品进入了衰退期，因为它已经不能满足消费者的需求。应对当代科技，日本索尼公司又推出了符合现代人需求的mp3和mp4，如图3-16所示。

图3-16　索尼公司新推出的mp3、mp4

我们再以手机品牌的激烈比拼为例，产品进入价格和促销竞争阶段，通常市场进入了成熟期，产品的性能和工艺的性价比都处于落后或淘汰阶段时，市场进入衰退期。比如早期诺基亚7270的绝色倾城，每一款手机都是一幅创意灵感的艺术品，但是现在已经成了淘汰品。

（2）产品的存在方式。媒体广告策划必须将分析的视角聚焦于产品本身，以及产品与消费者之间的关系上。产品调查的结果直接反应在产品以什么样的方式和特点存在于市场上，应该以什么方式表达出来才能消除消费者的忽视和漠然，以博取消费者的好感，甚至于产生购买欲望。深度解读产品的调查情况，掌握产品本来的应用特点，才能及时发现隐藏在产品背后的物质因素。比如牛奶的物质特点可以是富含营养、新鲜、补钙补锌、低脂低热等常见的产品存在的方式，由于在市场环境中产品同质化现象严重，牛奶产品的存在方式也有了一定的转变，把味觉变为“酸酸甜甜就是我”，同时，还增加了额外的精神需求，例如“妈妈选A+奶”等情感需求。所以，我们要从需求性、接受性、替代性、符合性、情感性五个方面去对产品情况进行调查，从而准确地把握产品存在的方式，如图3-17所示。

图3-17 光明官方网站中以产品的存在方式的特点进行展示

（3）产品的需求性。产品需求性是消费者对产品需求的程度。产品符合消费者需求吗？如果符合，到底有多大程度上符合需求？如果不符合，又是为什么？要将不被需求转化为被需求，这是广告计划的目的所在。

众所周知，根据马斯洛的心理学理论，每个人都潜藏着五种不同层次的需求。这五种需求是由低层次逐渐向高层次发展的，因此也可分为两层：高需求度产品、低需求度产品。高需求度的产品是与人的衣食住行相关的生活必需品，而低需求度产品则是奢侈型、享受型的产品。例如，移动电话是必需品吗？在刚出现时，它不是必需品，持有者视它为奢侈物品，用于满足自己的虚荣心，体现身份和阶层。但随着生活条件的改善以及人际关系的改变，移动电话逐步成为了大众消费品。至此改变了产品的渠道，改变了产品的使用对象，改变了产品的背景，改变了产品的需求度，提高了人们的生活。

案例解析：海飞丝

海飞丝通过“没有头皮屑”的活动，把洗发香波作为生活必需品，把一种非急迫的需求做成了急迫的需求。由于供求关系和自身企业想要脱离基础的去屑行列，海飞丝由低需求度向高需求度的在社会经济背景下动态转换。广告计划是通过产品调查及时、有效地了解产品的需求性质从而有针对性地实施网络广告行为。其网站如图3-18所示。

图3-18 海飞丝网站

（4）产品的接受性。产品接受性是指产品符合社会消费水平与观念的程度。接受度与需求度有着千丝万缕的联系，通常需求度高的产品接受度就高，反之接受度低的产品需求度也低。同时接受度与消费者的使用情况也有很大的关系。

注意

社会生活快节奏，导致洗衣机的需求度增高，20 多年来，洗衣机由单缸到双缸再到今天的全自动，越来越适应人民大众的生活需求，这些都是为了更好地让消费者接受。从新产品到产品品牌的塑造，都会面临着市场和消费者接受的问题。产品的好定位是解决接受度的好方法，消费者可以一眼辨认出什么是自己所需要的产品。

（5）产品的更替性。产品的更替性是指产品在使用中，企业会不断地提高和扩展产品在各方面的功能性，好让产品在任何时候都处于市场领先地位。产品的不可更替性与接受度成反比。也就是说，接受率高的产品，容易被更替掉。最简单的例子，在轿车市场，那些物美价廉的中低档家用小轿车，很受中国老百姓的喜欢，自然它的需求多，接受度也快，但产品的更新换代的速度也快。

（6）产品的符合性。产品符合性是消费者对产品的直接感性知觉，也是产品人性化的体现。

案例解析：维达纸业

现在市面上的纸巾繁多，一般的消费者大都考虑价格、耐用性、触感等特点。当然也有的消费者会要求带有香气、颜色好看、质地柔软等。这些都是消费者对产品知觉符合度的要求。媒体宣传如果能够利用这些知觉因素，就能够促进消费者的购买欲望。维达官方网站中很清晰地点明现在维达企业纸质的韧性程度，来满足消费者与产品的诉求的符合度，如图 3-19 所示。

图 3-19 维达网站

（7）产品的情感性。产品情感性是消费者的感性价值。情感性与接受性是成正比的，情感性越高接受性就越强。不过更多的感性认识来自于产品之外的人性深处。如法拉利的自由奔放，奥迪的稳重厚实。这些都是与人的内心深处的欲望相联系的。由此可见，网络宣传媒体需要掌握产品所处的生产周期及分类，以着手具体调查产品在市场上的存在方式，确认产品在市场上的定位，在消费者心中形成关于产品特点的某个概念。例如提到“牛仔”让人想到万宝路，提到沃尔沃让人想到“安全”。这是一种企业CIS系统实体化的影响。

3）市场竞争者调查

在市场竞争者调查中，着重调查市场竞争的总体情况及其变化趋势，如何确定竞争对手，如何发现新的市场机会点等，而在市场竞争中，主要是通过区别于其他品牌的网络策略，寻找最佳的网络创意和网站表现及其广告投放新颖的方案来提高企业的市场竞争力。

（1）市场的总体情况。市场的总体情况指产品的市场容量、不同产品的市场总容量、主要销售渠道以及同销售渠道的市场份额等。

（2）确定竞争对手。主要是确定在产品种类、价格、销售方式等方面比较接近而构成竞争性的对手。竞争对手分为两大类：① 直接竞争对手，即那些用相同方式追逐相同目标市场的企业。他们的产品价格、销售方式、品牌知名度相近，甚至开展的活动都近似。例如软饮料领域中都会有很多直接竞争对手。但是，在一个层面上只有几个品牌，比如百事可乐与可口可乐、康师傅矿物质水与乐百氏纯净水等。② 间接竞争对手，即非同类产品实际构成了消费者争夺的品牌，最简单的例子就是自行车与电动车的竞争。

（3）寻找新的市场机会点。新的市场机会点是对竞争对手进行调查和分析的根本目的。我们发现机会点的同时，也是因为问题的出现，这些问题可能出现在产品的质量、性能、价格、包装、服务，也有可能出现在产品的生存方式上，如需求性、接受性等方面，而通过解决问题，我们将突破瓶颈，迎来新的市场机遇。

案例解析：格兰仕企业

格兰仕微波炉在微波炉行业是首屈一指的品牌，其价廉物美、关心消费者利益。它的消费者遍布在大中城市及经济发达地区，这样的消费者注重品牌意识、功能的先进性、外观的独特性。而格兰仕微波炉出现的问题正是格兰仕品牌无法适应消费者细微的心理变化，必须及时调整中小城市品牌识别地域。问题为我们提供了一个机会点，格兰仕企业开始强化品牌识别，运用整套的系统识别CIS功能推动格兰仕各种家电延展，完成原有品牌的蜕变和品牌的再一次构建。格兰仕网与淘宝网、拍拍网相互协作，进一步推出网购销售，拓展稳固企业的市场品牌，如图3-20所示。

4）消费者洞查

消费者洞查是市场营销者关注的重点。市场环境调查、产品情况调查都为了给消费者洞查作热身准备。消费者洞查要从购买者的资料、消费心理、消费行为等各个方面调查消费者对于产品的态度和购买欲望。如果这个环节做得好，则整个产品定位计划的框架就非常牢固，反之，我们就不能为市场营销者设定很有效的广告宣传活动。

图 3-20　格兰仕企业网站

（1）什么是消费者洞察。消费者的洞察 insight，不能仅仅看成是表面的“看”，而应该把 insight 理解为识破、看透、看穿。例如，中国人喜欢红色的事物，这只是一个表面现象，作为一个企业营销者或是制定宣传策略的人，我们应该知道他们为什么喜欢红色，他们喜欢红色的真正理由是什么，注意挖掘深层次的地方，这才是真正的 insight。

在消费行为中，当一个人心理发生变化时，会影响他的判断与选择，决定是否购买这个东西。我们就是要通过消费者洞察发现人内心的按钮。如果作为企业营销者或者广告策划人不能发现人心灵上的按钮，就不能作出很好的媒体策划。为了让企业营销者的商品或者产品能够销售得更好，我们通过沟通来为企业营销者解决问题。

经验介绍

现代社会在变，商品也在变，竞争环境在变，消费者也在变，我们通过沟通要解决的问题也永远在变。虽然企业营销者自己也会做调查，他们也会有很多与消费者有关的数据，但是只靠这些来做一个广告或者宣传策划是远远不够的。很多宣传策划活动在做消费者洞察的时候就要越过一个特定的属性，如越过购买汽车的对象或者越过购买化妆品的对象。我们把目标对象归纳为一个人的基本特征，换句话说，这个人买汽车也开车，同时也买化妆品，也很在意朋友新买的手机，可是另外一方面他也会想他的孩子今后怎样去上学，同时也担心他的父母老了以后要怎样照顾父母，也就是说在做调查的时候会把这个目标对象看作完整的一个人。

通过消费者洞察，我们找到这个整体意义上的人有什么样的行动，他最重要的价值观是什么，影响他消费行动心灵最深处的按钮是什么。举个例子，我们为福特汽车发现的消费者洞察是，虽然每天的生活琐碎无味，但我们希望每天都是一个全新的自己，这就是消费者日常生活中的一个冲突。福特汽车以“不管你开什么样的车，都是非常精彩的”这样一个独特的产品立意点，来帮助消费者解决生活中的矛盾。如此一来，品牌的独特立意就同消费者洞察相结合了。

通过组织大型活动，借助各种手段包括大众媒介的支持、网络真人秀、主题网站、活动、PR等，让消费者能够真正加入这个创意意念中来，真正拥有寻找精彩生活的态度。

（2）消费者的特点。年龄和性别是两个常用的划分消费者群的标准。按此标准形成的消费者群中，尤以少年儿童消费者群、青年消费者群、老年消费者群、妇女消费者群对研究消费者特点具有特别重要的作用。消费者的特点往往根据不同的消费人群而呈现出消费特点的细微变化。

① 消费者思维方式缺乏合理性和逻辑性。在消费者中，我国女性消费者占全国人口的48.7%，女性消费者不仅人数众多，而且在购买活动中起着特殊重要的作用。她们不仅为自己购买所需商品，而且由于在家庭中承担了女儿、妻子、母亲、主妇等多种角色，因而也是大多数儿童用品、男性用品、老人用品、家庭用品的主要购买者。而女性消费者购买商品主要对其外观形象、感性特征等较重视，往往在某种情绪或情感的驱动下产生购买行为。女性消费者被称为“没有逻辑性、情绪化的美丽尤物”。

② 对商品或品牌的判断缺乏客观性。在这个品牌当道的时代，更多消费者想用品牌来界定自己的生活方式。他们在寻找真正的可以作为生活标准的品牌意义。而作为消费者，他们多少有些盲目，并容易被蛊惑，最终成为一个个概念的买单者。由于大众传媒的广泛介入，消费者对一个商标或者品牌的界定中有了更多的非理性的判断因素，也因此失去了客观性。

③ 对自己的意识和行为缺乏知觉。消费者如何购买，还要看他对外界刺激物或情境的反映，这就是感受对消费者购买行为的影响。感受指的是人们的感觉和知觉。知觉对消费者的购买决策、购买行为影响较大。在刺激物或情境相同的情况下，消费者有不同的知觉，他们的购买决策、购买行为就截然不同。因为消费者知觉是一个有选择性的心理过程。

经验介绍

消费者是会说谎的，有的时候他们是有意识地在说谎，往往他们在说谎的时候还会加上各种各样的理由，好像他说的很有道理，当我们听到对消费者的采访或者他们说话时就应该想想他说的是不是真的，他所说内容的后面是否还隐藏有别的东西。美国Mohanbir先生的观点是这样的：厂家或者营销商看人的时候只会看你会不会买他的产品，而我们看消费者则要看到消费者的本质。

3.3.3 企业产品营销定位

企业产品是否能够快速地得到消费者的欢迎，并且符合消费者需求，不仅靠市场细分战略的经营，还要进行企业整体形象定位，具体到产品就要从产品的各方面特征来提取出符合媒介宣传，并且有满足消费者需求的定位方向。可以说营销定位等同于广告定位。在这里我们介绍一下广告定位。

广告定位

1）广告定位的概念

所谓的广告定位，就是指在广告活动中，通过广告突出商品或劳务达到符合消费者心理需求的目的，同时使企业的商品或劳务在顾客心里占有位置，留下深刻印象的一种推销方法。

2）产品定位与广告定位的不同

定位从产品开始，可以是一种商品、一项服务、一家公司、一个机构，甚至是一个人，也许是你自己。广告定位属于心理接受范畴的概念，其“定位”是一种观念，它改变了广告的本质。广告定位是广告主与广告公司根据社会既定的群体对某种产品特性或属性的重视程度，把自己的广告产品确定于某一市场位置，使其在特定的时间、地点，对某一阶层的目标消费者出售，以利于与其他厂家产品竞争。它的目的就是要在广告宣传中，为企业和产品创造、树立独特的市场形象，从而满足目标消费者的某种需要和偏爱，促进企业产品销售服务。

产品定位并不等同于广告定位，产品定位只是单一的针对产品这个物品定位，不是要你对产品做什么事，而是对未来的潜在顾客心中所下的工夫，也就是把产品定位在你未来潜在顾客的心中。

3）广告定位的四个阶段（如图 3-21 所示）

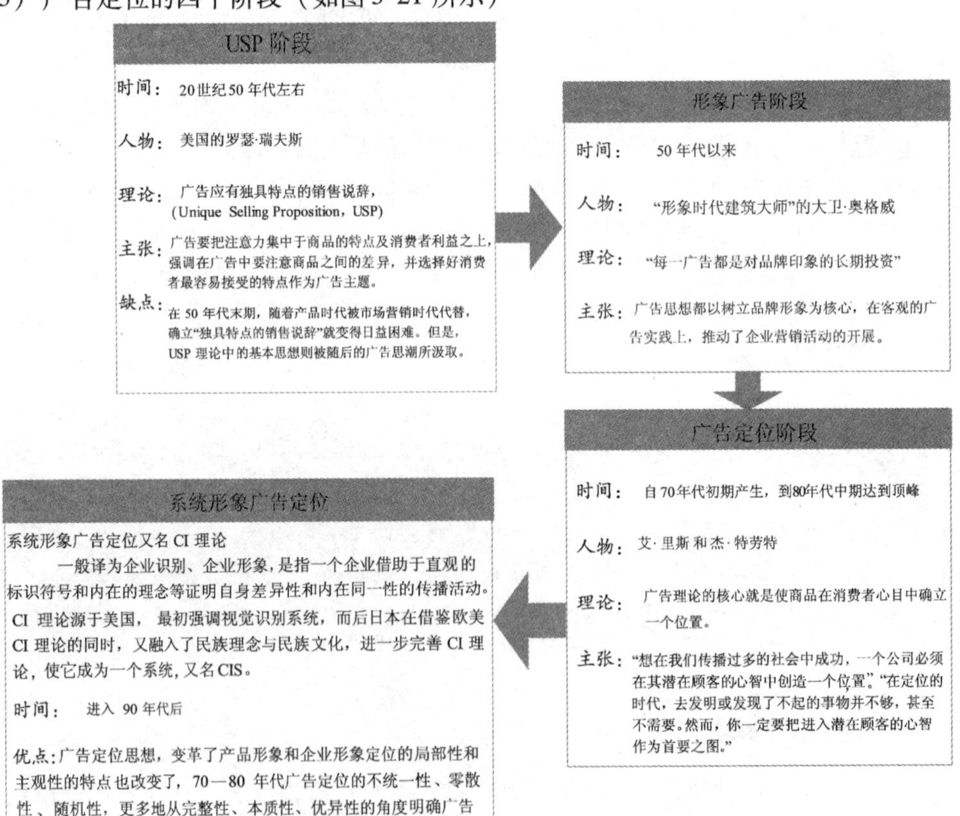

图 3-21　广告定位依次按照时间顺序逐步完善阶段示意图

4）广告定位的类型

广告定位的类型划分是按照广告活动所针对的不同产品、不同人群定位应运而生的。广告定位主要分产品广告定位、企业形象识别定位也就是 CIS。

（1）产品广告定位。产品广告定位分为实物定位、市场定位、品质定位、价格定位、功效定位和观念定位。下面就具体内容分别说明。

① 实物定位。所谓实物定位，就是在广告宣传活动中突出产品的新价值，强调产品品牌与同类产品的不同以及能够给消费者带来的更大利益。实物定位又可以区分为市场定位、品质定位、价格定位和功效定位。

案例解析：薇姿

薇姿（VICHY）是世界最大的化妆品集团——法国欧莱雅公司旗下的著名品牌之一。它运用实物定位中的功效定位，针对不同类型的皮肤，提供具有不同特点的各部位清洁、调养和护理系列，以达到最佳效果，如图 3-22 所示。

图 3-22　薇姿企业宣传网站

② 市场定位。市场定位就是在市场细分的方式中运用具体的广告活动，确定广告宣传的目的性，将产品定位在最有利的市场位置上。在广告活动进行市场定位时，要根据市场细分的结果，不断地调整自己的定位对象区域。任何企业，无论其规模如何，都不可能满足消费者的整体需要，而只能让产品销售选定一个或几个目标市场，满足一部分特定消费者的需求，这样的广告宣传，才可能取得良好的广告效果，这就是所谓的市场定位。

市场定位是在细分市场的基础上进行的，商品市场按消费者的需求和满足程度来分，有同质市场和异质市场两类。同质市场是指消费者对商品的需求有较多共性，消费者弹性小，受广告宣传影响不大的商品市场，一些生活必需品，如柴米油盐等，就属于同质市场类型。异质市场则与同质市场相反，它是指消费者对同类产品的品质、特性有不同的要求，强调商品的个性，消费弹性大、受广告宣传影响，如服装、化妆品、烟酒等。由此可见，市场定位与广告计划必须步调一致。

③ 品质定位。品质定位就是把产品自身的优秀质量作为广告宣传的一个卖点。在现实生活中，产品质量是否卓越将决定产品能否拥有一个稳定的消费群体。这种定位优势可以持续很久，也可能很快被竞争对手复制、提升乃至替代。为了维持既有竞争优势与市场份额，企业就必须对产品进行持续改进与创新。

案例解析：沃尔沃汽车

以汽车行业为例，沃尔沃汽车以极佳的安全性能著称。成立于 1927 年的沃尔沃公司生产的每款沃尔沃轿车，都将传统风格与现代流线型造型糅合在一起，创造出一种独特的时髦。卓越的性能、独特的设计、安全舒适的沃尔沃轿车，为车主提供一个充满温馨的可以移动的家。在整个官方网站用整体清新透彻的环境，反衬出沃尔沃车系的坚固，如图 3-23 所示。

图 3-23 沃尔沃宣传网站

④ 价格定位。价格定位就是因产品的品质、性能、造型等方面与同类产品相似，没有什么特殊的地方可以吸引消费者，在这种情况下把自己的产品价格定位于一个适当的范围或位置上，以使该品牌产品的价格与同类产品价格相比较而更具有竞争实力，从而在市场上占领更多的市场份额。价格定位不是意味着降低价格就能在竞争中取得胜利，而是在品质优良的基础上物美价廉。

案例解析：家乐福

家乐福官方网站中应用了大型的价格促销，来吸引消费者的购买欲望。同时也与同行业竞争者进行价格比拼，如图 3-24 所示。

⑤ 功效定位。功效定位指在广告中以同类产品的定位为基准，同时突出产品的特异功效，使该品牌产品有别于同类产品的优异性能，以此来增强竞争力。

图 3-24　家乐福官方网站

案例解析：美媛春

在日益细分的保健品市场，产品诉求日益同质化，黑马公司在开始就选择了观念定位。补肾产品一般是卖给男人的，而美媛春 TVC 广告之《夫妻篇》把定位瞄准在了女性朋友上。“美媛春”定位于肾虚这一特定人群，在广告中制造“老公别想跑的太太”，智慧地避免了国内保健品广告夸大宣传的毛病。新鲜的广告诉求和时尚的广告形象迅速抓住了女性们的视线，获得了巨大的成功，如图 3-25 所示。

图 3-25　美媛春宣传网站

⑥ 观念定位。所谓观念定位，就是在广告活动中针对竞争对手的弱点，突出自身产品新的意义和新的观念，以此来引领新的价值取向，诱导消费者的心理走向，重塑消费者的心理习惯，引导市场消费的变化或发展趋向。观念定位又分为重新定位、逆向定位和是非定位。

● 重新定位。重新定位是指打破产品在消费者心中所保持的固有位置与结构，按照新的理念在消费者心中重新排序，以创造一个有利于自己的新秩序。

案例解析：王老吉（加多宝）

“非典”之前的王老吉知名度仅限于广东，年销售额不到1亿元，企业发展不温不火。在与“非典”抗战的非常时期，人们的神经紧绷，所有的注意力聚焦于有关“非典”的电视新闻报道上，以钟南山为代表的权威专家成为焦虑不安的人们的唯一慰藉。

钟南山在接受电视采访时的一句话为凉茶做了一次价值不可估量的广告——“广东人自古以来就有喝凉茶的习惯，喝凉茶对抵抗SARS病毒有良好效果。”当年全国防治“非典”的用药目录也是由广东制定，一些清热解毒类的药品名列其中，王老吉的“广东凉茶颗粒”也被列入，这为凉茶在全国的普及提供了一个契机。王老吉抓住了SARS这个突发事件并将其转化为机遇。现在王老吉又开始针对自己的产品进行量体裁衣，定位不怕上火，目标消费群体锁定于爱辣一族，如图3-26所示。

图3-26　王老吉网站

● 逆向定位。一般的企业在进行广告产品的定位时都是采取正向定位的策略，即在广告中突出本企业的产品在同类产品中突出的优点，以争取消费者的购买。而逆向定位则是采取相反的定位方向提出一种新观念，唤起消费者对产品或劳务的重新关注和全新认识，以“填补空白”的方式占据市场中的有利位置。

● 是非定位。在广告中注入一种新的消费观念，并通过新旧观念的对比，让消费者明白是非，接受新的消费观念。例如某企业在其柔软剂的广告活动中，向消费者提问："您真的会洗衣服吗?" 刻意冲击旧观念，借此输入新观念。当一个市场挑战者在为其竞争对手重新定位的时候常常会采用这个方法。

（2）企业形象识别定位。当今企业形象识别定位已被广泛使用。当企业由单一产品向多元化、综合性集团企业发展时，单纯的产品广告在营销中显得势单力薄，必须借助企业形象定位广告在更高的高度将各类产品统领在一面旗帜下，同时将企业的经营理念及企业文化传达给社会大众，从而塑造出鲜明的企业形象，树立于大众的心目中。

5）广告定位的意义

（1）正确的广告定位是广告宣传的基础。企业的产品宣传要借助于广告这种形式，但广告"说什么"和"向什么人说"，则是广告决策的首要问题。在现实的广告活动中，不管你有无定位意识，都必须给开展的广告活动进行定位。科学的广告定位对于企业广告实施，无疑会带来积极的、有效的作用，而失误的广告定位必然给企业带来利益上的损失。

（2）正确的广告定位有利于巩固产品和企业形象定位。现代社会中的企业组织在企业产品设计、开发及生产过程中，根据需要必然会为产品量身定做以符合其自身的定位，以确定企业生产经营的方向。消费者在看待企业形象定位时都会带有某种拟人化的情绪，这与企业产品本身的核心价值、品牌个性、品牌气质、品牌年龄及品牌服务阶层都有关系，一如酷儿广告的可爱幼儿形象，麦当劳的叔叔形象，肯德基的老爷爷形象等，都属于广告定位和拟人化。

（3）准确的广告定位是说服消费者的关键。商品能否引起有需求的消费者的购买行为，关键就要看广告定位是否准确。反之，即使是消费者需要的商品，如果广告定位不准，产品也会失去被购买的机会。在现代社会中，消费者对商品的购买，不仅是对产品功能和价格的选择，还是对企业精神、经营作风、企业服务水准的全面选择。而企业形象定位优良与否，也是消费者选择的根据之一。优良的企业形象定位，必然使消费者对产品产生"信得过"的购买信心与动力，促进商品销售。

（4）准确的广告定位有利于商品识别。在现代营销市场中，生产和销售某类产品的企业很多，造成某类产品的品牌多种多样，广告主在广告定位中所突出的是自己品牌的与众不同，使消费者认牌选购。消费者购买行为产生之前，需要此类产品的信息，更需要不同品牌的同类产品信息，广告定位所提供给消费者的信息，其中很多为本品牌特有性质、功能的信息，有利于实现商品识别。

一、填空题

1. 细分战略，根据消费者个性特征类别为市场细分提供具体的依据。其中包括9个方面：______、______、______、______、______、______、______、______及______。

2. 整个营销战略中共分三步：第一步______；第二步______；第三步______。

二、简答题

1. 消费者行为的主要特征是什么?

2. 产品的生产周期变化规律是什么?

项目 4
网页视觉传达中 VI 的设计

本项目主要讲述网页中企业 VI 设计的功能、原则、内容以及各个元素之间的基本程序和设计方法关系。本项目运用了大量的案例进一步说明企业 VI 系统一体化的重要性。

- 通过本项目的学习，基本把握 VI 设计的功能和原则；
- 了解 VI 设计一体化的趋势，进一步深入体会项目 2 的内容；
- 掌握 VI 设计的基本程序与方法、作用。

企业形象识别系统是整个企业在面对消费者时所展现的门面，可以说是企业的形象代表。它的好坏直接影响着企业利益。因此，VI 设计一体化势在必行。互联网的介入，更为 VI 设计注入了新的活力。

任务 4.1　网页 VI 设计的功能与原则

VI 是市场经济下企业经营发展的必然结果，它的产生与企业经营环境、营销策略密切相关。从国际市场营销的角度来看，20 世纪五六十年代的商品竞争主要体现在价格方面，七八十年代的商品竞争主要体现在质量方面，但随着科技的进步和各个企业生产手段的日益接近，商品在价格和质量方面的差异越来越难分伯仲，90 年代以后，互联网的盛行使商品的竞争由普通的大众媒体逐步升级到网络传媒，体现为网页视觉传达设计的竞争。这里所说的“设计”指把产品的工业设计、包装设计、店面促销设计以及售后服务设计等广泛地应用于网络媒介，而这些设计事实上都是基于该企业的 CIS 设计，或者说都是 CIS 分支中 VIS 设计的应用或延伸。

4.1.1　网页 VI 设计的功能

网页 VI 设计完全遵循平面设计中的 CIS 体系中的 VIS，是 VIS 在新媒体平台中的延展和新形势的呈现。网页 VI 设计是视觉传达交互应用设计的基础之一，同时它也在互联网平台中展现出独特的个性。

1. 树立企业形象

通过 VI 设计，可以明显地将媒体平台中该企业与其他企业区分开，既体现鲜明的行业特征，又突出该企业的个性特点，确保企业形象的独立性和不可替代性。

案例解析：可口可乐 VS 百事可乐

百事可乐与可口可乐在口感上并无大的差异，但是我们却能在琳琅满目的货架上轻易地认出它们，原因就在于各自不同的企业形象设计。

可口可乐独具特色的玻璃瓶的形状，灵感来源于设计师看到一位穿着长裙的女子。可口可乐不断用创新的手段加强同年轻消费者的沟通，并致力于带给他们最热门的潮流和文化，突破性地为青少年提供无与伦比的个性主张，并为他们提供精彩纷呈的娱乐互动，体验可口可乐“要爽由自己”的激情生活，完美地诠释了这一品牌的战略发展方向。

百事可乐的企业形象深得“创新”之精髓，从“新一代的选择”到“渴望无限”，无不代表着百事独特、创新、积极向上的品牌个性，倡导年轻人拼搏进取的生活态度。1999年，百事可乐又推出“音乐巨星赏”系列包装，以广告主题“更多百事，更多精彩音乐”强化自身的文化气质，借此带给市场更强大的冲击力。

2. 体现企业精神

VI设计不仅可以树立企业形象，同时可以传达该企业的经营理念和企业文化，以直观形象的视觉形式宣传企业精神。

案例解析：联邦快递公司（FEDEX）

联邦快递公司（FEDEX）通过整体的VIS设计进行延展，强化了企业形象，它的标志设计体现出速度、科技及创新的理念，以独特的字体，配上紫色及灰色，产生强烈的视觉速度感。整个官方网站运用了世界地图，与企业CIS中心理念——“准时的世界”相呼应，体现联邦快递准时交收货品、服务供应商的企业精神。无论在哪里见到FEDEX的标志，都能感受到FEDEX公司便捷有效的工作效率与高速安全的服务质量，如图4-1所示。

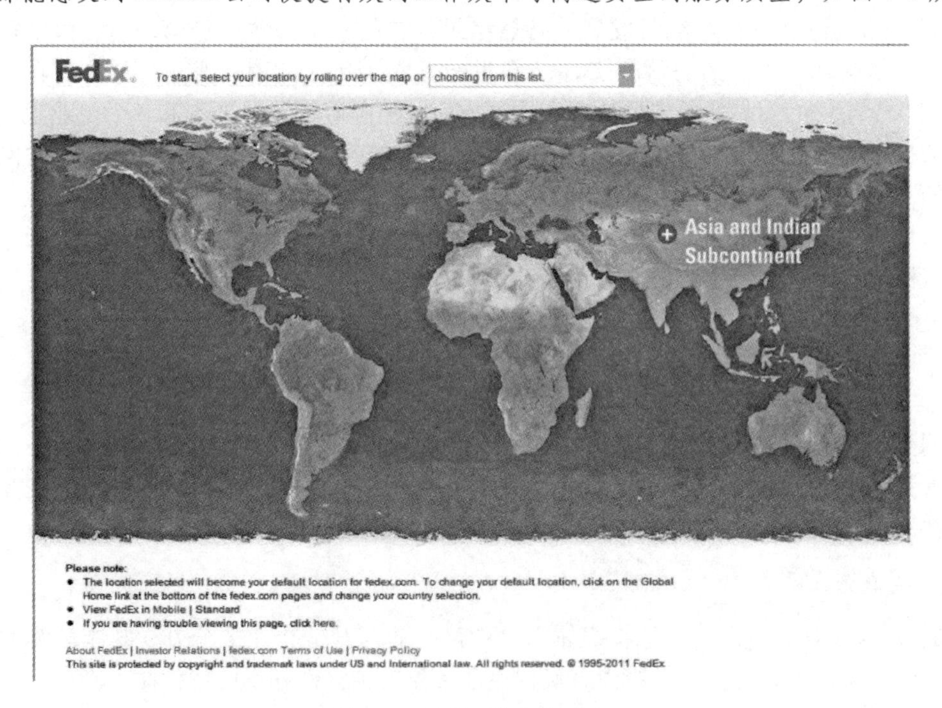

图4-1　联邦快递公司网站

3. 增强企业凝聚力

VI设计不仅可以提高企业员工对企业的认同感，同时还能提高员工士气，增强企业凝聚力。

案例解析：好利来连锁店

好利来企业创建于1992年9月，现为拥有上亿元固定资产、七千多名员工的大型食品专营连锁企业集团，创始人及现任CEO为著名摄影人罗红。好利来利用互联网平台创建了“好利来买蛋糕网”，进一步扩大了自己在行业的领域。好利来以企业的愿景为努力方向和目标，“共创一流的食品连锁企业，以便捷的方式，提供健康、美味的优质产品和令人满意的服务，来传递爱心、共享快乐，让生活更精彩!”，如图4-2所示。

图4-2　好利来买蛋糕网

4. 提高市场竞争力

VI设计以自己特有的视觉符号系统吸引公众的注意力并留下深刻的印象，使消费者对该企业所提供的产品或服务产生信赖感，从而提高企业的市场竞争力。

案例解析：adidas VS NIKE

adidas——1949年创办的adidas这一品牌历来是专业、高效、朴实的代名词。adidas从创立以来，就将产品技术创新作为开拓市场、提高品牌知名度的动力。

NIKE——1962年创建的NIKE，1980年便占据约50%的美国市场份额，初步超过adidas，在美国运动鞋业内坐上头把交椅，并创造了“Just Do It”（只管去做）这一口号。

在很多情况下，一位消费者决定购买NIKE还是adidas的运动衣，往往仅取决于他喜欢NIKE的宣传模式还是adidas的宣传模式。

5. 延伸品牌形象

许多大公司的业务范围非常广泛，有的跨度之大令人难以想象，比如运输、旅游、商场、服装、食品、饭店等，但是由于这些公司很成功地在其各个商业领域里严格地实行了统一的VI系统，其品牌形象便得到了很好的延伸。

案例解析：美国通用电气公司（GE）

美国通用电气公司（GE）是世界上最大的多元化经营的服务性公司之一，同时也是高质量、高科技工业和消费产品的提供者，产品和服务范围从家用小电器到飞机发动机、雷达和宇航飞行系统等，从个人理财到金融融资，范围非常广泛，是一家多元化经营的跨国公司，通用电气成功地运用了统一的企业形象设计，很好地完成了品牌形象的树立，如图 4-3 所示。

图 4-3　GE 官方网站

4.1.2　网页 VI 设计的原则

VI 设计的内容必须反映出企业的经营理念、经营方针、价值观念和文化特征，并且和企业的行为相辅相承，在此原则下将设计的标志、标准色及企业形象造型广泛应用在企业的经营活动和社会活动中，进行统一的传播。因此，VI 设计不是机械的视觉符号表现，而是以 MI（Mind Identity，理念识别）为内涵、BI（Behavior Identity，行为识别）为基础的视觉形象表现，VI 设计应从多角度全方位地考虑，以企业的理念识别为核心，这样才能准确反映企业的经营理念，体现企业精神。

1. 风格统一

风格统一就是要求企业形象识别中的各项内容在设计元素和设计风格上都保持一致，运用统一的规范设计，统一的模式进行对外传播，并坚持长期一贯的运用，不轻易进行变动，以达到企业形象对外传播的一致性与一贯性，树立企业形象。

案例解析：迪士尼公司

迪士尼公司作为一个综合性娱乐巨头，拥有众多子公司，业务涉及的方面很多，但并未给消费者混乱的形象，而是将业务分为4个大的部分，如影视娱乐、主题乐园度假区、消费品和媒体网络，运用可爱、亲切的卡通造型，保持了视觉形象风格上的统一。

2. 易于识别

易于识别是进行VI设计的最基本要求。为达到企业间形象的差异性而进行的VI设计，应强调独具个性和强烈视觉冲击力的视觉形象，通过整体的规划，以视觉形象来增强本企业及其产品与其他企业以及产品的识别力。

案例解析：啤酒

荷兰喜力啤酒、丹麦嘉士伯啤酒、美国百威啤酒等，各个啤酒网站形象均各具特色、别具一格，这是在激烈的市场竞争中，便于消费者识别的关键所在。另外，在网页设计时同样都应用了统一登录模式——"输入进入者的出生日期"进行导购或筛选。这不仅要体现行业特点，同时又应突出与同行业其他企业的差别，使人便于识别，利于迅速捕捉企业的信息，从而产生认同感。如服装行业与多媒体行业的企业形象特征是截然不同的，在设计时应突出行业特点，保持企业特征。

● 喜力

喜力的成功在很大程度上得益于它成功的广告宣传和精美的包装。1953年喜力的第三代领导人创造性地把喜力啤酒瓶的颜色都统一为绿色，把HEINEKEN品牌标志中的三个英文字母E巧妙地设计为微笑的嘴巴，并推出全新包装，不仅使其增添了一份年轻活力，同时又带点酷的性格，这正是时下年轻一代所拥有而且追求的生活个性，喜力啤酒形象年轻化、国际化的特点，成为酒吧和各娱乐场所最受欢迎的饮品，如图4-4所示。

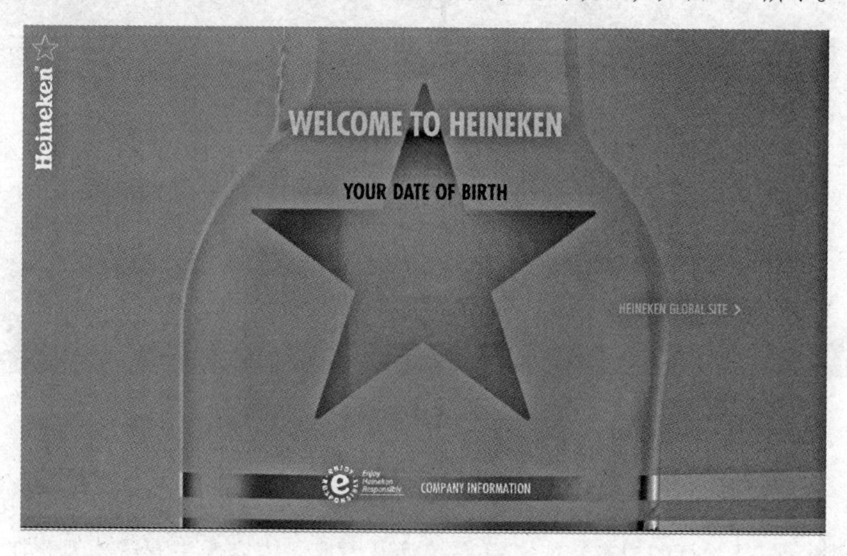

图4-4　喜力官方网站

● 嘉士伯

1840年创立，至今已有160多年的历史，由丹麦啤酒巨人CARLSBERG公司出品的嘉士伯啤酒，是世界前七大啤酒公司之一。自1904年开始，嘉士伯啤酒被丹麦皇室许可作为指定的啤酒供应商，其商标亦多了一个皇冠标志，广告词——"probably the bester in the world”（嘉士伯——可能是世界上最好的啤酒）相当深入人心，树立了良好的品牌形象，如图4-5所示。

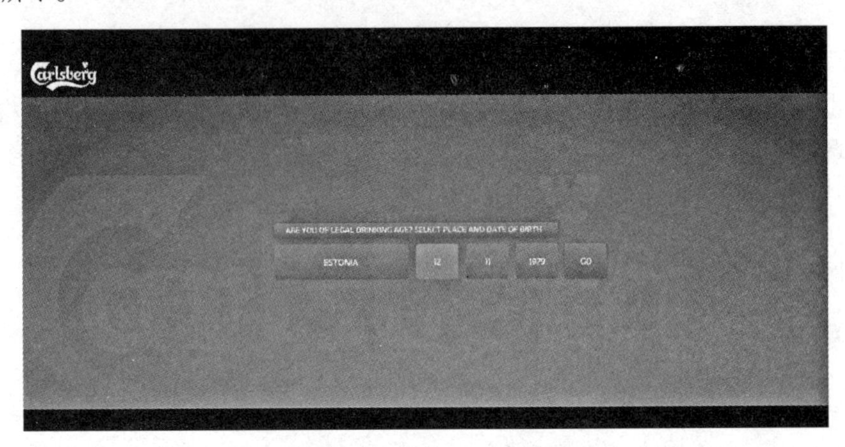

图4-5　嘉士伯官方网站

● 百威

素有“啤酒王”之称的美国百威啤酒创建于1852年，是世界上最大的啤酒公司美国安海斯·布什（ADOLPHUS BUSCH）公司的主要品牌，也是世界上销量最大的品牌。多少年以来，百威的制造商安海斯·布什公司一直奉行“环境、健康与安全”的核心理念（即EHS理念）和始终如一的品质理念，这些理念理所当然地融入到了百威啤酒中，如图4-6所示。

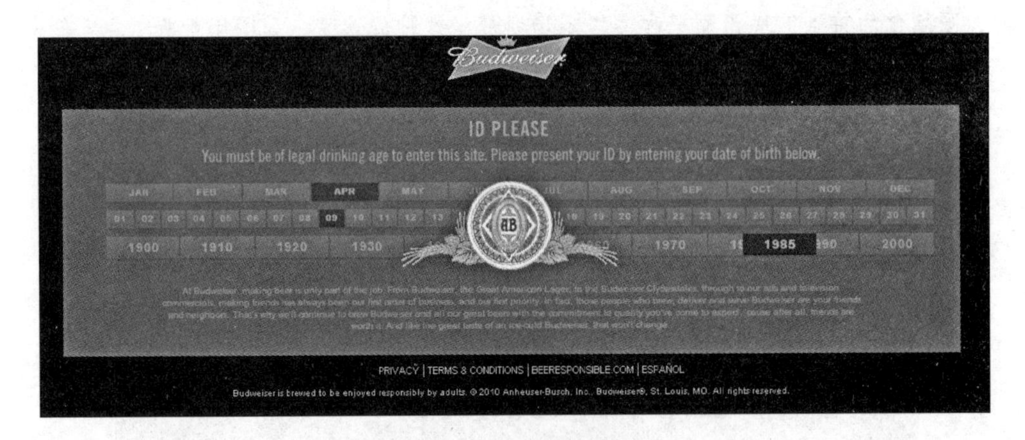

图4-6　百威官方网站

3. 系统规范

系统规范是VI设计的根本特征。VI系统涉及面广，内容千头万绪，因此在实施过程中，要充分注意实施的严谨性。企业标志及其品牌标志一旦确定，应随之确定标志的精致化作业与基本设计要素的组合规定，目的是对未来的应用进行规划，达到系统化、规范化、标准化的科学管理，并且利用各种传播媒体或媒介，通过频繁的视觉传达，迅速提高企业知名度，从而确立企业统一的形象。

4. 运用有效

VI 设计的目的是使企业形象得以更有效地推行运用，其在实际使用中的可能性与可行性是极其重要的。因此，设计 VI 时必须从企业自身的情况出发。

注意

在进行平面延展时，根据具体应用的事物，对用品的材质、尺寸、开本、字体字号的大小等进行具体设计，这需要设计人员具备一定的实践经验。而网页中的基本元素，如 logo、标准色、产品包装以及展示效果，都是根据平面 VI 设计进行延展呈现的。

案例解析：中国联合通信有限公司

中国联合通信有限公司（简称中国联通）成立于 1994 年 7 月 19 日。中国联通的成立对我国电信业的改革和发展起到了积极的促进作用，中国联通是目前国内唯一一家同时在纽约、中国香港、上海三地上市的电信运营企业。2006 年 3 月换标后的中国联通新版标志沿用了“China Unicom”的英文和“中国联通”的中文字样，形式上沿用“中国结”，颜色从蓝色变为了中国红与水墨黑，如图 4-7 所示。

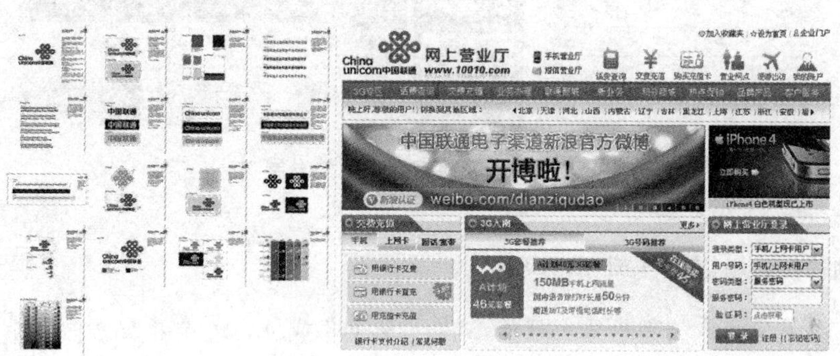

图 4-7　联通 VIS 系统延展

案例解析：德国邮政公司企业形象设计

德国邮政是德国的国家邮政局，是欧洲地区领先的物流公司，并着眼于成为世界第一。近期更换了品牌（改名为 Deutsche Post World Net，简称 DPWN），一方面为挂牌买卖做准备，另一方面也意识到了其业务的全球化特点以及电子商务日益重要的影响，如图 4-8 所示。

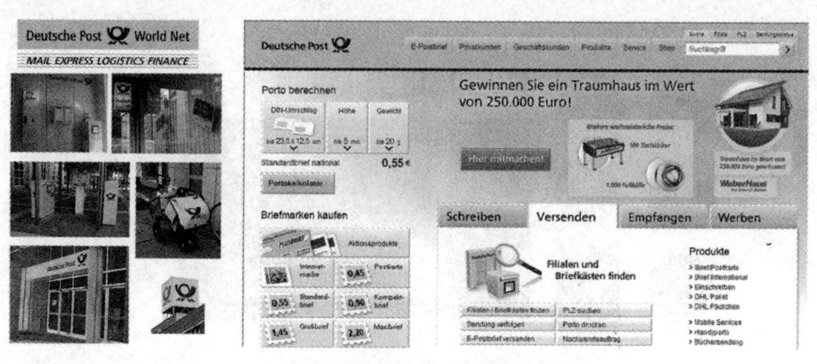

图 4-8　德国邮政 VIS 系统延展

5. 时代特征

面对科技的迅猛发展，新工具、新材料、新媒体不断出现，人们的观念也在不断发生变化，设计必须符合时代特征。为了企业的未来发展，VI 设计需要更多地考虑未来阶段企业发展的方向，尽量实现为企业或品牌树立一个长久的、稳定的、个性形象的目标，以适应企业在未来时代的发展空间。

案例解析：花旗银行

1998 年 4 月 6 日，花旗公司与旅行者集团宣布合并，合并组成的新公司称为“花旗集团”，其商标为旅行者集团的红雨伞和花旗集团的蓝色字标（如图 4-9 所示）。由于花旗银行公司理念不断重组、扩张，使企业的外在形象也同时开始变化。随着时代的快节奏发展要求，花旗银行的标志也变得更加简洁，而伴随新媒体互联网平台的搭建，VIS 的形象同时统一于现在的花旗 CIS 理念。

图 4-9　花旗银行 VIS 的发展

案例解析：星巴克（STARBUCKS）

星巴克，美国一家连锁咖啡公司的名称，1971 年成立，为全球最大的咖啡连锁店，其总部坐落在美国华盛顿州西雅图市。星巴克诞生于美国西雅图，靠咖啡豆起家，自 1985 年正式成立以来，从不打广告，却在近 20 年时间里一跃成为巨型连锁咖啡集团，其飞速发展的传奇让全球瞩目。

长期以来，公司一直致力于向顾客提供最优质的咖啡和服务，营造独特的“星巴克体验”，让全球各地的星巴克店成为人们除了工作场所和生活居所之外温馨舒适的“第三生活空间”。与此同时，公司不断通过各种体现企业社会责任的活动回馈社会，改善环境，回报合作伙伴和咖啡产区农民。鉴于星巴克独特的企业文化和理念，公司连续多年被美国《财富》杂志评为“最受尊敬的企业”，如图 4-10 所示。

图 4-10　星巴克 VIS 演化

6. 文化追求

VI设计是建立在企业文化的基础上的，应体现民族特色，弘扬民族文化精髓，这不但是设计师的责任，也是塑造国际化大企业的先决条件。不同的民族、不同的环境形成不同的文化观念，直接或间接地影响着设计师设计的风格特征，使企业独具特色的形象跻身于世界之林，彰显企业在世界经济一体化的时代背景中的企业文化，体现企业文化特有的文化追求。

4.1.3 网页VI的导入内容

1. VI设计的基本要素系统

VI设计的基本要素系统严格规定了标志图形、中英文字体、标准色彩、企业象征图案及其各种组合形式，互联网平台媒介是企业VI导入的其中一个重要组成部分。VI设计根本上规范了企业的视觉基本要素，VI基本要素系统是企业形象的核心部分。

1）VI标志

在VI设计系统中，标志是应用最广泛，出现频率最高的要素，是消费者识别、选购企业产品的最直接要素，整个VI设计都是围绕标志展开的，是企业视觉形象设计的核心。

VI标志的特点具有以下几大特点。

（1）识别性。识别性是企业标志的基本功能。借助独具个性的标志来强调本企业及其产品的识别力，是现代企业市场竞争的关键。因此进行整体规划和设计的视觉符号，必须具有独特的个性和强烈的冲击力。在VI设计中，标志是最具有企业视觉认知、识别的信息传达功能的设计要素，也可以说是品牌效应。

案例解析：优衣库（UNIQLO）

优衣库品牌是日本著名的休闲品牌，标志是由正方的红底上6个反白的英文字母“UNIQLO”组成。该品牌倡导“衣服是配角，穿衣服的人才是主角”，突出以人为本的穿衣理念。公司的经营策略摒弃了不必要的装潢装饰，呈现仓库型店铺，超市型的自助购物方式，以合理可信的价格提供顾客希望的商品。这些理念都直观地反应到标志的识别性上。优衣库官方网站如图4-11所示。

图4-11 优衣库官方网站

（2）领导性。企业标志是企业视觉传达要素的核心，也是企业进行信息传达的主导力量。标志的领导地位在企业经营理念和经营活动中集中表现出来。标志贯穿和应用于所有与企业相关的活动中，其他视觉要素都以标志为中心而展开。

案例解析：中国国旅（香港）旅行社有限公司

中国国旅（香港）旅行社有限公司，简称香港国旅，成立于1981年，为中国国际旅行社总社有限公司在港的全资企业。香港国旅原标志已有超过40年的历史，在旅游业竞争激烈的香港无法独树一帜，新形象核心标志明朗清新，而且更活泼。地球上的箭头有环球旅行的含义，同时也替代了纬线，构成一个自由体的中国的“中”字。其网站如图4-12所示。

图4-12　香港国旅标志延展

（3）同一性。标志代表着企业的经营理念、企业的文化特色、企业的规模、企业经营的内容和特点，因而是企业精神的具体象征。因此，可以说社会大众对于标志的认同等于对企业的认同。只有企业的经营内容与企业标志一致，标志行业特征明显，才有可能获得社会大众的一致认同。

案例解析：三菱公司

三菱的标志是岩崎家族的族徽“三段菱”和土佐藩主山内家族的族徽“三柏菱”的结合，后来逐渐演变成今天的三菱标志。日本三菱汽车以三枚菱形钻石为标志，正为突显其“菱钻式”的追求卓越的企业精神，同时也体现出工业化、高科技的行业特征。在网站建设中，由于三菱企业涉及行业广泛，网页以简洁明快为主调，运用了VI系统中的标准色——专色红作为企业官方网的主色调，更加强了标志的分量和企业形象整体的统一。其网站如图4-13所示。

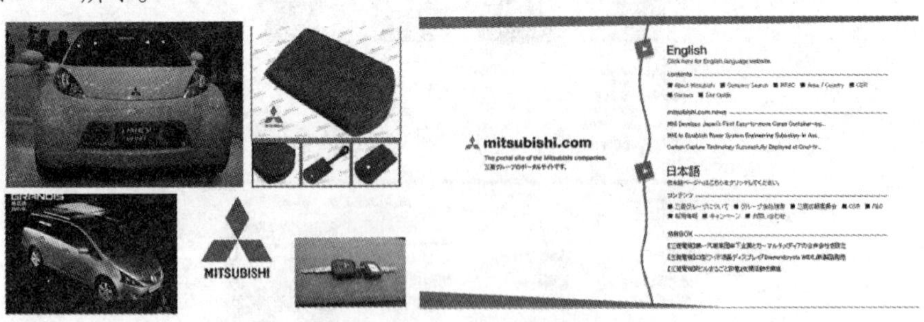

图4-13　三菱公司网站

（4）造型性。标志必须有良好的造型性，表现的题材和形式丰富多彩，如中外文字体、具象图案、抽象符号、几何图形等，因此标志造型变化就显得格外活泼生动。

注意

标志图形的优劣，不仅决定了标志传达企业信息的效果，而且会影响到消费者对商品品质的信心与对企业形象的认同。良好的标志造型在提高企业形象的吸引力与感染力，以及提高标志的艺术价值，给人们以美的享受等方面都有重要的作用。

（5）延展性。企业标志是应用最为广泛，出现频率最高的视觉传达要素，在各种传播媒体上广泛应用，因此必须在具有相对的规范性的同时，根据不同的媒介和场合有一定的弹性变化。这就要求标志针对印刷方式、制作工艺技术、材料质地和应用项目的不同，采用具有较强延展性的设计，以达到最佳的视觉效果。

（6）系统性。标志一旦确定，随之就应展开标志的精致化作业，其中包括标志与其他基本设计要素的组合规定。目的是对未来标志的应用进行规划，达到系统化、规范化、标准化的科学管理，从而提高设计作业的效率，保持一定的设计水平。此外，当视觉结构走向多样化的时候，可以用强有力的标志来统一各关系企业，采用同一标志不同色彩、同一外形不同图案或同一标志图案不同结构方式，来强化同一公司中各分公司或不同部门之间系统化的关系。

（7）时代性。现代企业面对发展迅速的社会，日新月异的生活和意识形态，不断变化的市场竞争形势，其标志形态必须具有鲜明的时代特征，特别是许多老企业，有必要对现有标志形象进行调整和改进，在保留旧有形象的基础上，采取清新简洁、明晰易记的设计形式，这样能使企业标志具有鲜明的时代特征。通常，标志形象的更新以十年为一期，它代表着企业求新求变、勇于创造、追求卓越的精神，避免企业的形象日益僵化、陈腐过时。

案例解析：佳能公司

佳能的日语发音是“观音”的意思，最早的图形标志为观世音菩萨像。随着时代的发展要求，企业的标志也跟随商业化潮流开始不断简化，形成简单、明了、具有时代特征的符号，如图 4-14 所示。

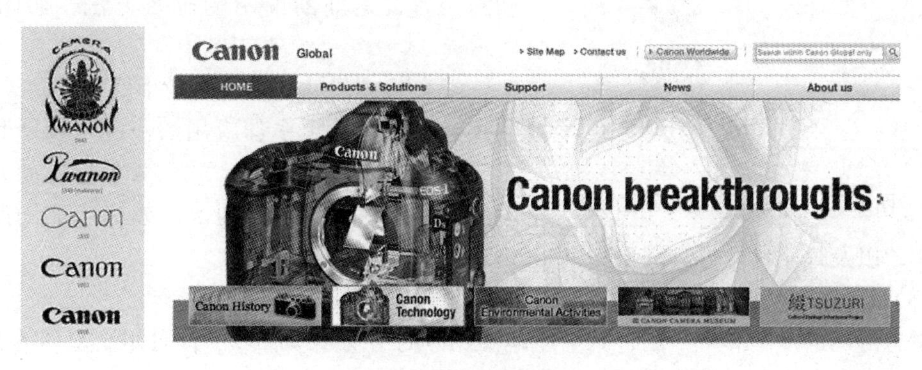

图 4-14　佳能公司网站

2）企业标志的精细化作业

标志是企业的象征，是所有视觉传达设计要素的核心，因此标志的精细化作业更显得不可缺少。不正确地使用与任意地设计，容易给人造成标志使用混乱的印象和负面效果，致使社会大众产生误解，从而影响企业的形象。企业标志精细化作业有如下几种方法。

（1）标志的制图法

① 方格标示法。在正方格子线上配置标志，以说明线条宽度、空间位置等关系。当标志图形比较特异，标注尺度不方便时，可以将其置于方格中。如果有需要，还可以在方格中增加对角线，形成米字格，以提高复制精度。复制时，绘制一个与该图比例一致的方格子，将原图放大或缩小，这种方法类似于中国传统的九宫图，会有一定的误差。误差度取决于格子的密集程度，如图4-15所示。

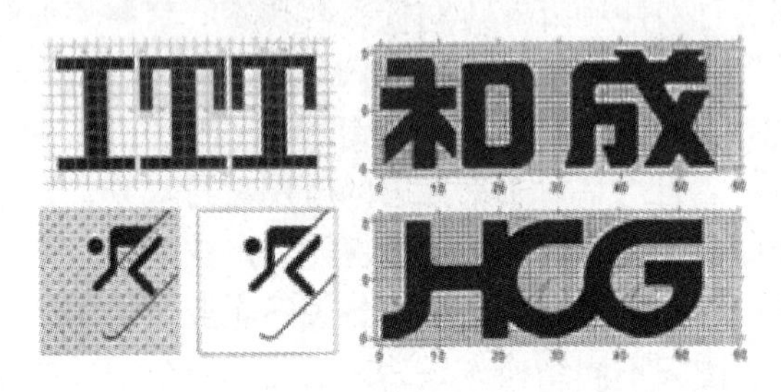

图4-15　方格标示图

② 比例标示法。以图案造型整体尺寸，作为标示各部分比例关系的基础，如图4-16所示。

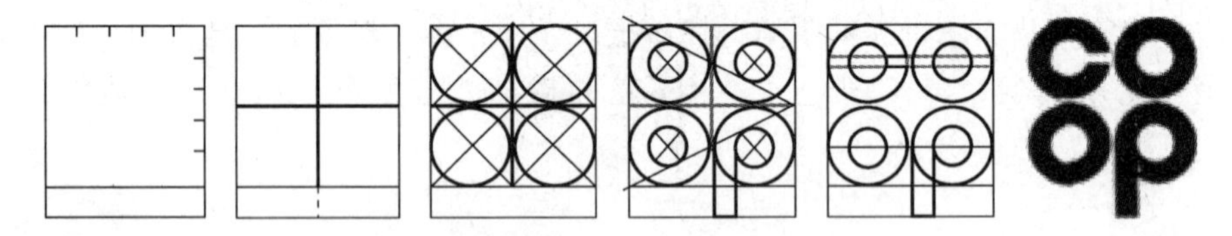

图4-16　比例标示图

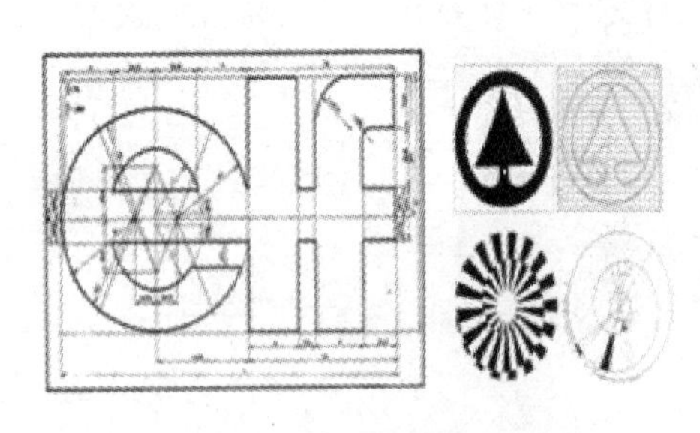

图4-17　圆弧、角度标示图

③ 圆弧、角度标示法。为了说明图案造型与线条的弧度与角度，以圆规、量角器标示各种正确的位置，是辅助说明的有效方法，如图4-17所示。

（2）标志尺寸的规定与最小值

标志出现的频率与应用的范围，较之其他基本要素要多而且范围更广泛，对于标志展开运用的细节，要制定相应的规范，如标志应用的放大与缩小，以及最小尺寸等，都要特别予以规定。

（3）标志变体设计

标志应用的范围非常广泛，其中以印刷媒体的出现频率居多。针对印刷媒体的各种技术的制约，标志进行变体设计时一般设计的表现形式有：线条粗细变化的表现形式、彩色与黑白的表现形式、正形与负形的表现形式、线框空心、网纹、线条的表现形式等。

（4）标准字

① 标准字的作用。企业标准字是指将某种事、物、团体的形象或名称组合成一个群体组合的字体，是将企业的规模、性质与企业经营理念、企业精神，透过文字的可读性、说明性等，形成企业独特的字体，以达到企业识别的目的。

经验介绍

企业标准字是企业识别系统基本要素中的重要组成部分，它种类繁多、运用广泛，在企业识别系统的应用要素中标准字出现的频率仅次于企业标志，在每个网站中导航上方都可以看到明显logo以及与logo相匹配的标准字。因此它的重要性绝不能忽视。标准字直接将企业或品牌的名称传达出来，可以强化企业的形象与品牌的诉求力，补充说明标志图形的内涵。标准字不但是信息传达的需要，同时也是构成视觉表现感染力的一种重要元素。由于标准字本身具有说明作用，又具备标志的识别性，因此，标志与标准字合二为一的形式越来越被广泛采用。

② 标准字的种类。根据标准字的作用不同，标准字大体可分为如下几类。

- 企业标准字：表现企业理念、传达企业精神、建立企业的品格和信誉正是企业标准字的功能所在。
- 品牌标准字：面对市场变化，消费群体的挑战，企业迈向国际化、多元化等诸多的挑战来赢得市场，占有消费群体的比例，品牌标准字有其特有的识别性。不同地域会改变其标准字以符合当地的文化。
- 活动标准字：企业为了展示新品的推出、纪念会、年度庆典等诸多活动所设计出的活动标准字。

（5）标准色

① 标准色的设定。标准色是企业确定一种或几种特定的色彩作为企业专用色彩，通常是选择适合本企业的色彩，来表达企业的经营理念、文化等。利用色彩传达企业理念，塑造企业形象，使广大消费群体从色彩的角度注意、认识、了解、信任该企业。

色彩本身除了具有视觉刺激，能引发人的生理反应之外，也会受人们的生活经验与社会规范、风俗习惯等因素的影响，而对色彩联想到具象的事物或抽象的情感。所以，合理运用色彩，能对人的生理、心理产生良好的影响，更好地树立企业形象。（本书项目1就对色彩进行了详细的讲解。）

注意

色彩对人们的视觉来说是最敏感的，能给人们留下深刻的第一印象。色彩教育家约翰内斯·伊顿说过："色彩向我们展示了世界的精神和活生生的灵魂。""色彩就是生命，因为一个没有色彩的世界，在我们看来就像死的一般。"色彩是有感情的，它不是虚无缥缈的抽象概念，也不是人们主观臆造的产物，它是人们长期的经验积累。色彩感觉有冷暖、轻重、明暗、清浊之分，不同的色彩还可以使人感到酸、甜、苦、辣之味。色彩通过人的视觉，影响人们的思想、感情及行动，包括感觉、认识、记忆、回忆、观念、联想等，掌握和运用色彩的情感性与象征性是十分重要的。

经验介绍

作为企业或商品形象的标准色，应该以符合目标消费群体的审美心态为基准。我们将早已熟悉的可口可乐的红色认定为它的标准色，但在阿拉伯国家，由于长期处在干燥的沙漠地带，很难见到绿色植物，人们的内心世界极度渴求生机，为了迎合这种特殊环境下人们的心理需求，可口可乐公司将标志性的红色包装改成了象征生命的绿色。

② 标准色的设定原则。一般而言，企业标准色设定要本着科学化、差别化和系统化的原则。

● 科学化。企业标准色的科学化是指根据企业形象的特征、企业文化传统、历史、形象战略、经营理念、行业特点、产品的优势综合考虑、科学分析，来选择适合的色彩，突出企业风格，体现企业的性质、宗旨和经营方针。

注意

标准色广泛运用在各种传播载体上，涉及各种材料及技术，为了掌握标准色的精确再现与方便管理，应该尽量选择印刷技术。分色制版合理的色彩使之达到统一化的色彩。

案例解析：深海水族馆（The Deep Aquarium）

深海水族馆（The Deep Aquarium）位于英国赫尔，通过娱乐技术将惊人的海洋世界展现出来。游客们可以欣赏到各式各样奇异的海洋生物，电梯可以带领游客在水下观赏各式各样的鲨鱼、猪鱼、绿色海鳗和成千上万的鱼类。该网站的整体标准色设置，以深蓝色作为整个标准主色调，符合人们进入水族馆观看深海物种所熟悉的颜色，达到引人入胜的效果，其网站如图4-18 所示。

图4-18　深海水族馆标准色

● 差别化。企业标准色的差别化是由于经营战略的原因，为扩大企业之间的差异，选择与众不同的色彩，以期达到企业识别的目的。其中，尤其是使用频率最高的标志色彩，更能充分体现企业色彩的差别。

注意

通过制造差别，展示企业的独特个性，其中尤其应该以表现公司的安定性、信赖性、成长性与生产的技术性、商品的特征等为前提，迎合国际化的潮流，达到通过色彩来表现和塑造企业形象的目的。

● 系统化。企业标准色的系统化。一方面是指企业形象系统中标准色的规范使用；另一方面是指同一企业，由于机构庞大，业务范围广泛，除了有企业标准色以外，不同的部门又有其特有的辅助色，这些色彩的选择在明度、纯度上有明确的系列感。

标准色的设定，可由上述三个方面综合考虑，选择合适的色彩。另外，应尽量避免选用特殊色彩，如金、银等昂贵的油墨、涂料或多色印刷，以免使用上出现局限性或增加不必要的制作成本。

③ 标准色的种类。标准色并不都是单色使用，一般有下列三种情况，这几种情况都是针对平面印刷而言的。

● 单色标准色。单色标准色强烈、刺激，追求单纯、明了、简洁的艺术效果。比如红色的可口可乐、黄色的柯达胶片、蓝色的飞利浦等都是采用的单色标准色。还有绿色的七喜汽水，它不仅表示产品包装颜色，也表示与产品相关的所有媒介的主色调。

● 复数标准色。复数标准色追求色彩搭配、对比的效果。为了塑造特定的企业形象，增强色彩律动的美感，许多企业选择两种或两种以上的色彩搭配作为企业标准色。

● 标准色+辅助色。有许多企业建立多色系统作为标准色，用不同的色彩区别集团公司与分公司，或各部门，或不同类别的商品。利用色彩的差异性达到瞬间区分识别的目的，但有一种色是主要的。如图4-18所示整体都是以深蓝色为主调，为了使网站更活泼，添加了一系列的辅助颜色来进行装饰。

④ 标准色的应用管理。企业标准色确立之后，除了实施全面展开，加强运用外，还要对统一色进行管理。采用科学化的数值符号或统一编号等表示方法，达到标准化、统一化的色彩管理。

标准色的表示方法，可分为下列三种：

● 色彩学数值表示法。依据曼塞尔或奥斯特瓦德的色彩要素——色相、明度、彩度的数值，表示企业标准色的数值，以求取得精确的色彩。

● 印刷油墨或油漆涂料色彩编号表示法。根据印刷油墨或油漆涂料的制造厂商所制定的色彩编号来表示企业标准色。世界通行的贝敦油墨色表示法是一种常见的色彩编号表示法。贝敦色彩编号表示法为PMS（PANTONE Mortching System），另外，较为有名的印刷油墨产商的色彩编号表示法，有日本的DIC和TOKO等厂牌的表示法。

● 印刷颜色CMYK表示法。根据印刷制版的色彩分色百分比，标明企业标准色所占的百分比，以利制版分色的作业，如图4-19所示。

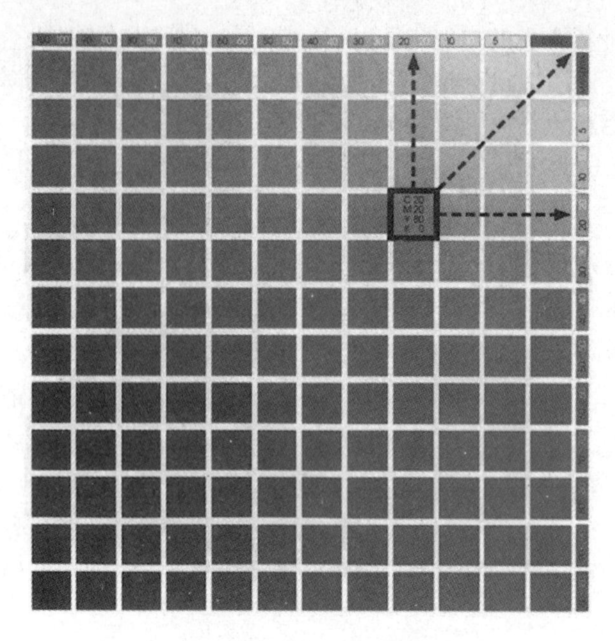

图 4-19　印刷专用转色标

上述标准色的三种表示法，因测定色彩的设计、运用的项目、材质的表面与施工制作的技术均会影响到色彩的再现与精确度。

企业标准色的管理方法，除了透过上述科学化的数值表示法以外，还可以印刷色标以利各种应用设计项目制作时参考，并可供印刷成品进行核对、比较，以确保标准色在应用过程中相对准确。

（6）企业形象（吉祥物）

企业形象是为了塑造符合企业识别的特定的造型，它的目的在于运用形象化的图形，强化企业性格，表达产品和服务的特质。

企业形象又称吉祥物或象征图形，在整个企业识别设计中以其醒目性、活泼性、趣味性，越来越受到企业的青睐。利用人物、植物、动物等作为基本素材，通过夸张、变形、拟人、幽默等手法塑造出一个亲切可爱的形象，对于强化企业形象有着重要作用。由于吉祥物具有很强的可塑性，可以根据需要设计不同的表情、不同的姿势、不同的动作，因此较庄重的标志、标准字更有弹性、更生动、更富人情味，更能达到过目不忘的效果。

（7）基本要素组合标准

为了适应各种使用场所的需要，往往需要将标志的基本要素进行组合，设计成横排、竖排、大小、方向等不同形式的组合方式。

① 基本要素组合的内容。为使基本要素组合从背景或周围要素中脱离出来，达到最佳的视觉效果，而设定基本要素组合和其他视觉元素之间的关系，如空间上最小规定值，以免其他图形或文字元素混合到标准组合中，影响基本要素组合的完整规范。

② 标志同其他要素之间的比例尺寸、间距方向、位置关系等。比如：标志同企业中文名称或简称的组合，标志同品牌名称的组合，标志同企业英文名称全称或简称的组合，标志同企业名称或品牌名称及企业造型的组合，标志同企业名称或品牌名称及企业宣传口号、广告语等的组合，标志同企业名称及地址、电话号码等资讯的组合，如图 4-20 所示。

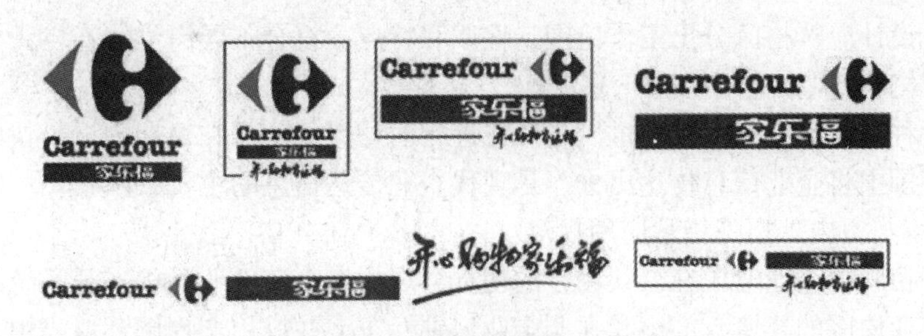

图 4-20　标志与字体相互组合

2. 禁止组合规范

在 VI 设计之中，有下列四种情况是禁止组合的规范：

其一，在规范的组合上增加其他造型符号。

其二，规范组合中的基本要素的大小、广告、色彩、位置等发生变换。

其三，基本要素被进行规范以外的处理，如标志变形、加框、立体化、网线化等。

其四，规范组合被进行字距、字体变形、压扁、斜向等改变。

3. VI 设计的应用要素系统

应用要素系统设计是对基本要素系统在各种媒体上的应用作出具体而明确的使用规范。在视觉识别中的最基本要素——标志、标准字、标准色等被确定后，就要进行这些要素的精细化作业，开发应用项目。

VI 设计要素的组合系统因企业规模、产品内容不同而有不同的组合形式。最基本的是将企业名称的标准字与标志等组成不同的单元，以配合各种不同的应用项目。当各种视觉设计要素在各应用项目上的组合关系确定后，就应严格地固定下来，以达到视觉形象的统一性、系统化，以加强视觉冲击力的作用。

应用要素系统大致有如下内容：事务用品、包装产品、旗帜、员工制服、媒体宣传风格、环境与室内外招牌指示、交通运输、展示风格等。

1）事物用品应用规范

事务用品的设计与制作应充分突出统一性和规范化，体现出企业的精神。其设计方案应严格规定办公用品的形式及排列顺序，形成办公事务用品统一规范的模式，同时体现出艺术品位和设计意识，给人一种全新的视觉感受。

2）包装产品应用规范

包装起着保护、销售、传播企业和产品形象的作用，是一种记号化、信息化、商品化流通的企业形象，因而代表着产品生产企业的形象，并象征着商品质量的优劣和价格的高低，所以包装同时具有强大的推销作用。

3）旗帜应用规范

旗帜是企业形象的代表，多用于渲染环境气氛，形成具有强烈形象识别的效果和精神感染力。

4）员工制服应用规范

企业整洁高雅的服装服饰统一设计，可以提高企业员工对企业的归属感、荣誉感和主人翁意识，改变员工的精神面貌，促进工作效率的提高，并加强员工纪律的严明和对企业的责任心，设计应严格区分出工作范围、性质和特点，符合不同岗位的着装。

5）媒体宣传风格应用规范

选择各种不同媒体平台，通过广告形式进行对外宣传，可在短期内以最快的速度，在最广泛的范围中将企业信息传达出去，是现代企业传达信息的主要手段。

6）环境与室内外招牌指示应用规范

室内外招牌是企业形象在公共场合的视觉再现，体现着企业面貌特征系统。在设计上应该借助企业周围的环境，突出和强调企业识别标志，并应用于周围环境当中，充分体现企业形象标准化、规范化和企业形象的统一性，以便使观者获得信赖感和好感。

7）交通运输工具应用规范

交通工具是一种流动性、公开化的企业形象传播方式，其多次的流动给人瞬间的记忆，能有意无意地建立起企业的形象。设计时应具体考虑它们的移动和快速流动的特点，要运用标准字和标准色来统一各种交通工具外观的设计效果。企业标志和字体应醒目，色彩要强烈，才能引起人们注意，并最大限度地发挥其流动广告的视觉效果。

8）展示应用规范

展示是企业形象传播方式中常见的形式，设计要以基本要素系统为核心，结合展览场地、展示的目的展开设计。互联网平台是现代企业一个很好的展示平台，可以从二维的平面展示形式上升到虚拟的三维展示形式，作为企业形象更好的宣传方式。

任务 4.2　VI 设计的基本程序与方法

4.2.1　VI 设计的基本程序

1. 调查研究

在确定导入 VI 的方针和目的后，对企业要认真地进行调研，为开发设计提供可靠的依据。调研包括对企业自身的研究，市场调查、竞争者研究、消费者行为调研、产品自身定位研究、广告计划研究、现状的分析，以及未来发展方向的预测等。

1）企业自身研究

企业自身研究包括企业的历史变革、企业组织机构、经营方针、营运能力，领导层经营理念、广告意识、员工素质，现行市场销售策略与对应措施，企业发展的潜力评估，近期与中长期既定发展目标，企业优势和缺陷的分析与评估。

2）市场调查

市场调查包括国内外市场产品的结构、产品的市场分布、产品市场细分形式变量、产品的市场份额、销售价格、销售渠道。

3）竞争者研究

竞争者研究包括同业竞争者的数量，地域分布，其市场占有量，其经营方针、经营特点、销售渠道，竞争者的广告策略、广告预算、广告种类、广告特点的调查。

4）消费者行为调研

消费者行为调研包括对消费者的生活意识、购买动机、购买能力、地域区划、文化层次、年龄层次、审美观念等的研究，以及潜在的市场消费者的调研。

5）产品自身研究

产品自身研究包括产品种类、特点、功能、质量、价格、外观造型、成本核算，调整产品结构的可能性与可行性评估，潜在价值与附加价值的调研等。

6）广告计划研究

广告计划研究包括现行广告的战略思想与政策原则的再研究，广告种类与其各占的比重，媒体的选择，投放频率，以及费用预算、广告主题、制作水平，大众反应如何等。

2. 设计开发

随着科学技术的不断发展，全球范围内商品的品质、生产技术、销售价格均趋向“同质化”，差距逐渐集中体现在视觉形象上，有效地运用VI来塑造企业和品牌形象，可以增进差异化，扩大“市场占有率”，提高员工士气，增强企业凝聚力。

VI设计的目的是与竞争对手产生差别化，形成适合本公司活动的环境。在整个视觉形象设计中，应用最广、出现频率最高的是标志，它是视觉设计的核心，在消费者心目中是企业的象征。由此可见，设计一个构思独特、格调清新、单纯强烈、简洁明确的标志是VI设计的核心。

3. 编制VI手册

1）VI手册的编制原则

VI设计，必须以标志为核心，从开发VI设计系统做起，将以上各项基本要素设计定型、规范（包括标准范例和禁止使用范例），再将之运用于应用项目中，在应用项目中必须严格遵守基本要素规范，并结合不同的项目特点进行设计。一般应先选择具有代表性的应用项目范例，将它们规范化并制成企业识别手册，这样就可以以手册为标准，相近的应用设计项目参照执行，以便于企业形象的规范和统一。严格遵守VI手册内的规定虽然是必需的，但规定的目的只是为了确保应用项目制作的水准，在具体使用过程中，还要注意创造力的发挥。

2）VI手册编制形式

制定严格明细的VI手册就是企业形象管理的法规，VI手册一般包括“引言部分”、“基本要素系统”和“应用要素系统”三个部分。一般情况下编成一本手册，也可以根据不同项目编为若干册，便于使用。手册的编排形式并不重要，只要规范清楚就行。

具体编制形式有以下几种。

（1）单册编制：将基本设计系统和应用设计系统项目，按一定的规律进行编制并装订成册，采用活页形式，以便于修正替换或增补。

（2）分册编制：依照基本要素系统和应用要素系统项目的不同，分开编制，各自装订成册，通常多采用活页形式，以便于修正替换或增补。

（3）多册编制：根据企业不同机构（如分公司）或媒体的不同类别，将应用设计项目分册编制，因为VI手册是根据企业经营的内容而定的，所以随着企业经营或服务的内容不断增加，VI手册的内容可以不断充实。

另外，VI手册做成活页或分册的另一个原因就是使用方便，可以任意取出需要的部分，使用后再放回去。

4.2.2 VI 设计的方法

VI 设计的方法很多，每种方法都有各自的特点，找到适合企业自身的设计方法是实施 VI 设计成功的关键。

1. 系统分析

在进行 VI 设计之前，首先要了解企业的经营理念与发展方向，以便更好地把握设计方案。系统分析法就是把 VI 设计的对象当作一个具有多种形态因素分布和组合的系统，将各种形态因素加以排列组合，对应这些因素分别提供相应的设计定位方案，再从中选择最佳方案。

系统分析法的操作程序为：

（1）确定目标

VI 设计项目的总体目标是为企业创造一个统一稳定的视觉形象和广阔的发展前景，不同的企业在不同的阶段、不同的应用项目上，都有不同的目标。因此应该明确 VI 项目所要达到的目的，并让 VI 设计人员围绕这一目的了解该项目通过设计开发所要达到的功能。

（2）综合分析

把 VI 设计项目分解成若干个基本组成部分，每个部分都有各自独特的个性和目的。一般来说，分解为 3～7 个部分比较恰当，为避免系统过于庞大和实施操作的复杂性，应舍去与设计宗旨和目的不相符的要素。

（3）形态组合

形态组合就是根据不同的设计目的，进行不同的设计定位，寻求不同的解决方案，设计出不同的视觉形象。

（4）分析和评选最优方案

对各个可行的方案进行比较，通过对比研究，选出符合设计宗旨的最佳方案。

2. 设计观念

（1）竞争意识

竞争是企业发展的动力，没有竞争，就很难有创新。

在企业经营中，只有不断地创新才能使企业在众多竞争同行中脱颖而出，赢得市场份额，获得经营利润。从世界范围看，那些国际上知名的大企业和名牌产品往往都是成双成对地出现，比如：柯达和富士、可口可乐和百事可乐、麦当劳和肯德基，它们在激烈的竞争中取长补短、相互依存、相互促进。因此，在企业形象的整体策划中，要时刻保持竞争的意识，以创新求发展，只有这样企业才能在激烈的市场竞争中生存。

（2）独特意识

独特意识是指企业在经营中要树立起独特的个性、别具一格的形象，以不同于他人的形象和手段展开竞争，处处体现自我的特色。企业要生存和发展，就要具备个性化的营销能力，所以，特色意识是企业可持续发展的动力，是企业制胜的法宝。纵观经济发展的历史，越是有特色的企业，知名度越高，发展越快。企业发展必须追求自己的时代特色和民族风格，充分运用创造性思维，塑造企业形象的个性特征和具有鲜明特色的品牌。在企业形象策划中，关键在于对企业理念的挖掘，许多企业由于没有重视自身存在的差异性和个性，设计出的企业形象往往缺乏独特的个性。只有建立在对企业精神深刻理解的基础上，在VI设计中才能更好地树立起别具一格的企业形象，体现企业形象的新颖性和独特的社会价值。

（3）服务意识

在企业形象策划与设计中，服务意识是指以人为核心，通过情感交流的方式使企业和顾客进行双向沟通的情感观念。如何赢得消费者的选择是企业制定发展策略的中心目标，在追求产品质量的同时，不可忽视的还有企业与消费者之间的情感交流与沟通，只有不断满足消费者的需求，才能最终实现产品的价值。服务意识是当代经营战略中的攻心战术，体现着企业对顾客存在价值的认同和尊重，反映出一个企业所具备的文化涵养。因此，企业VI运作的基本着眼点应放在使顾客满意这个位置上。

3. 美的追求

VI设计不仅应体现出企业形象，还要具有美感，给人以美的享受。

在企业形象策划中，如果设计人员能够自觉地把美的理念融入到VI设计理念中去，从美感这个切入点展开设计，就会使设计方案更有内涵，并易于被人们接受。VI设计归根结底是对企业形象的艺术设计，而艺术设计是基于美的标准，因此，VI设计要从美学的角度出发，细心捕捉自然、社会、思维等领域中一切有关美的信息，将此升华为理念层次的美，并以这种美的原则来指导VI设计。总之，美是企业形象的灵魂，人们对美的追求在不同时期有不同的认识，而在现实生活中人们往往习惯于凭借多年形成的美感来评价事物，并以这种理念来判断事物。

经验介绍

美感是在主体和客体共同作用下产生的结果，它的实现需要两个条件：一是客体存在着某种美的品质，不具备美感的客体是无法使主体产生共鸣的，这是美感产生的客观基础；二是主体必须具备感知客体美存在的素质条件，也就是说文化修养水平在主体能否理解文学艺术作品中的美时起着重要作用。所以说，美是主观与客观的统一。人类对美的追求永无止境。形式的美感，可以使企业树立良好的企业视觉形象。道德理念之美则可以塑造企业的理念和行为。

4. 问题启示与解决

在VI设计中，无论我们碰到什么难题，都可以通过问题法来理顺思路，找到问题的症结，寻找解决的方法。

比如，标志的设计定位、标准字体与标准色的确定，应用要素系统项目的定位与设计，这些都可以套用“8W”问题法来解决。社会的发展是一个不断发现新问题、解决新问题的周而复始的循环过程。只有发现问题，才能解决问题。也就是说，提出问题是解决问题的先决条件，是解决问题的基础。在如何提出问题上，通过人们对此做了研究，对问题的种类进行归纳后，总结出一套“8W”的问题法，即：

（1）When（什么时候）。

（2）Where（什么地方）。

（3）Who（谁）。

（4）Whom（为谁）。

（5）What（什么）。

（6）Why（为什么）。

（7）How（怎样去做）。

（8）How much［多少（费用）］。

从提出问题到解决问题，这种思维方法条理清晰、逻辑性极强。“8W”问题法运用十分广泛，尤其是在企业形象策划与设计中得到了广泛运用。

任务4.3　网页VI系统的规划与设计

一个成功的网站VI系统的导入是艺术和技术的结合与统一，以主题鲜明、形式与内容保持一致、把握整体风格为设计原则。

4.3.1　网页VI系统的导入流程

网页VI系统的导入，需要规范网站整个策划方案。大致包含如下几方面：网站的目标、网站的主题、网站的内容、网站的风格、网站的标准。网站VI系统规划流程如图4-21所示。

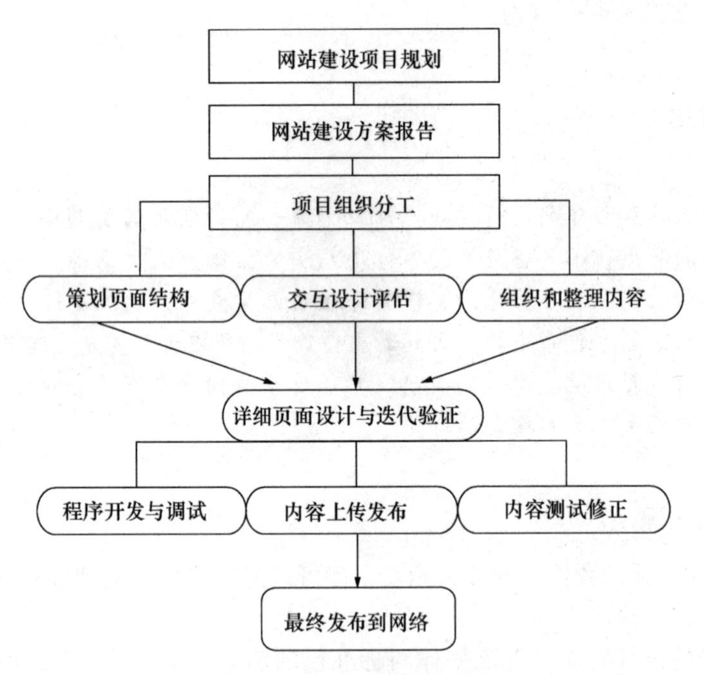

图4-21　网站VI系统规划流程

网站的性质不同，设计要求也不同。例如：门户网站注意页面分割、信息结构合理、页面与图片的优化、界面的视觉美观等，企业网站重在突出企业形象、产品热点、设计样式、图片质量精度等。

1. 建设网站前的市场分析

（1）调研相关行业的市场是怎样的，市场有何特点，能否在互联网上开展公司业务。

（2）市场主要竞争者分析，竞争对手上网情况及其网站规划、功能作用。

（3）公司自身条件分析、公司概况、市场优势，可以利用网站提升哪些竞争力建设网站（费用、技术、人力等）。

2. 建设网站的目的及功能定位

（1）建设网站的目的是宣传商品，进行电子商务，还是建立行业型网站。

（2）根据企业面对市场所确立的企业形象识别中的三大方面，整合公司资源，确定网站功能。同时根据公司的需要和计划，确定网站的功能是产品宣传型、网上营销型、客户服务型还是电子商务型等。

（3）根据网站功能，确定网站应达到的目的及作用。

（4）了解企业内部网站的建设情况和网站的可扩展性。

3. 网站技术解决方案

根据网站的功能确定网站技术解决方案。

（1）采用自建服务器，还是租用虚拟主机。

（2）选择操作系统，分析投入成本、功能、开发、稳定性和安全性等。

（3）采用系统性的解决方案（如 IBM、HP 等公司提供的企业上网方案、电子商务解决方案），还是自己开发。

（4）确定网站的安全性措施，以及相关程序的开发。

4. 网站内容规划

（1）根据网站的目的和功能规划网站内容，一般企业网站应包括公司简介、产品介绍、服务内容、价格信息、联系方式、网上订单等基本内容。

（2）电子商务网站要提供会员注册、详细的商品服务信息、信息搜索查询、订单确认、付款、个人信息保密措施、相关帮助等。

（3）如果网站信息栏目较多，网站内容是网站吸引浏览者最重要的因素，不实用的信息不会吸引浏览者的访问。因此应对人们希望阅读的信息进行调查，并在网站发布后调查人们对网站内容的满意程度，以便及时调整网站内容，如图 4-22 所示。

图 4-22　新浪网对信息内容的在线调查

5. 网页设计

1）网页设计

（1）网页设计一般要与企业的整体形象一致，要符合 CI 规范，注意网页色彩、图片的应用及版面规划，保持网页的整体一致性。

（2）在新技术的采用上要考虑主要目标访问群体的分布地域、年龄阶层、网络速度、阅读习惯等。

（3）制订网页改版计划，如半年到一年的时间进行较大规模的改版等或根据网站的版块内容作扩容调整。

2）网页视觉布局

网页页面尺寸和显示器大小的分辨率有关。一般情况下，显示器分辨率为800像素×600像素时，页面的显示尺寸为778像素×434像素。显示器分辨率为1024像素×768像素时，页面的显示尺寸为1003像素×600像素。以上尺寸主要考虑到滚动条以及浏览器的工具栏，可以看到，分辨率越高，页面尺寸越大。浏览器的工具栏影响着页面尺寸。最好恢复默认的浏览器工具栏，这样与网页最终设计的作品差别就不会太大。

现代很多网页页面都呈现一屏显示，使这个页面条理分明，简单易读。所谓一屏，是指一个网站页面在不拖动滚动条的情况下，在屏幕上能够看到的部分。一般来说，800像素×600像素的屏幕显示模式下，在IE安装默认的状态下，IE窗口内能看到的部分为778像素×435像素，通常考虑多数人的习惯，以这个大小为标准。页面长度原则上不超过3屏而宽度不超过1屏。这并不意味可以将页面分割开，而孤立地进行每一屏的单独设计。图像文字的延续性可以使浏览者得到完整、统一的视觉感受，保持页面风格的整体感。除了著名经典信息门户网站外，通常企业网站都用一屏左右。除非站点内容特殊，能够吸引人拖动到下一屏，否则除了影响速度，对于网站美观而言没有任何好处。

但是有时一屏可能小于上面所说的435像素，基于这一点，横向放置导航栏要优于纵向导航栏。其原因：浏览者的一屏很矮，横向的仍能全部看到，而纵向的就很难说了，因为窗口的宽度一般是不会受浏览器设置的影响的。

因此，一屏显示的位置是黄金位置，用来放置最重要的内容，以吸引浏览者进行观看，如图4-23所示。

3）网页视觉布局元素

（1）页头。在习惯用语中，页头又可称为页眉，作用是定义页面的主题。一般站点的名字都是显示在页头里，通常展示标志及其网站的标题、旗帜广告。页头是整个网页中的重要组成部分。

（2）文本。文本是整个网站信息内容的重要展示部分。在页面中经常以行或者块的形式出现。通常相较于导航条区域，其有自己的文字区域位置。在整个页面视觉节奏上，形成疏密反差的对比美感。

（3）页脚。页头和页脚共同组成整个页面。页脚放置副导航菜单标题、制作者或公司信息、版权日期。

（4）图片。图片和文本是页面构成的两大元素。图片为点缀增加文本的可读性、趣味性，而文本阐述信息内容。

（5）多媒体。网站要吸引浏览者注意，页面内容可用三维动画、Flash等技术来表现，让声音、动画、视频等其他媒体更多地出现在人们的视野里，丰富网页多层次的视听效果，更贴近于生活。由于网页宽带的客观限制，在使用多媒体的形式表现网页内容时，应考虑客户端的传输速度。

图 4-23　页面布局显示

6. 网站维护

（1）服务器及相关软硬件的维护，对可能出现的问题进行评估，制定相应的时间表。
（2）数据库维护。
（3）内容的更新、调整。
（4）制定相关网站维护的规定，将网站维护制度化、规范化。

7. 网站测试

网站发布前要进行周密的测试，以保证正常浏览和使用。
（1）服务器稳定性、安全性测试。
（2）程序及数据库测试。
（3）网页兼容性测试，如浏览器、显示器等。

8. 网站发布与推广

（1）网站测试后进行发布的公关、广告活动。
（2）搜索引擎登记等。

4.3.2 企业媒介形象化整合

由于媒介对现代科学技术成果的依赖和利用，使得媒体形态的分化、变动、整合的趋势成为必然，互相融合、互相借鉴的传媒业日益处于分化整合的波动中。其结果使得企业传媒市场愈益细分化，读者愈益分层化，服务愈益专业化，标准愈益价值化。新的传媒时代的到来，要求企业创造一种新的更有效的资源整合范式。为了有效地配置整合资源，首先需要明确企业发展的目标和方向，然后把媒介资源配置作为核心，再围绕媒介和内容中心，合理配置传媒机构内部人、财、物等支持系统资源。另外，跨媒体资源的交叉配置和信息化管理都是对有限的资源进行优化配置的手段，从而使媒体产生最大的社会效益和经济效益。

媒介是传媒与受众互动的连接点，媒介资源是传播媒体的核心资源。要适应产业化运作，必须把媒介资源配置作为核心，合理配置传媒体系内部人、财、物等保证媒介资源有效配置的支持系统资源。媒介的支持系统是保证其核心系统得以正常高效运行的前提、基础、条件和保证。而传媒所有的资源配置都应该使其发挥最大的效应。

1. 媒介资源的配置

媒介资源的配置首先要围绕媒体市场分化趋势。当代世界传媒市场最明显的发展态势，一是受众的分化，二是资源的整合。分化体现在受众上是不同层面的接受者个性需求差别越来越明显；体现在市场上是要么全球化，要么本地化；体现在形态上是媒介本身和内容编辑的专业化。所谓专业化，一是资源相对集中，二是受众针对性明确。市场细分化是人们对当今信息消费趋势的一种共识。正是因为市场的分化，传媒生产的信息产品及其提供方式必须更为多样。

首先，锁定不同的消费目标，传媒才能跟上受众消费方式变化的步伐。只有确定目标受众，争取目标受众，才能做到每一个媒介或具体内容的策划定位明确。

其次，要围绕受众接受心理配置媒介资源。受众的信息消费心理因素的产生，受历史、政治、文化、地理环境等诸多因素的影响，媒体受众的接受心理及其规律，正是对媒介资源进行配置的决定性因素。这就需要根据传播接受规律，探寻媒介信息生产与销售规律，实现产、供、销与受众的需求平衡。另外还要围绕信息的有效传播配置媒介资源。信息社会中，信息加工处理能力比以往任何时候都更加影响传媒的核心竞争力。信息的取舍，是信息有效传播的第一道工序，要从信息采制内容、制作形式、编排技巧、传播方式上讲求信息的有效传播。

2. 跨媒体资源配置

随着全球化进程的快速推进，瞬息万变的市场要求媒介管理者必须在极短的时间内向受众提供能切实满足其精神需求的媒介产品。竞争将是满足受众需求的能力和速度方面的竞争，是媒介企业所建立的产供销体系的敏捷性、可靠性、科学性的竞争。因此，传媒之间的纵横联合是势所必然的。

当今世界，任何企业或者组织的资源配置都不再局限于一个国家或地区。新的传媒时代的到来，跨媒体资源的交叉配置是实现媒体资源重复利用的有效途径。跨媒体不仅能实现规模化效应，扩大市场覆盖率，而且可以实现不同媒体之间的协同效应。不仅可以实现不同媒体之间的优势互补，而且跨媒体所具有的强大的市场覆盖能力，使得它能够吸引更多的广告客户，实现跨越式增长，产生超常规效率。

一、填空题

网页页面尺寸和显示器的分辨率大小有关。显示器分辨率为__________时，页面的显示尺寸为__________；显示器分辨率为__________时，页面的显示尺寸为__________。以上尺寸主要考虑到滚动条以及浏览器的工具栏，可以看到，分辨率越高，页面尺寸越大。

二、简答题

1. VI设计的功能是什么？
2. VI设计中的8 W是什么？

项目 5
网页媒介平台 VI 系统的应用与制作

本项目主要从实际操作层面介绍了网页 VI 的设计工具，网页 VI 设计中的主要元素的设计制作过程，网页 VI 的首页的设计制作过程的原则和设计思路。通过本章的学习，可以更深入的进入到网页 VI 设计的实际操作层面，将前面项目所介绍的理论知识更好地融入到具体案例设计过程之中。

- 学习网页 VI 设计工具——Photoshop；
- 掌握 Web 图像的生成的基本过程；
- 了解网页 VI 设计中主要元素的制作；
- 了解首页设计的原则；
- 掌握首页设计的思路。

现代媒体的发展趋势，视觉信息的处理不再只是停留在单纯的静态和动态两个方面，而是升级为交互性的方式，这就要求网页设计师具有一定的艺术设计专业的审美，同时也要具有计算机学科的严谨。前面几个项目已经系统地从商业艺术和市场营销的专业角度对网页视觉传达前期策划理论进行了讲解。本章主要针对如何运用理论指导实际操作过程，为观者展示网站中各个要素的制作过程。

任务 5.1　网页 VI 设计工具

网页设计师所使用的工具，除了笔和纸，最主要的是计算机应用，运用计算机为我们服务，需要使用相关的制作软件。对于网页设计师来说，当我们把大量精力花费在思考和创意上的时候，接下来实施的工作应该运用一些技巧来简化它。一个好的想法，经常因为过于复杂的实现过程，而无法实现。因此“工欲善其事，必先利其器”，本任务先介绍一些实际经验，改变应用者对软件的传统看法，以帮助应用者建立一套适合自己的制作流程。

5.1.1　选择合适的设计软件

工具永远只有是否适合，而没有更好。软件开发商对于软件的更新和升级是不遗余力的，但是由于行业的原因和标准规范的实施情况，我们不难发现，网页设计工具之中都存在着内部联系。工具的升级更新都是为了服务于网页设计行业质量的飞跃和产品创意的诞生，以便更好地为网页设计师提供最好的技术支持。

1. 选用设计软件

(1) 普遍性和便利性

所谓普遍性，是指业内在网页视觉传达方面普遍使用的工具性软件。所谓便利性，是指软件在设计过程中操作较为便利，外观简洁明朗。

（2）输出产品具有国际标准

通过设计软件所生成的设计文件，需要达到设计文件的国际标准，做到文件兼容性较好，便于生成产品的继续加工，方便多个设计者之间的协作，符合网络环境下的传输协议和标准。

（3）足够的跨平台性和稳定性

跨平台性主要是指在不同的操作系统平台之间进行转换时，可以达到无缝操作，主要是在 Windows 操作系统和 Mac OS X（苹果操作系统）之间实现文件的跨平台互操作。稳定性是软件在操作期间，操作稳定，无明显的非硬件类死机和操作延时等问题。

（4）良好的升级性

良好的软件产品应该得到开发商长时间的升级支持。随着时间的推移，软件的性能需要不断的改善，以增强用户设计的友好型和便捷性。当网页交互过程中，出现新的技术或者标准时，需要软件设计产品持续跟进，以达到设计的完善性，也需要软件本身具备良好的升级性。

2. 建立适合自己的软件组合

工具本身是为了使用。目前业界公认的使用价值最大的软件分别是 Photoshop、Dreamweaver、Flash。这三款软件从 20 世纪 90 年代就开始显示出它们在业界的领导实力。

软件版本升级之快超乎想象，但是对于网页设计师来说，其中绝大多数功能很难用上，所以本书讲解的软件技能与版本无关，比如你可以用 Photoshop 7.0 到 CS4 任何一个版本来完成相关实例的制作。

1）平面位图

平面位图是最重要的表现手段。位图图像图片质量清晰，对应为照片级素材和元素。实现的工具有 Photoshop、Fireworks，如图 5-1 和图 5-2 所示。

图 5-1　平面位图图像（1）

图 5-2　平面位图图像（2）

2）平面矢量图形

我们可以对平面矢量图形进行拉伸而不会产生像素锯齿，因此能有效地节约宽带。实现的工具有 Illustrator、Flash，如图 5-3 所示。

3）矢量动画

Flash 是我们最为熟悉的一种网络矢量动画软件，它以简洁的表现方式和丰富的手段迅速风靡全球。实现的工具有 Flash，如图 5-4 所示。

图5-3　平面矢量图形

图5-4　矢量动画

4）基于HTML文本

我们看到的网页站点，都是基于HTML语言进行构造表现的，它是所有可视元素的载体，掌握网页设计的基本要素之一就是能够很好地掌握HTML规范。实现工具有Dreamweaver，如图5-5所示。

5）在线视频

随着网络宽带的进一步扩展，一些使用标准格式的文件也出现在网页站点上。在目前的技术运用中，视频展示的实现主要是Flash导入的技术。实现工具有Flash、Adobe Effects。另外，还运用流媒体技术配合服务器的支持，实现在线点播系统等，如图5-6所示。

图5-5　HTML文本

图5-6　在线视频

6）CG动画

运用CG动画的表现技术丰富自己的视觉站点，CG动画的逼真效果无疑是一个让人瞩目的特性。这一切的实现是以增加站点文件容量为代价的。实现工具有3DS MA、MAYA，如图5-7所示。

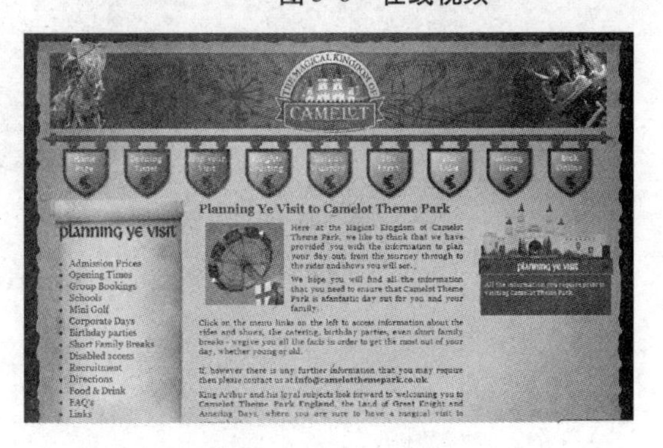

图5-7　CG动画

5.1.2 网页美工设计工具——Photoshop

网页美工特点在于将最先进的电脑技术应用于现代艺术设计之中，强调技术与艺术的高度融合，培养目标为熟练的平面助理设计师、网页设计专员、三维图形辅助设计师等一专多能的实用、综合性人才。网页视觉界面设计中应用最为广泛软件为 Photoshop，它已经成为网页设计视觉界面的标准工具。

1. 认识 Photoshop

Adobe 公司成立于 1982 年，是美国最大的个人电脑软件公司之一，为包括网络、印刷、视频、无线和宽带应用在内的广泛网络传播（Network Publishing）提供了优秀的解决方案。Adobe 公司的图形和动态媒体创作工具能够让使用者创作、管理并传播具有丰富视觉效果的作品及可靠的内容。

1985 年，美国苹果公司率先推出图形界面的 Macintosh 麦金塔系列电脑，广泛应用于排版印刷行业。至 1990 年，美国电脑行业著名的 3A（Apple、Adobe、Aldus）公司共同建立了一个全新的概念——DTP（desk top publishing），它把电脑融入传统的植字和编排，向传统的排版方式提出了挑战。在 DTP 系统中，先进的电脑是其硬件基础，而排版软件和字库则是它的灵魂。为了处理图形图像，当然也需要专门设计软件。为此，科学家们根据艺术家及平面设计师的工作特点开发了对应的软件，其中 Adobe 公司开发的 Photoshop 是最著名的软件之一。DTP 和图像软件的结合，使设计师可在电脑上直接完成文字的录入、排版、图像处理、形象创造和分色制版的全过程，开创了“电脑平面设计”时代。

Photoshop 的专长在于图像处理，而不是图形创作。

图像处理是对已有的位图图像进行编辑加工处理以及运用一些特殊效果，其重点在于对图像的处理加工；图形创作软件是按照自己的构思创意，使用矢量图形来设计图形，这类软件主要有 Adobe 公司的另一个著名软件 Illustrator 和 Micromedia 公司的 Freehand。如图 5-8 所示。

用Photoshop处理图像

用Illustrator创作图形

图 5-8 图像处理与图形创作

2. Photoshop 的基本知识

1）图像分辨率

Photoshop 中的图像分辨率指的是图像的品质和能够打印或显示的细节的含量，又称分辨率。分辨率表示最终打印的图像上每一线性英寸的像素数。在Photoshop的预设窗口中分辨率的调整直接关系到图像的品质，而宽度、高度只是单纯地表示图像尺寸大小，跟图像品质没有关系，如图5-9所示。

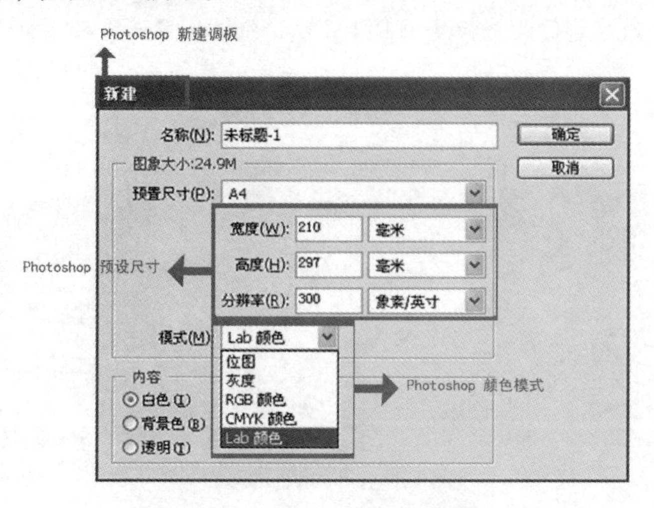

图5-9 Photoshop 预设大小设置

注意

理解两个概念PPI和DPI。

PPI（pixels per inch）是图像分辨率的单位，图像PPI值越高，画面的细节就越丰富，即单位面积的像素数量越多，也就是屏幕呈现的点阵图像越密。在电脑显示的世界里，所有的影像均是由许多小方点构成的，并以矩阵的方式排列（如图5-10所示）。虽然我们常常听到“某银屏的解析度是800 pixels × 600 pixels”或“图档的大小为多少PPI”，“解析度是多少DPI”，但很多人并不了解它们的真正含意。

图5-10 显示器上显示效果

PPI是用来计算数位影像的一种单位。如同摄影的相片一样，数位影像也具有连续性的浓淡阶调，若把影像放大数倍，会发现这些连续色调其实是由许多色彩相近的小方点所组成的，这些小方点就是构成影像的最小单位“像素”（pixel），如图5-11所示。

图5-11 pixel 示意图

从技术上说PPI只存在于计算机显示领域，与输出无关，如图5-12所示。

DPI（dots per inch），原来是印刷上的计量单位，指的是每个英寸上所能印刷的网点数，也就是输出分辨率，是针对输出设备而言的。但随着数字输入、输出设备的快速发展，大多数人也将数字影像的解析度用DPI表示，但较为严谨的人可能注意到，印刷时计算的网点（dot）和电脑显示器的显示像素（pixel）并非相同，所以较专业的人士会用PPI表示数字影像的解析度，以区分二者，如图5-13所示。

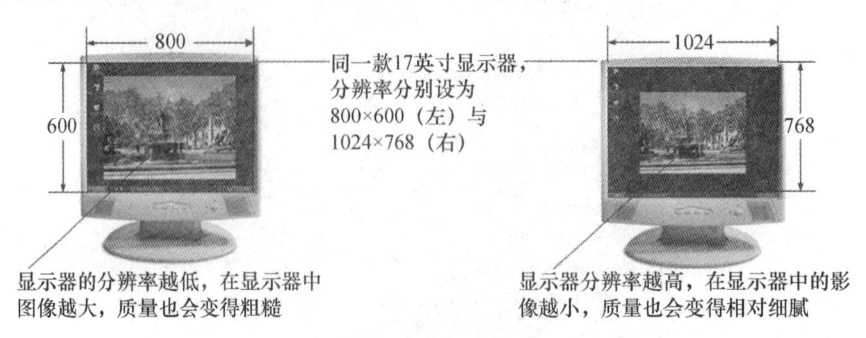

图5-12　PPI大小的对比

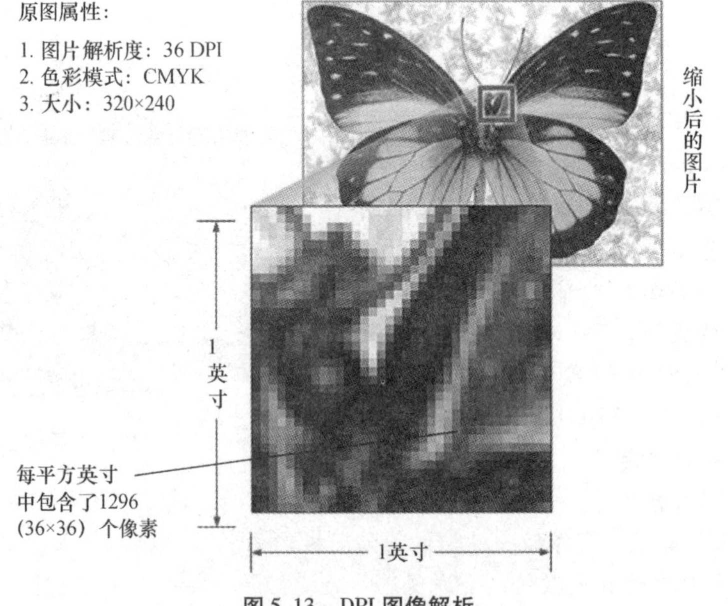

图5-13　DPI图像解析

从技术上说，DPI只存在于印刷领域，与屏幕显示无关。因此，这样就很容易区分PPI和DPI的差别，在网页制作时可以很好地把握图像显示的清晰度。

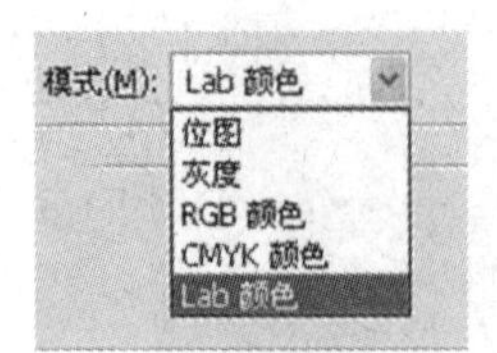

图5-14　Photoshop的5种颜色模式

2）Photoshop的颜色模式

Photoshop共有5种颜色模式，如图5-14所示。

（1）RGB颜色模式。RGB是光的三原色。每种原色共有256种不同的亮度（数值为0～255），如图5-15所示。

（2）CMYK颜色模式。CMYK是印刷所使用的4种油墨颜色。

CMYK 以最高的浓度加以混合，可产生近似黑色的颜色，如图 5-16 所示。

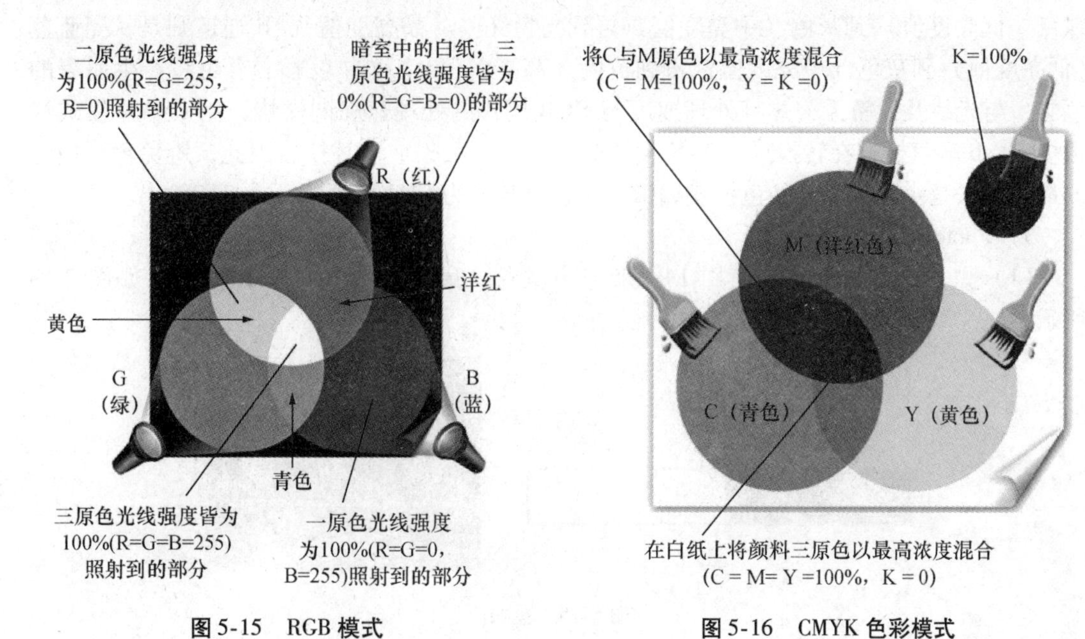

图 5-15　RGB 模式　　　　图 5-16　CMYK 色彩模式

（3）位图模式。位图模式用两种颜色（黑和白）来表示图像中的像素。位图模式的图像也叫黑白图像。因为其深度为 1，也称为一位图像。由于位图模式只用黑白色来表示图像的像素，在将图像转换为位图模式时会丢失大量细节，因此 Photoshop 提供了几种算法来模拟图像中丢失的细节。在宽度、高度和分辨率相同的情况下，位图模式的图像尺寸最小，约为灰度模式的 1/7 和 RGB 模式的 1/22 以下。

（4）灰度模式。灰度图可以表现从黑到白的整个灰色调系列。我们知道，位图图像记录的是每个像素的颜色值，在灰度模式中，每个像素需要 8 位的空间来记录它的颜色值，8 位的颜色值可以产生 $2^8=256$ 级灰度（其中 0 表示纯白，而 256 为纯黑），灰度图就是用这 256 级灰度值来表现图片内容的，如图 5-17 所示。

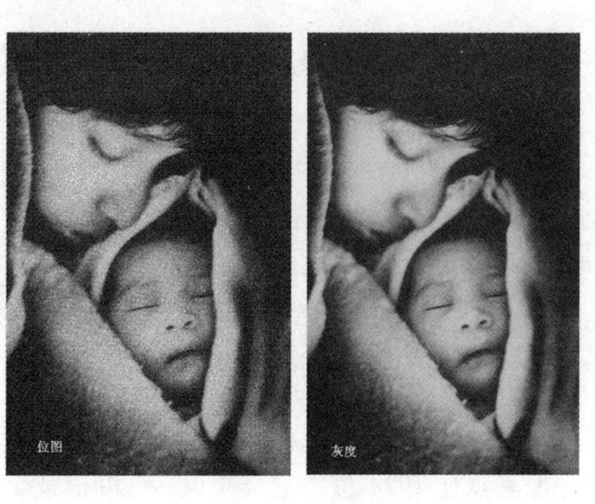

图 5-17　位图和灰度图

（5）Lab 颜色模式。它有两个色彩通道，用 A 和 B 来表示。A 通道包括的颜色是从深绿色（低亮度值）到灰色（中亮度值）再到亮粉红色（高亮度值）；B 通道则是从亮蓝色（低亮度值）到灰色（中亮度值）再到黄色（高亮度值）。这种色彩混合后将产生明亮的色彩，与光线及设备无关并且处理速度与 RGB 模式的处理速度同样快，比 CMYK 模式快很多。Lab 颜色模式在转换成 CMYK 模式时色彩不会丢失或被替换。因此，避免色彩损失的最佳方法是：应用 Lab 颜色模式编辑图像，再转换为 CMYK 颜色模式打印输出。

3）Photoshop 色彩的类型

（1）黑白：每一像素点使用 1 位来记录颜色，最多只能表示 2 种颜色，如图 5-18 所示。

图 5-18 黑白

（2）灰阶：每一像素点使用 8 位来记录颜色，可以记录 2^8 种不同亮度的灰色，如图 5-19 所示。

图 5-19 灰阶

（3）16 色：每一像素点使用 4 位来记录颜色，可以记录 2^4 种颜色，如图 5-20 所示。

图 5-20 16 色

（4）256 色：每一像素点使用 8 位来记录颜色，可以记录 2^8 种颜色，如图 5-21 所示。

（5）全彩色：每一像素点使用 24 位来记录颜色，可以记录 2^{24} 种颜色，如图 5-22 所示。

图5-21　256色

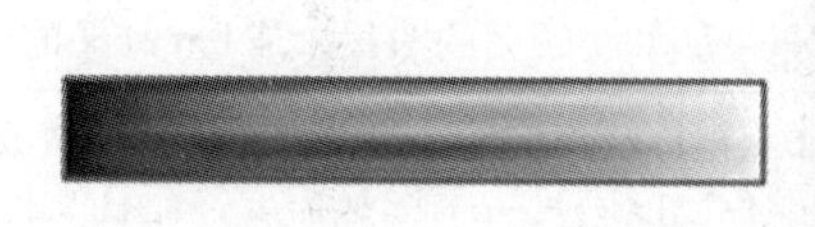

图5-22　全彩色

4）Photoshop 图像格式

Photoshop CS4 能够支持 PSD、TIF、BMP、JPG、GIF 和 PNG 等 20 余种格式文件。在实际工作中，由于工作环境的不同，要使用的文件格式也不一样。设计者可以根据实际需要来选择图像文件格式，以便更有效地应用到实践中去。

接下来介绍关于图像文件格式的知识和一些常用图像格式的特点以及在 Photoshop 中进行图像格式转换应注意的问题。其中 GIF、JPEG 和 PNG 是网络浏览器主要支持的 3 种图像文件格式，如表 5-1 所示。

表5-1　编辑图像时常用的文件格式

储存格式	图像格式	存储大小	特色及适用性
BMP	点阵图像	最大	BMP 格式是最普遍的点阵图格式之一，也是 Windows 系统下的标准格式，我们利用 Windows 的调色盘绘图，默认就存为了 BMP 格式
TIFF	点阵图像	大	它是跨越 Mac 与 PC 平台最广泛的图像打印格式。TIFF 格式具有图形格式复杂、存储信息多的特点，常用于印刷。3DS MAX 中的大量贴图就是 TIFF 格式的。TIFF 最大色深为 32 位，可采用 LZW 无损压缩存储，大大减小了图像体积。TIFF 格式可以保存通道，对于处理图像非常有用
JPEG	点阵图像	最小	JPEG 是一种高效率的压缩档，在存档时能够将人眼无法分辨的资料删除，以节省储存空间，但这些被删除的资料无法在解压时还原，所以 JPEG 档案并不适合放大观看，输出成印刷品时品质也会受到影响，称为“失真压缩”或“破坏性压缩”

（续表）

储存格式	图像格式	存储大小	特色及适用性
PSD	点阵图像	与含有图层的多少有关	Adobe Photoshop 的专用存储格式，可以储存成 RGB 颜色或 CMYK 颜色模式，更能自定义颜色、数目储存。PSD 档可以将不同的物件以层级（Layer）分离储存，便于修改和制作各种特效
PDF	点阵图像	大	PDF 颜色模式是应用于多个系统平台的一种电子出版物软件的文档格式，它可以包含位图和矢量图，还可以包含电子文档中的查找和导航功能
PNG	点阵图像	与所含的文件多少有关	PNG 是一种新型的网络图形格式，采用无损压缩的方式。与 JPEG 格式类似，网页中有很多图片都是这种格式，压缩比高于 GIF，支持半透明图像，可以利用 Alpha 通道调节图像的透明度。它用于网上进行无损压缩和显示图像，在网页中常用来保存背景透明和半透明的图片，是 Firework 的默认格式
GIF	点阵图像	小	在 Internet 上被广泛地应用，最多 256 色，可做成动态的。因为 256 种颜色已能满足主页图形需要，而且文件较小，适合网络环境传输和使用
EPS	点阵图像	一般	专业印刷通用格式，所以其内部色彩是用 CMYK 颜色模式，在输出成 EPS 的过程中，一些超出 CMYK 色域的色彩会被转换；EPS 格式能保存图案中的位图和矢量图对象

3. Photoshop 的基础操作

Photoshop 是目前使用最为频繁的平面设计工具，它对于网页视觉设计图像处理的技术支持更进一步。这里我们主要介绍图层、路径、通道和蒙版、滤镜四个方面。

1）图层

Photoshop 以其独特的方式引入了图层的概念，对形象艺术产生了深远的影响，图层功能介入平面设计前，平面设计师必须精确地绘制，以实现他们的设计思想。图层将用户从单一平面图像桎梏中解脱出来，给用户提供了尽情发挥创造性思维的空间。

图层的基本工作原理就是将构成图像的不同对象和元素隔离到独立图层上进行编辑操作。组成图像的各个图层相当于一个单独的文档，相互叠加在一起，透过上面一个图层透明区域可以看到下一个图层中的不透明像素。透过所有图层的透明区域，可以看到背景图层。最终展示在门户面前的就是一个完整的网页作品，如图 5-23 和图 5-24 所示。

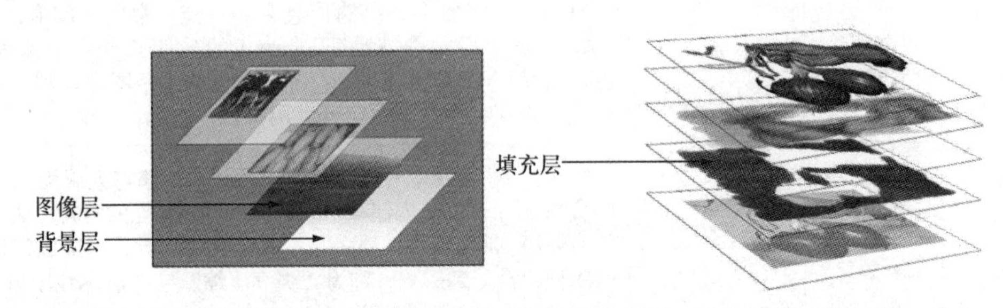

图 5-23　图层工作原理

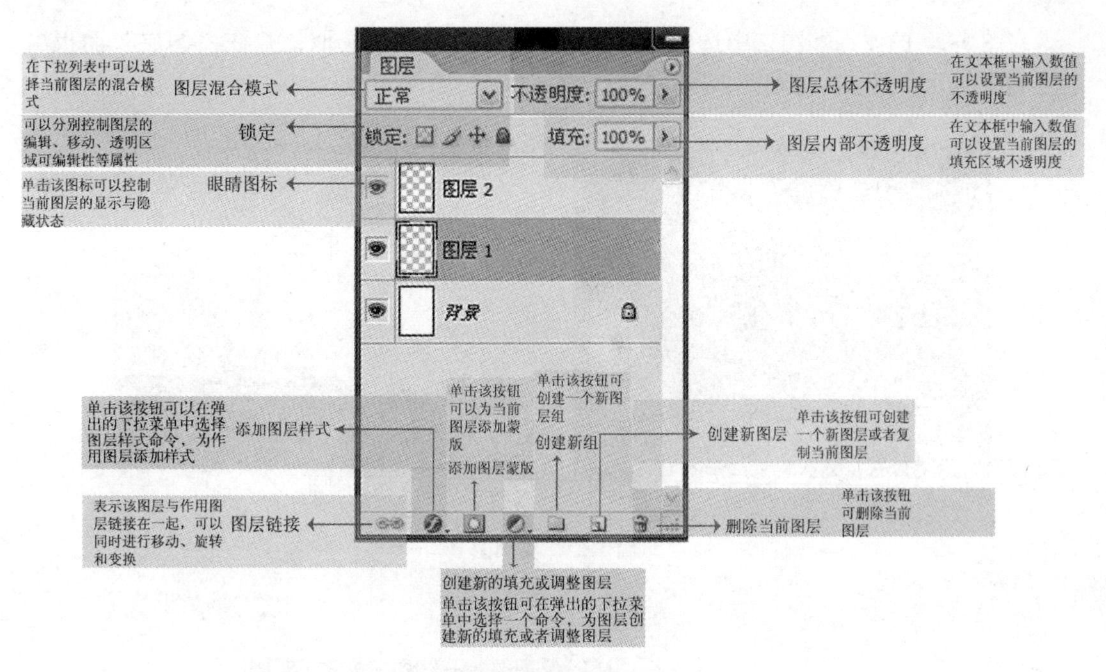

图 5-24 “图层”面板介绍

【图层应用实例】

图 5-25 实例图

如图 5-25 中，图一的缺点是主楼不清晰，图二的缺点是整体图像的效果太过阴暗，可以使用图层方式将图片合成处理。

在图片处理过程中，经常要把所需图像局部从图像背景中提出来。一般可以使用选取工具。对于精确度高的操作，则可以使用钢笔工具选取后转化成选区。

快速选择工具如图 5-26 所示。

图 5-26 应用快速选取工具

在图 5-27 的图一和图二中选出所需要的元素，进行快速选取，并在“图层”面板中建立相应的元素图层，如图 5-28 所示。

图一

图二

图 5-27 实例图

图 5-28 在“图层”面板中建立相应的元素图层

使用图层进行图像合成，得到所需要的图像效果，如图 5-29 所示。

2）路径

（1）路径工具。路径是 Photoshop 中的重要工具，主要用于进行光滑图像选择区域及辅助抠图、绘制精细的图形、定义画笔等工具的绘制轨迹、输出输入路径及选择区域之间的转换。在网页制作过程中，经常利用路径设计网页中的不规则形状，或者是对图像进行选取。

Photoshop 中的路径工具包括可以创建的贝塞尔路径工具、形状路径工具、选择路径工具以及调整路径工具，如图 5-30 所示。

图 5-29　最终效果

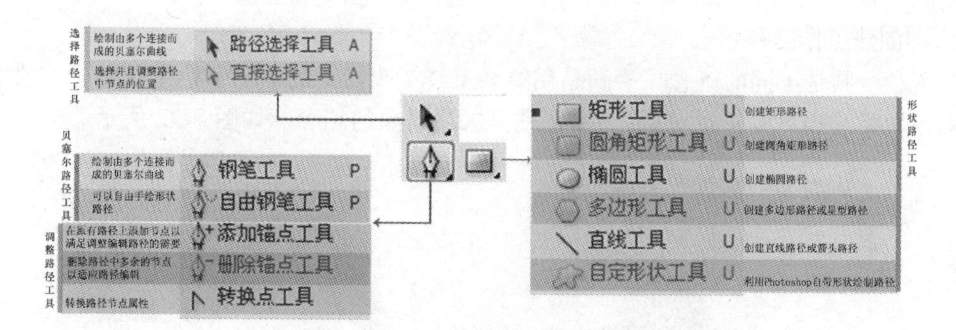

图 5-30　路径工具介绍

“路径”面板选项如图 5-31 所示。

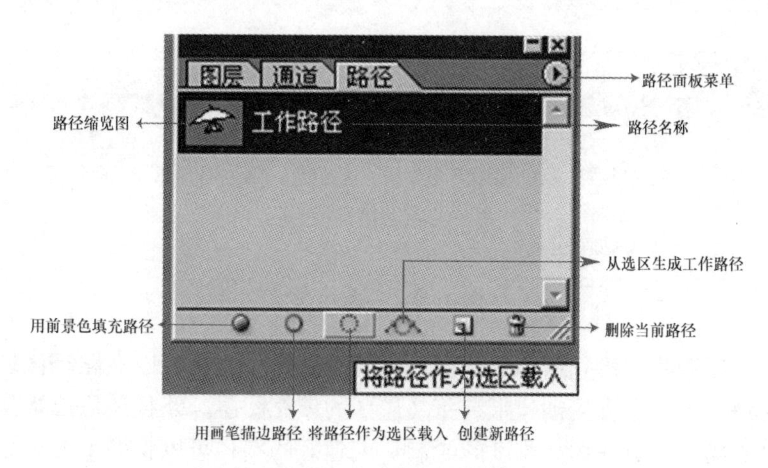

图 5-31　“路径”面板

① 路径缩览图：通过“路径”面板中的缩览图可以浏览在画布中创建的每一条路径的形状。

② 路径名称：区分“路径”面板中路径缩览图的名称。Photoshop 默认的第 1 个路径的名称为工作路径，然后依次为路径 1、路径 2……需要更改路径名称时，双击“路径”

面板中的路径名称即可更改。

③ 工作路径：在路径面板中以蓝色显示的路径为工作路径。在 Photoshop 中，所有编辑名称只对当前工作路径有效，并且只能有一个工作路径。

④ 用前景色填充路径：单击该按钮可以在显示路径的同时填充前景色。

⑤ 用画笔描边路径：单击该按钮可以在显示路径的同时以前景色描边路径。

⑥ 将路径作为选区载入：单击该按钮可以将路径转换为选区，画布中不显示路径，但是“路径”面板中将保存路径。

⑦ 从选区生成工作路径：创建选区后单击该按钮，画布中的选区转换为路径，原选区消失。

⑧ 创建新路径：单击该按钮创建的新路径名称为“路径 1”。

⑨ 删除当前路径：单击该按钮删除的是选中的路径。

⑩ 路径面板菜单：编辑路径命令菜单。单击该按钮，其中的命令与面板中的命令选项重复。

（2）创建工作路径

绘图和绘画是不同的概念。绘画是用绘画工具更改像素的颜色，绘图是创建定义为几何对象的形状（也就是矢量对象），路径就是矢量对象的轮廓。如图 5-32 所示。

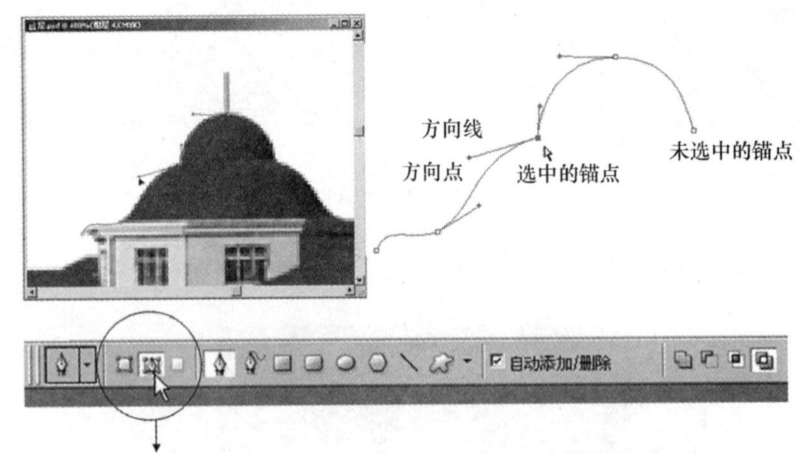

第一个的作用是在文件中创建形状图层，里面包括了路径和颜色等元素。
第二个只包括路径。
第三个只包括颜色元素。

图 5-32　勾画路径

使用路径可以帮我们建立精确的选区进行精确编辑，而且可以在路径区域里直接进行颜色和纹理的填充，或者直接创建带有路径选区的填充图层。路径还可以当作辅助绘画工具，让画笔沿着路径完成一切高难度的绘制。创建好的路径可以将图像插入到其他排版软件中，显示路径中的图像。如图 5-33 所示。

将路径载入选区，复制所选内容，生成新图层。拖至新背景，合成新图像。结合学过的图层知识改变画面的虚实关系。如图 5-34 所示。

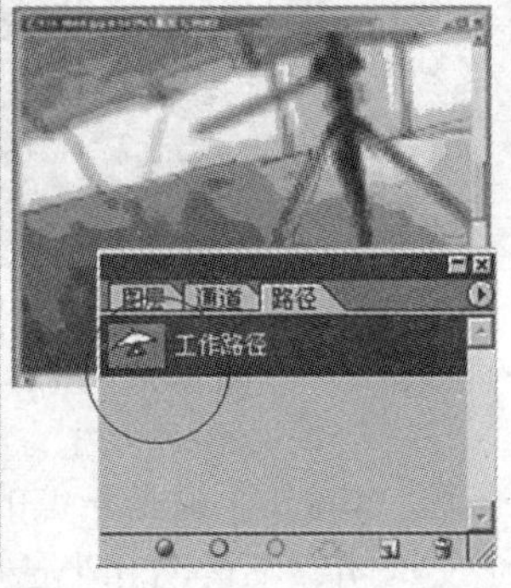

图 5-33 创建工作路径

3）通道和蒙版

Photoshop 中的通道与蒙版是两个高级编辑功能。要想完全掌握 Photoshop 软件，必须熟悉通道与蒙版功能。通道是存储不同类型信息的灰度图像，对用户编辑的每一幅图像都有着巨大的影响，是 Photoshop 必不可少的一种工具。蒙版用来保护被遮蔽的区域，具有高级选择功能，同时能够对图像的局部进行颜色调整，使图像的其他部分不受影响。

图 5-34 合成图像

（1）“通道”面板。通道用来存放图像的颜色信息，当打开一个新的图像时，就会自动创建颜色信息通道。图像的颜色模式决定了所创建的颜色通道的数目。通道是基于色彩模式衍生出的简化的操作工具，其应用非常广泛，可以用通道来建立选区，对选区进行各种操作。通道最主要的功能是保存图像的颜色数据。

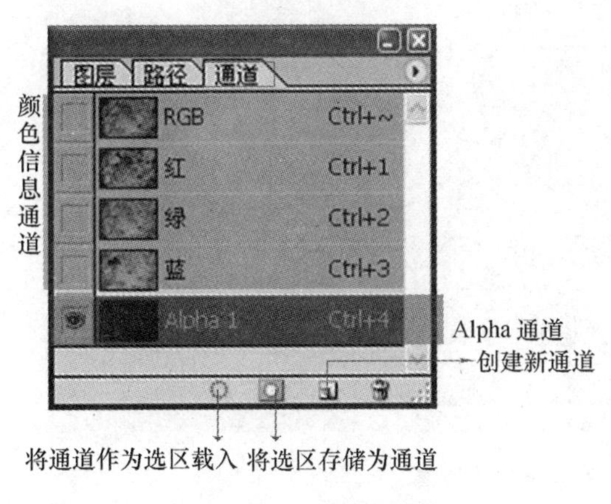

图 5-35 “通道”面板

通道的可编辑性很强，如色彩选择、套索选择、笔刷等都可以改变通道，几乎可以把通道作为一个位图来处理，而且还可以通过不同通道相交集、叠加、相减的动作来实现对所需选区的精确控制。如图 5-35 所示。

通过“通道”面板可以看出，通道类型可以分为颜色信息通道和 Alpha 通道。

① 颜色信息通道。颜色信息通道是打开新图像时自动创建的，图像的颜色模式决定了所创建的颜色通道的数目。

如在 RGB 颜色模式下的图像，每一个像素的颜色数据由红、绿、蓝这三个通道进行记录，而这三个单色通道组合定义后合成 RGB 主通道，如图 5-36 所示。

图 5-36　RGB 颜色模式图像中的通道显示

② Alpha 通道。Alpha 通道是 8 位的灰度通道，该通道用 256 级灰度来记录图像中的透明度信息，定义透明、不透明和半透明区域，其中黑表示全透明，白表示不透明，灰表示半透明。

Alpha 通道主要用于保存选区、编辑选区以及制作特殊效果选区。通过选区工具创建选区后，单击“通道”面板底部的“将选区存储为通道”按钮，即可创建 Alpha 通道，如图 5-37 所示。

图 5-37　将选区存储为通道

这个时候可以对 Alpha 通道进行各种操作，比如执行滤镜中的径向模糊后载入图像，删除选区中的图像，得到想要的效果，如图 5-38 所示。

图 5-38　编辑 Alpha 通道得到的效果

（2）蒙版。蒙版又被称为“遮罩”，可以说是最能体现“遮板”意义的通道应用了。它用来控制图像的显示与隐藏区域，是进行图像合成的重要途径。在 Photoshop 中，蒙版包括快速蒙版和图层蒙版。网页设计中主要应用图层蒙版。

① 快速蒙版模式。快速蒙版模式是一种能让用户同时观看图像和蒙版的编辑模式，蒙版的区域会以颜色来与选区作为区别。利用该模式可以编辑精细度高的选区或对某些区域作局部的细化处理，如图 5-39 所示。

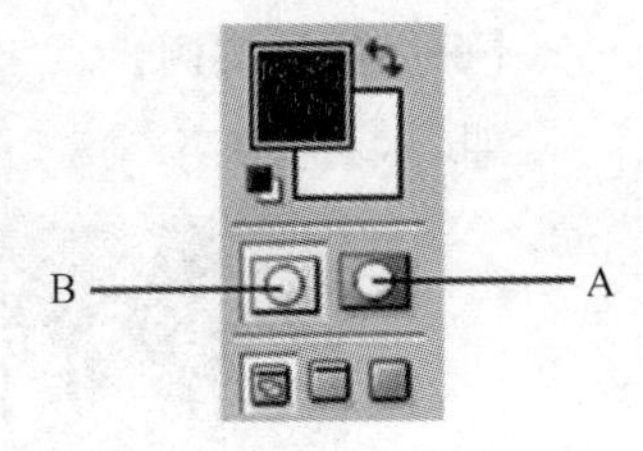

图 5-39　快速蒙版

② 图层蒙版。图层蒙版是与分辨率相关的位图图像，可以控制图层中的不同区域是否隐藏或显示。通过更改图层蒙版，可以将大量特殊效果应用到图层，而不会影响该图层上的像素。

经验介绍

图层蒙版是一张 256 级色阶的灰度图像。蒙版中的纯黑区域可以遮罩当前图层中的图像，从而显示出下方图层内容，因此黑色区域将被隐藏；蒙版中的纯白色区域可以显示当前图层中的图像，因此白色区域可见；而蒙版中的灰色区域会根据灰度值呈现不同的半透明效果，如图 5-40 所示。

图 5-40　不同灰度呈现的蒙版效果

【蒙版应用实例】

如图 5-41 所示。

图 5-41　蒙版（遮罩）—图像合成

4）滤镜

滤镜是 Photoshop 的特色之一，具有强大的功能。滤镜产生的复杂的数字化效果源自摄影技术。滤镜不仅可以改善图像的效果，遮盖其缺陷，还可以在原有图像的基础上产生许多特殊的效果。

（1）滤镜使用方法。

Photoshop 本身就带有许多滤镜，其功能各不相同，但是所有的滤镜都有相同特点，大部分的滤镜都集中在滤镜库中。Photoshop 自 CS 引入滤镜库命令后，对很多滤镜都提供了便捷的访问。滤镜库的最大特别之处在于应用滤镜的显示方式与图层相同。在默认情况下，滤镜库中只有一个效果图层，单击不同的滤镜缩略图，效果图层会显示相应的滤镜命令，如图 5-42 所示。

（2）滤镜的分类。

利用滤镜命令可以自动对一幅图像添加效果。滤镜命令大致分为三类：校正滤镜、破坏性滤镜、绘画滤镜。可以根据不同的目的执行不同的滤镜命令，如图 5-43 所示。

① 校正滤镜。校正滤镜是用于修正扫描所得的图像以及为打印输出图像的日常工具。在多数情况下，它的效果非常细微。校正滤镜包括模糊滤镜、锐化滤镜和杂色滤镜。模糊滤镜主要是使选区或图像柔和，淡化图像中不同色彩的边界，以掩盖图像的缺陷或者创造出特殊效果。锐化滤镜是通过增加相邻像素的对比度来使模糊图像变清晰，效果有点类似于调整相机焦距的情况，主要用来修复一些不清楚的图像。杂色滤镜是随机分布的彩色像

素点，使用杂色滤镜可以添加或移去图像上的痕迹与尘点，如图5-44所示。

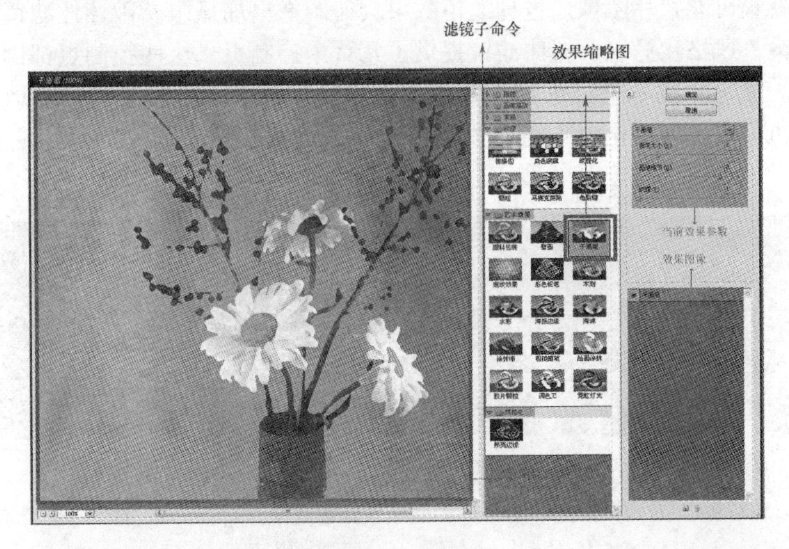

图5-42　滤镜库

图5-43　滤镜效果

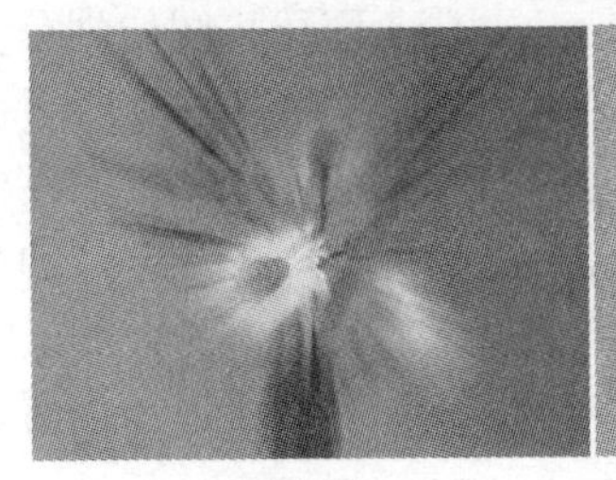

模糊滤镜

锐化滤镜

杂色滤镜

图5-44　校正滤镜效果

② 破坏性滤镜。破坏性滤镜能产生很多有趣的效果，而校正滤镜很难达到。但是如果使用不当就很可能毁坏图像。这种滤镜效果会使图像更加显眼。破坏性滤镜包括扭曲滤镜、液化滤镜、风格化滤镜。扭曲滤镜提供了几百个控制点，这些控制点都用来影响图像的不同部分。液化滤镜对图像进行局部的变化扭曲，类似于扭曲滤镜，但是可以手动操作，不是随机生成。风格化滤镜通过置换像素和通过查找增加图像的对比度，如图 5-45 所示。

扭曲滤镜

液化滤镜

风格化滤镜

图 5-45　破坏性滤镜效果

③ 绘画滤镜。Photoshop 还提供了绘画滤镜，它包括了大量的相关绘画效果。其中有素描滤镜、纹理滤镜、艺术效果滤镜等，如图 5-46 所示。绘画滤镜属于破坏滤镜中的一种表现。

素描滤镜

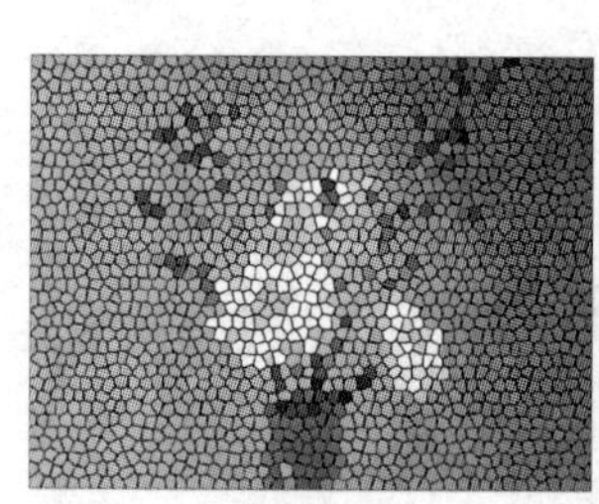
纹理滤镜

艺术效果滤镜

图 5-46　绘画滤镜

5.1.3　Web 图像的生成

Web 文件可以上传到网络或者直接插入到 HTML 文件中，在 Photoshop 中制作的网页图像并不能直接作为网页上传到网络中，这时候就需要通过切片将大尺寸图像切割为小尺寸图像，然后组合成网页上传到网络中。切片使用 HTML 表或 CSS 图层将图像划分为若干较小的图像，这些图像刻在 Web 页上重新组合。通过划分图像可以指定不同的 URL 链接以创建页面导航，或使用其自身的优化设置对图像的每个部分进行优化。Web 图像工具如图 5-47 所示。

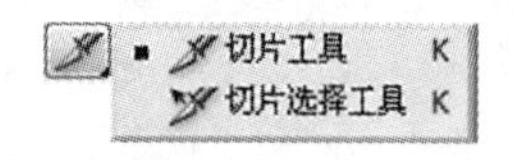

图 5-47　Web 图像工具

切片工具是将一个完整的网页切割成许多小片，把设计好的网页界面视图切成一片片或一个个表格，这样我们就可以对每一张进行单独的优化，以便于从网络上下载。也可以做成网格，然后可以用 Dreamwaver 软件来进行细致的处理。

1. 创建切片

利用切片工具可以快速制作网页。切片工具按照其内容、类型以及创建方式进行分类。使用切片工具创建的切片称作用户切片，通过图层创建的切片称作基于图层的切片。当创建新的用户切片或基于图层切片时，将会生成附加自动切片来占据图像的其余区域。

1）基于参考线创建切片

在设计好的网页界面中添加参考线。选择工具箱中的切片工具，单击工具选项中的“基于参考线的切片”按钮，切片会按照界面的参考线自动切割。如图 5-48 所示。

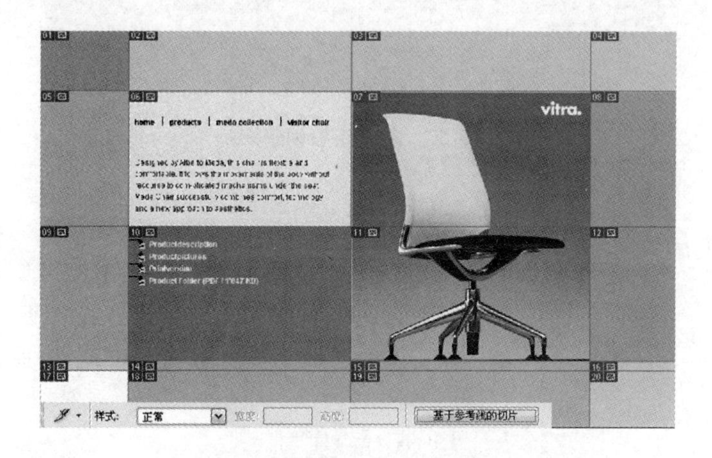

图 5-48　基于参考线创建切片

2）使用切片工具创建切片

在工具箱中应用切片工具，在网页界面中拖动切片工具进行创建，如图 5-49 所示。

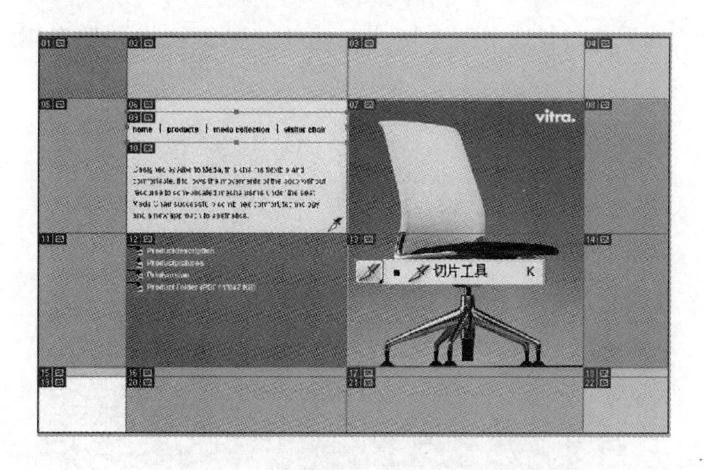

图 5-49　使用切片工具创建切片

3）基于图层创建切片

基于图层创建切片是根据当前图层中的对象边缘创建切片，如图 5-50 所示。

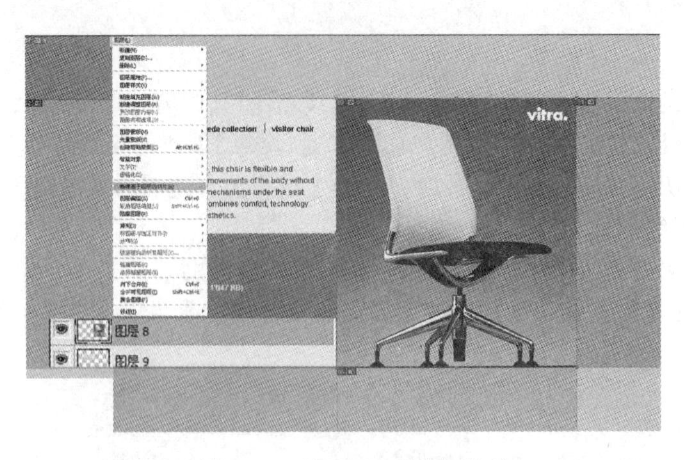

图 5-50　基于图层创建切片

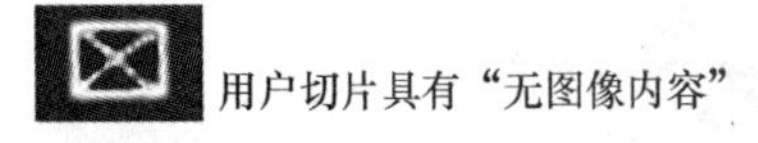

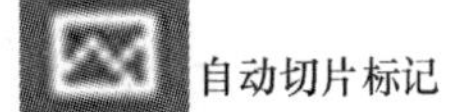
自动切片标记

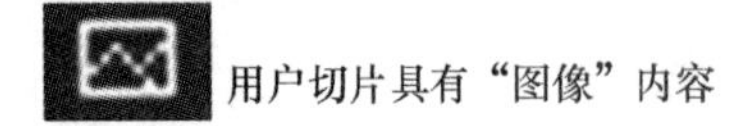

切片基于图层

图 5-51　四种切片显示的标记

2. 编辑切片

无论以何种方式进行切片的创建，都可以对其进行编辑，只是不同类型的切片的编辑方式有所不同。其中用户切片可以进行各种编辑，基于参考线切片和基于图层的切片则有其限制。

1）查看切片

创建切片后，切片本身就具有了颜色、线条、编号等标注属性，如图 5-51 所示。

2）选择切片

编辑切片之前要先选择切片。在 Photoshop 中有选择切片的专属工具。如果想同时选中两个切片，可以按住 Shift 键并单击相应的切片，如图 5-52 所示。

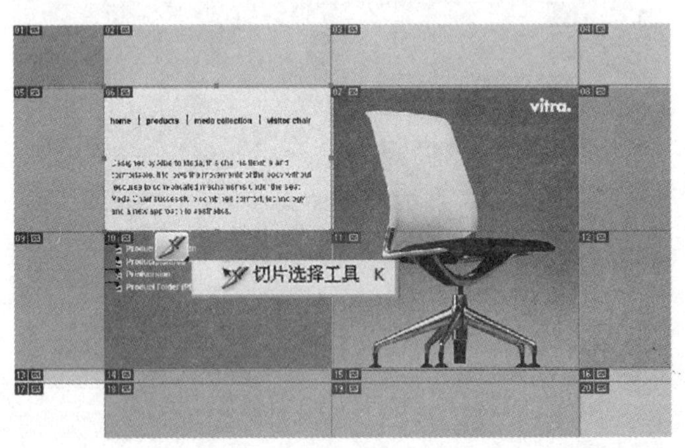

图 5-52　选择切片工具

3）编辑切片的选项

Photoshop 中每一个切片除包括显示标记属性外，还包括 Web 属性，如图 5-53 所示。

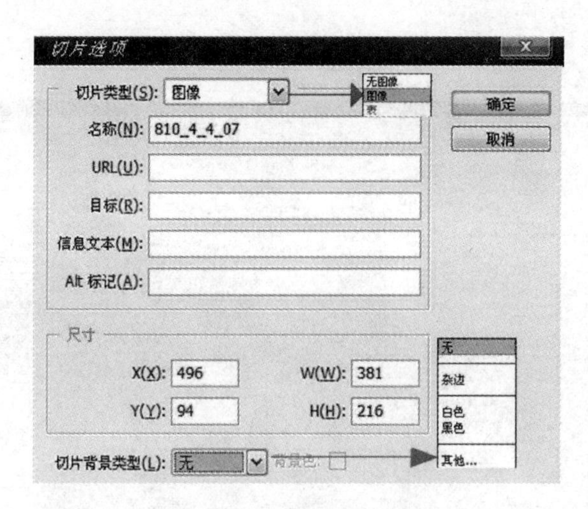

图5-53　编辑切片的选项

接下来对“切片选项”对话框中的各个选项及其功能进行介绍。

(1) 切片类型：该选项用来设置切片数据在Web浏览器中的显示方式，分别为图像、无图像与表。

(2) 名称：该选项用来设置切片名称。

(3) URL：用来为切片指定URL，可使整个切片区域成为生成Web页中的链接。

(4) 目标：设置链接打开方式，分别为_blank、_self、_parent与_top。

(5) 信息文本：选定的一个或多个切片，同时更改浏览器状态区域中的默认信息，默认情况下将显示切片的URL。

(6) Alt标记：Alt文本取代非图形浏览器中的切片图像。Alt文本还在图像下载过程中取代图像，并在一些浏览器中作为工具提示出现。

(7) 尺寸：设置切片的精确尺寸和坐标。

(8) 切片背景类型：用于选择一种背景填充透明区域或整个区域。其中填充透明区域适用于图像切片，而填充整个区域适用于无图像切片。

3. 优化和导出切片图像

当切片创建完成后，大尺寸的图像并没有变成小尺寸的图像。此时还需要通过命令对切片图像逐一保存，也就是“储存为Web和设置所有格式”命令。

使用该命令还可以通过“储存为Web和设置所有格式”对话框中的优化功能来预览具有不同文件格式和属性的优化图像。

1) 导出切片图像面板

在“文件”中选择“储存为Web和设置所有格式”命令，打开其面板，如图5-54所示。

2) 优化Web图像

通过“预设”的下拉菜单可以选择系统制订的优化方案，可以自行在优化的文件格式中选择所需要的格式，同时对各优化文件进行设置，如图5-55所示。

图 5-54　储存为 Web 和设置所有格式面板选项及功能介绍

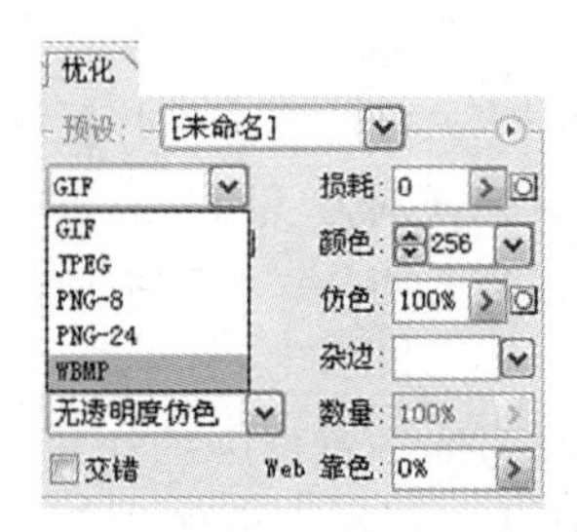

图 5-55 “优化”中的“预设”面板

经验介绍

GIF 与 PNG-8

GIF 与 PNG-8 是用于压缩的具有单调颜色和清晰细节的图像标准格式。PNG-8 格式可以有效地压缩纯色区域，同时保留清晰的细节。这两种文件均支持 8 位色，因此可以显示 256 种色彩。确定使用这种颜色格式的过程叫作建立索引。所以 GIF 与 PNG-8 格式图像有时也被称为索引颜色图像。在这两种格式的预设设置中，最重要的选项是“损耗”参数栏，它通过有选择地扔掉数据来减少文件大小。损耗值越高，则丢失的颜色数据越多。

JPEG

JPEG 是用于压缩连续色调图像的标准格式。该选项的优化过程依赖于有损压缩。它有选择地扔掉颜色数据。

这种格式中预设设置中最重要的选项是“品质”参数栏，它可确定压缩程度。设置的值越高，压缩算法保留的细节越多。但是使用高品质设置比使用低品质设置生成的文件大。

PNG-24

PNG-24 适合于压缩连续色调图像，所生成的文件比 JPEG 格式生成的文件大。使用该格式的优点在于图像中可以保留256 个透明级别。

通过设置“透明”和“杂边”，确定如何优化图像的透明像素。

WBM

该格式用于优化移动设备图像的标准格式。它只支持1 位颜色，即图像只包含黑色和白色像素。

任务5.2　网页 VI 设计中元素的制作

网页 VI 设计是以互联网作为平台，以传递信息而存在的，因此它的视觉界面有一定的标准化模式。网页界面元素由各个样式的图标、网站标志 logo、Banner 和导航菜单组成。无论网页体现的是什么中心和主题，这五个部分都会体现在网页上，通过不同的形式来体现主题内容。

5.2.1　网页 VI 的图标设计

图标是指具有明确指代含义的图形符号。例如桌面图标是软件图标，界面中的图标是功能标志，网页 VI 中的图标是划分类别标志。网页图标就是用图案显示方式来标志一个栏目、功能或命令等，如图 5-56 所示。

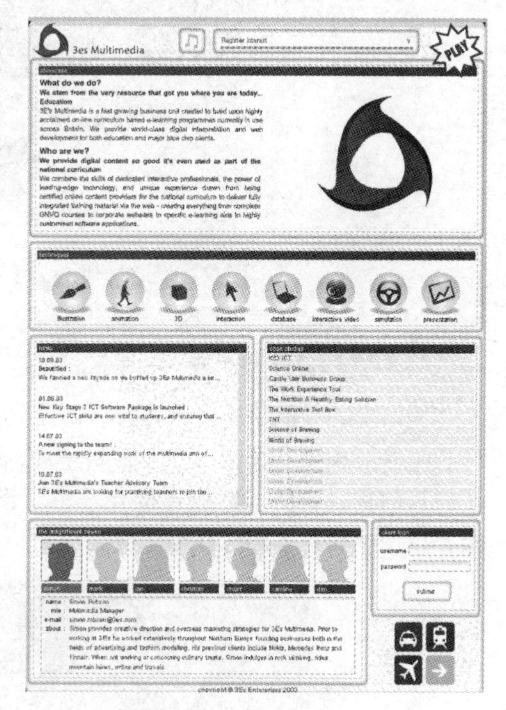

图 5-56　网页中的图标

注意

网页 VI 设计中的图标和 logo 有本质上的区别。图标是网页界面设计中形象表达某一特定对象的小图片。logo 是企业的代表。浏览者在观看网页时，logo 是整个网页的重心，突出 logo 也就突出了企业的理念。当下的各种品牌展示，也可以说是企业标志展示。

1. 网页 VI 的图标制作流程

（1）分析和采集资料（如图 5-57 所示）。

（2）在纸面上绘制草图（如图 5-58 所示）。

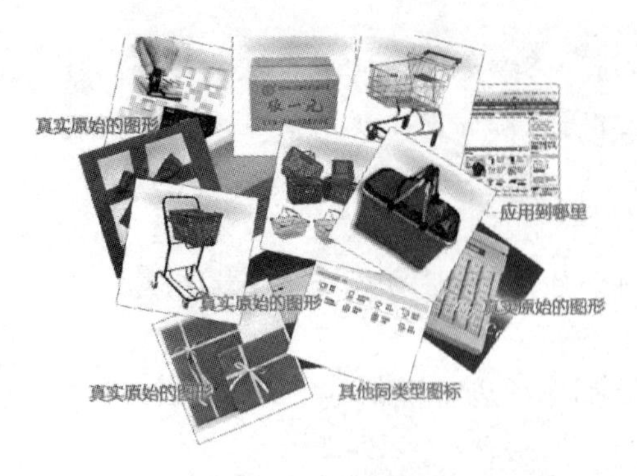

图 5-57　收集资料

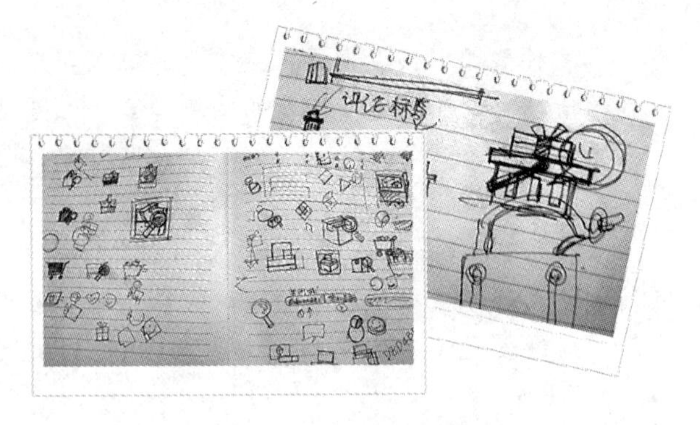

图 5-58　绘制草图

（3）用软件绘制图标（如图 5-59 所示）。

图 5-59　用软件绘制图标

2. 制作网站按钮图标

网站中的导航菜单多种多样，除了纯文字导航菜单和单色图标外，有些网站利用图形来装饰导航菜单。在网站导航栏目中加入相应的图标既可以美化网站，同时也相应地体现了栏目的含义，使其更加直接化。由于图标的装饰烦琐，所以要求网页整个版式构图简洁，以便于识别，图标在整个界面中可以起到引导观者观看的功能，如图 5-60 所示。

图 5-60　复杂图标在导航中的显示效果

【图标制作操作步骤】

01. 准备好所需的图片元素，在Photoshop中新建一个600像素×600像素、分辨率为72像素/英寸的文档。使用“椭圆形选框工具”创建选区，在公共栏中设置羽化值为1，并填充颜色，如图5-61所示。

02. 使用“渐变工具”对球体的阴影作渐变处理，同时对于球体的高光进行渐变处理。在“渐变”面板中选择前景的透明方式，如图5-62所示。

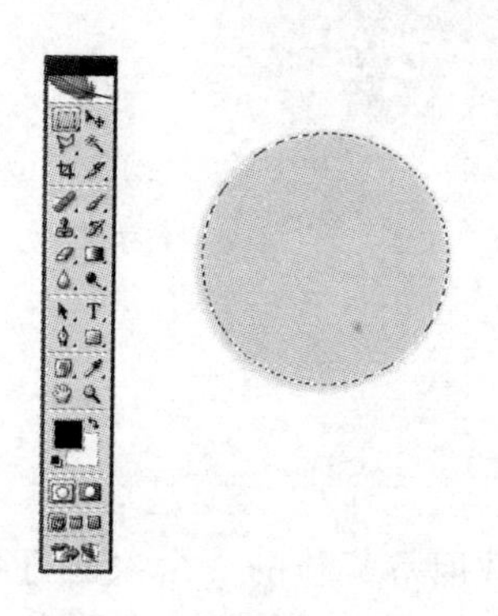

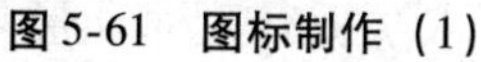

图5-61 图标制作（1）

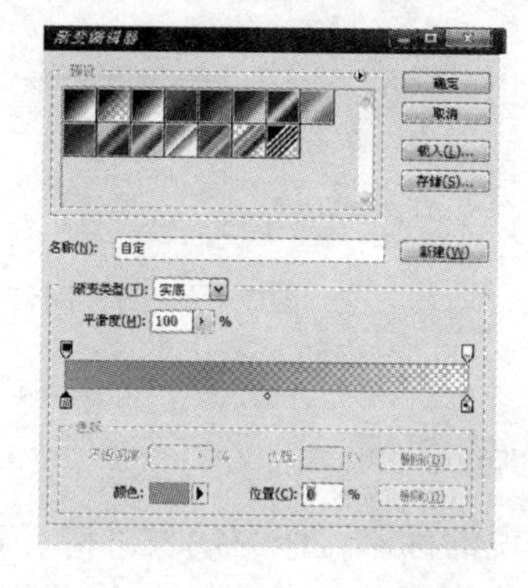

图5-62 图标制作（2）

03. 使用工具箱中的“套索工具”绘制出球体的高光部分，同时设置羽化值为2，如图5-63所示。

04. 把选用的素材放入球体中央，并使用“变换工具”使素材成45°倾斜。同时在球体内加入素材的阴影。如图5-64所示。

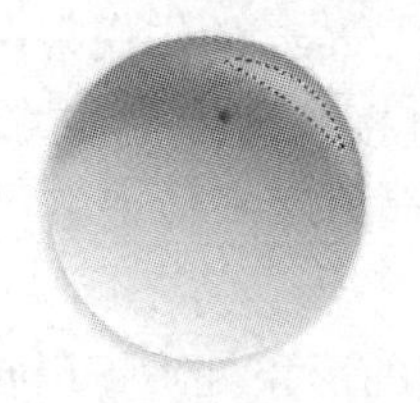

图5-63 图标制作（3）

图5-64 图标制作（4）

05. 选中球体，按住Alt键复制球体阴影。同时使用“套索工具”在球体阴影部分区域绘制虚影，完成球体的透明效果，同时在阴影中呈现素材的虚影。如图5-65所示。

06. 使用“椭圆形选框工具”创建圆形选区，在公共栏中设置羽化值为7，在阴影中和球体上增加透明效果。同时在球上增加两点，设置羽化值为2。为了呼应网页的整齐效果，在素材下加入淡蓝色阴影。如图5-66所示。

图5-65 图标制作（5）

图5-66 图标制作（6）

07. 使用“椭圆形选框工具”创建圆形选区，在公共栏中选择“径向渐变”选项，同时在“渐变”面板中选择前景色到背景色，选出使用的颜色。使用“编排文字工具”输入所需字体，同时双击字体图层，出现“图层样式”面板，勾选投影效果。最终效果如图5-67所示。

最终效果

图5-67　图标制作（7）

5.2.2　网页VI的logo图标

logo也就是我们常说的标志，作为代表机构、企业、政府等集体的一个象征符号。我们在项目二中已经详细介绍了这个名词。在企业形象识别中，logo是体现企业形象和价值的符号，属于企业的视觉形象识别（VI）的基础元素。logo一般通过图案、文字的组合，达到对标志的展示说明，从而提升访问者的浏览兴趣，增强网站印象的目的。

Internet之所以被叫作“互联网”，在于各个网站之间可以链接。网页标志以企业或机构识别符号而存在，同时也是互联网上各个网站用来与其他网站链接的图形标志。

网站标志是一个站点的特色和内涵，其图形的设计创意来自网站的名称和内容。一般会出现在站点的每一个页面上，是网站给人的第一印象。logo的作用很多，最重要的就是表达网站的理念，便于人们识别。被广泛用于站点的链接、宣传等，类似于企业的商标。任何类型的网页都有自己独特的网站标志，它通过视觉角度来传递自己是谁、做什么事情、如何做这件事等具体内容。

为了适应互联网要求，美国在线对其标志作了一定的形象处理，以符合页面的整体形象，如图5-68所示。

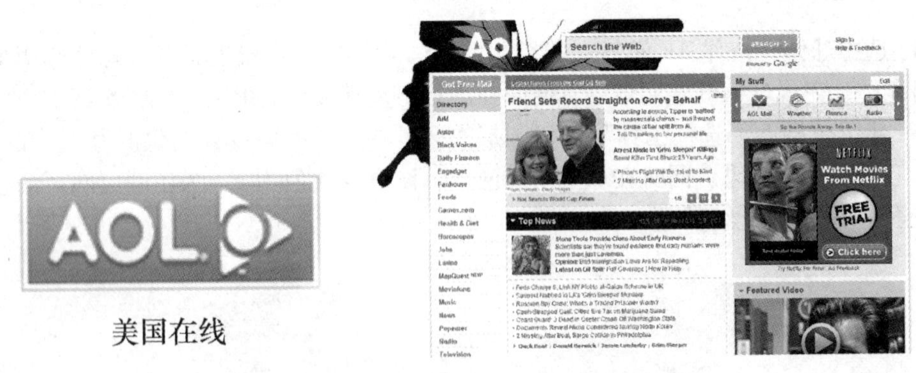

图5-68　美国在线的网站标志

1. 制作企业网站标志

企业标志代表企业的形象，在制作时要符合企业整体的理念，以及企业的象征性色彩，如图5-69所示。

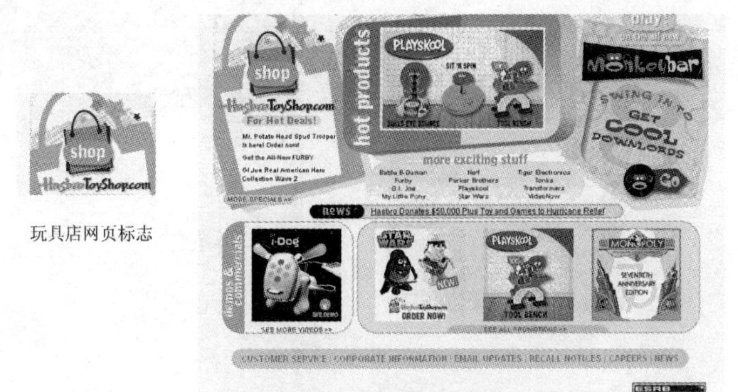

图5-69 玩具商店网站

2. 制作企业标志步骤

01. 在Photoshop中新建一个600像素×700像素、分辨率为72像素/英寸的文档。新建图层1后，选择工具箱中的“矩形工具”，设置前景色为绿色，在画布中绘制矩形，如图5-70所示。

图5-70 制作企业标志（1）

02. 按住Alt键复制图层1，得到图层1副本，双击图层，修改名称为图层2，同时使用“变换工具”旋转主体物45°，如图5-71所示。

03. 继续复制图层2，同时修改名称为图层3。分别提取图层3和图层2的选区，填充深蓝色和蓝色，如图5-72所示。

04. 选择工具箱中的“椭圆工具”绘制手提袋的圆孔，填充前景色为深蓝色。使用工具箱中的“钢笔工具”绘制手提袋的提手，并填充深蓝颜色，如图5-73所示。

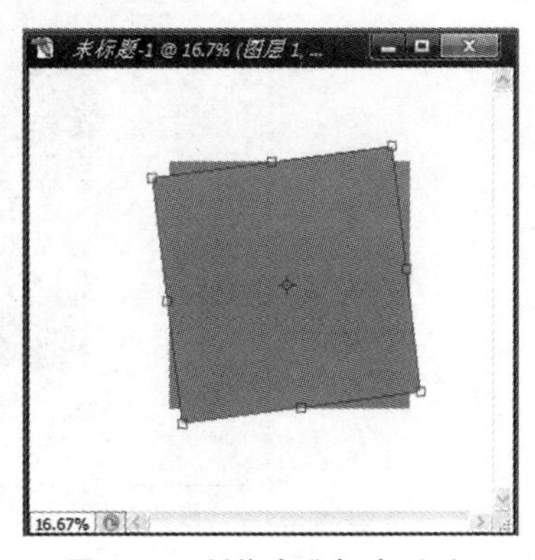

图5-71 制作企业标志（2）

图 5-72　制作企业标志（3）

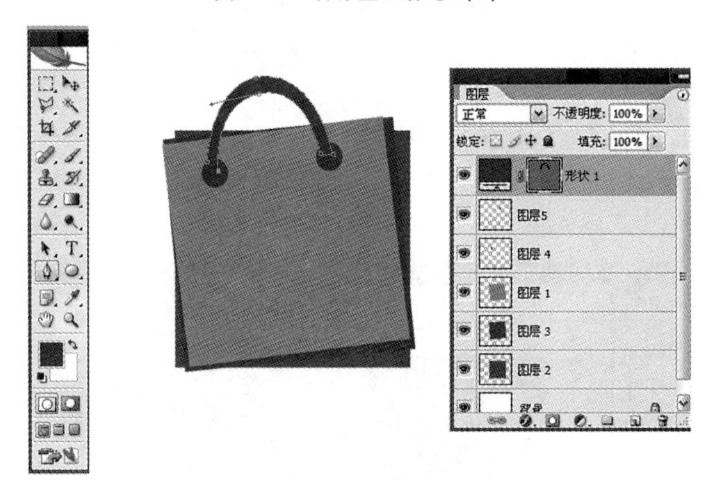

图 5-73　制作企业标志（4）

05. 使用工具箱中的“钢笔工具”绘制手袋中的包装纸，并填充黄色，把图层放置到图层 1 后面。新建图层且命名为标牌，使用“圆角矩形工具”绘制出标牌，填充草绿色。在图层上应用“横排文字工具”输入名称 shop，如图 5-74 所示。

图 5-74　制作企业标志（5）

06. 在标牌层、图层 1、图层 2 以及图层 3 中分别双击各个图层，设置“图层样式”中的投影，使标志产生立体感，如图 5-75 所示。

图 5-75 制作企业标志（6）

07. 使用“自定义工具”绘制星形，并且复制手提袋图层，放入图层3，填充浅灰色，呈现手提袋阴影效果。分别在星形层中运用“图层样式”，增加星星的体积感，如图 5-76 所示。

08. 玩具店标志的最终效果如图 5-77 所示。

图 5-76 制作企业标志（7）

图 5-77 制作企业标志（8）

5.2.3 网页 VI 的 banner 制作

banner 是常用的网络营销策略之一，指横幅广告，是表现商家广告内容的图片，放置在广告商的页面上，是互联网广告中最基本的广告形式。最早开始使用的是 468 像素 × 60 像素或 233 像素 ×30 像素的标准 banner 广告，这种格式曾经处于支配地位，应用在早期有关网络广告文章中，如果没有特殊指明，通常都是指标准 banner 广告。现在这种尺寸的 banner 在网络中已经非常少见，几乎连门户网站上都看不见，取而代之的是和网页形成整体配比的尺寸。

banner 可以使用 GIF 格式的图像文件，也可以使用静态图形，以及多帧图像拼接而成的动画图像。除普通 GIF 格式外，新兴的 Rich Media banner（丰富媒体 banner）能赋予 banner 更强的表现力和交互内容，但一般需要用户使用浏览器的插件支持（Plug-in），如图 5-78 所示。

图 5-78　芝华士官方网中的 banner

1. 制作网页中的 banner

2 breed 蔬菜培育网站是介绍、宣传新鲜蔬菜的培育的网站。整个网页的版式以并排四栏作为主要的版式基础。网页色彩整体搭配明快，以绿、红、黄三种颜色作为主要色调。整个网页以淡绿色渐变为背景。为了使整个网站层次分明，在设计 banner 时采用红绿对比，突出蔬菜颜色的鲜艳，体现培育健康的特点，如图 5-79 所示。

图 5-79　2 breed 蔬菜培育网

2. 制作 2 breed 蔬菜培育网 banner 的步骤

01. 在 Photoshop 中新建宽高为 220 像素 ×710 像素的文档。根据网页效果中的 banner，使用“矩形选框工具”绘制矩形填充橙色，按住 Ctrl 键的同时选 layer 3 提取矩形选区，并新建 layer 5，在“渐变拾色器”中选择前景到透明进行填色，如图 5-80 所示。

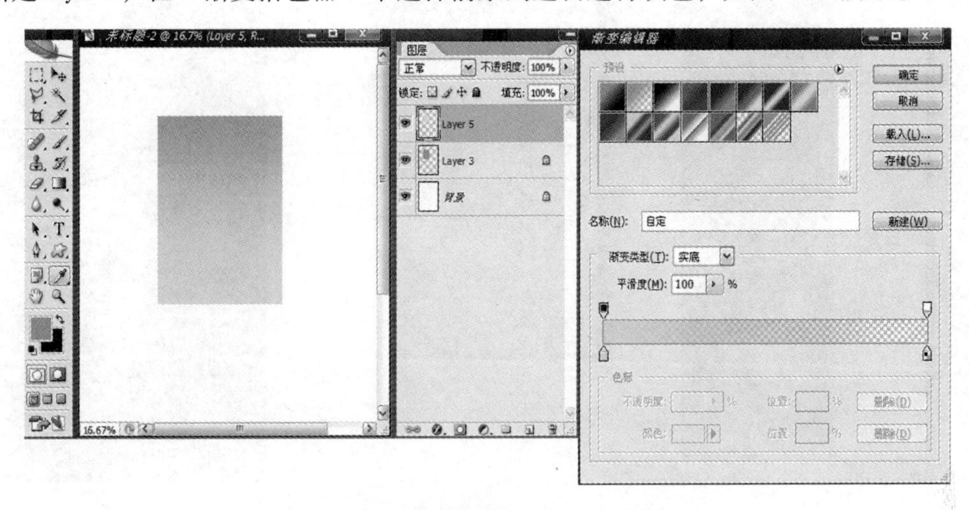

图 5-80　2 breed 蔬菜培育网的 banner 制作（1）

02. 新建图层 4，在图层 4 中运用“矩形选框工具”绘制矩形，填充为红色。使用“横排文字工具”输入 0、2 进行组合，并且栅格化文字，如图 5-81 所示。

图 5-81　2 breed 蔬菜培育网 banner 的制作（2）

03. 使用“套索工具”设置羽化值 3，在素材中选择所需的部分，放在顶层，如图 5-82 所示。

04. 该网页的另一个 banner 的制作也与上面的制作步骤相同。最终效果显示如图 5-83

所示。

图 5-82　2 breed 蔬菜培育网 banner 的制作（3）

图 5-83　2 breed 蔬菜培育网 banner 的制作（4）

5.2.4　网页导航菜单制作

导航菜单其实是一组超链接。典型的导航菜单有一些指向站点的主页和主要网页的超链接，帮助网站访问者快速返回主页和调用站点工具。在每一个网页上设置导航菜单十分必要。导航菜单是网页站点超链接的主线。这种超链接使得站点的结构清晰、连接简单、查找方便。导航菜单可以是按钮或者文本超链接，使访问者可以快速转向站点的主要网页，也是对整个网页内容的提炼。

1. 导航菜单设计的常见方法

导航菜单在整个网站所有网页的顶部或者左侧放置，也有顶部及左侧的菜单条同时出现在同一个页面的情况，这是由网页庞大的内容所决定的。对于具体、信息量大的站点，可以使用可扩展的菜单。由于导航对于可用性和内容查找来说非常关键，因此应该尽可能实行标准化导航。如国内外有许多大公司都选用“飞出式”形式来设置导航内容菜单的显示。当鼠标经过导航的栏目时，菜单会显现出来，如图 5-84 所示。

导航菜单的结构可细分为左文右导航菜单、左导航菜单右文或者左右都是导航中间是正文。推荐常用的是第一种，因为有足够的空间显示文章，并且在遇到比较长的单词或网站地址时不至于挡住文章内容。另外，导航菜单中可以自定义代码，有时载入会非常慢，放在右边会在文章载入之后再载入，不会影响文章阅读。现在的导航菜单大多和 banner 组合在一起，形成整体效果。

如图 5-85 所示的网页显示的导航菜单就是常用的一种方式，右为导航左为文，大多时候这是二级页面使用形式，其目的是为了方便阅读。

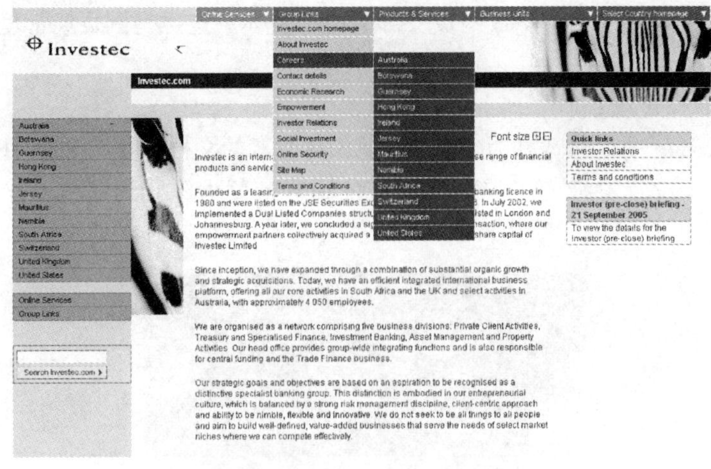

图 5-84 “飞出式”导航菜单

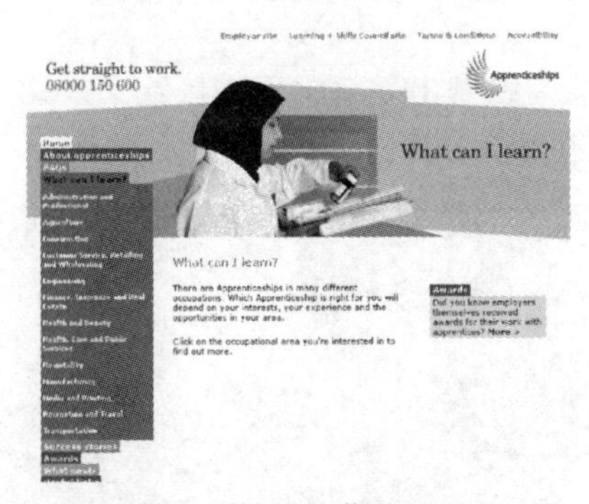

图 5-85 导航菜单显示

2. 制作网页导航菜单（如图 5-86 所示）

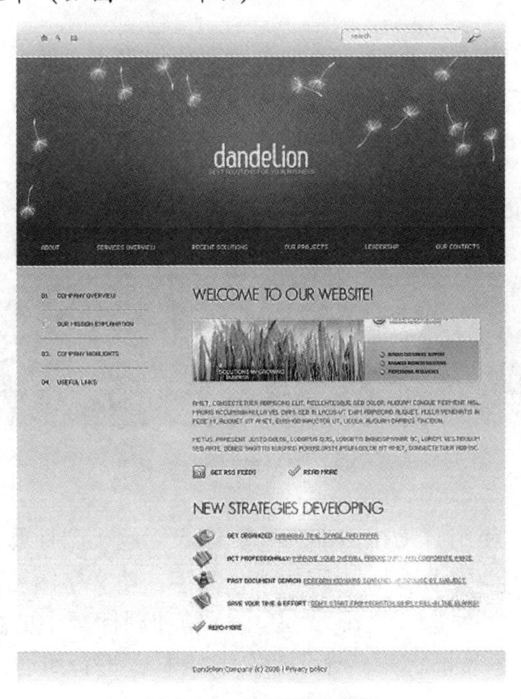

图 5-86 整体网站效果

网站的banner和导航菜单构成网页头部的一个整体。这也是网页经常呈现的形式，有时导航也被镶嵌在banner中。

【导航菜单制作过程】

01. 在Photoshop中创建宽高为780像素×330像素的文档，其中文档中包括banner和导航菜单的尺寸。设置“渐变工具”的前景色到背景色为深蓝到蓝色，并填充，如图5-87所示。

图5-87　导航菜单制作（1）

02. 使用“矩形选框工具”绘制出导航菜单的位置，设置“渐变工具”为前景色到透明。把banner和导航菜单分割开，如图5-88所示。

图5-88　导航菜单制作（2）

03. 使用“椭圆选取工具”绘制选区，设置羽化值为7。在banner中绘制出网页标题字的外发光效果。并且选择蒲公英素材置入图层中，在“滤镜”中进行高斯模糊形成素材的朦胧效果，制造出banner气氛，如图5-89所示。

图5-89　导航菜单制作（3）

04. 新建文字图层，使用“横排文字工具”输入标题、副标题以及导航菜单的各项内容，同时输入标题和副标题的图层，进行栅格化文字，使文字图层转化为图像图层。双击该图层显示“图层样式”，勾选“投影”，其中标题和副标题中的投影中的不透明度数值设为21，使文字产生立体效果。并且导入蒲公英素材，进行组合。形成的最终效果如图5-90所示。

图 5-90　导航菜单制作（4）

任务 5.3　网站 VI 首页的设计制作

首页一般来说包含着整个网站的索引、网站的动态更新等内容，是网站整体形象的导向标。首页是网站的“门面”，从很大程度上代表着网站的形象。浏览者是否对浏览网站感兴趣，也取决于对首页的第一印象。网站的整体风格集中体现在首页设计中，因此对于一个网站来说，首页至关重要。首页就像一本杂志或电影的预告片，它给浏览者最直观的印象和价值取向。

首页在打开网页时就产生作用。首页的功能是对网站基本内容作介绍。由于人们长期养成的阅读习惯和认知事物的习惯，所以在打开陌生网站时首先是在页面上确定是否有吸引他的内容，其次注意页面的美观等，因此应在首页对网站内容的说明与引导做足工作。

5.3.1　首页设计的原则

1. 突出主题

无论是什么设计，最快速地让受众者了解设计所要表达的含义是第一位的。

由于网页信息的载体本身就非常庞大，所以对设计师的要求就更加严格。在受众浏览网页时，要在 10 秒之内留住浏览者的目光。

W. W. Water Planet 网站（如图 5-91 所示）在这点就做得很好，直观地突出网站的形象特征，能够让浏览者在认识它的同时明确该网站的宣传主题。

图 5-91　突出主题

2. 简单明了

简单明了的首页设计，一直是业内所提倡的，但是有的商业客户则倾向于大量的信息，这样可以让他产生安全感，但如果同时加入大量高频率的动画，将会导致大量信息无效。

如图 5-92 所示，该网站编排可以给我们一些启示，简单并不是尽量少用视觉元素，而是有选择地应用有效元素。

图 5-92　简单明了

3. 控制版面

版面通常是页面设计中需要严格控制的部分，而首页设计中，版式的选择和优化是尤其重要的。版面的合理与精确是浏览者是否对其感兴趣的关键。直观、结构组合严谨的版式更容易得到客户的认同。

如图 5-93 所示，该网页布局整齐精致，可有效地指引浏览者进行有序观看。

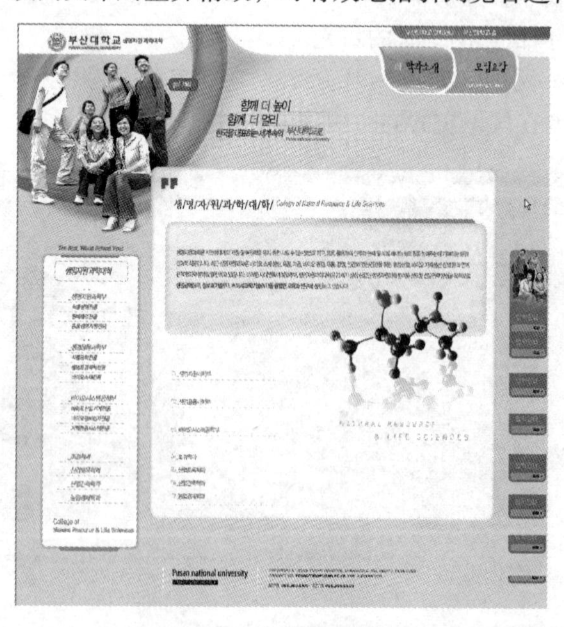

图 5-93　控制版面

4. 色彩绚丽

色彩一直是设计师最常用的手段，经常可以看到很多以色彩著称的站点频频登上国际品牌推荐网。色彩的应用大多需经过多年的实践经验积累，才形成对网页设计色彩的感知。比较有特点的网站大多采用强对比颜色。

如图5-94所示，色彩的应用是营造客户所需要表现的需求元素，也就是用色彩满足消费者的需求。

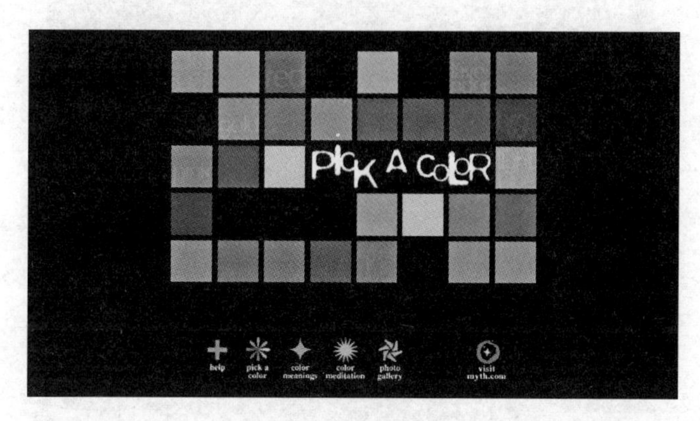

图5-94 绚丽色彩

5. 信息处理

首页设计不是越简单越好，对于信息量的直接要求，逼迫设计师寻找一种基于设计和商业之间的“平衡设计”。处理信息的能力相当于对信息中文字和图形的把握能力。

如图5-95所示，该网页中间的大型banner缓解了浏览者阅读文字的压力，也使整个版面松紧得当。

图5-95 信息处理图

5.3.2 首页设计的思路

针对不同的行业风格，首页设计思路需要进行转变。图5-96所示的网页以交通行业培训作为定位目标，首页设计选择了较正规和较传统的站点形式设计，色彩上选用了红灰为主的搭配，使站点保持沉稳庄重气氛，同时红色又为整体的灰色带来朝气，符合教育行业的特点，如图 5-94 所示。

图 5-96　教育网站

图 5-97　网页的大致框架结构

1. 设计流程

（1）确定方案的设计风格。

（2）分析设计需求、信息量、用户对象等资料，规定版面的布局。

（3）在 Photoshop 中绘制版面的框架图。

（4）在框架图的基础上开始设计首页的视觉稿。

（5）修改视觉稿的细节问题，作整体调整。

2. 设计分析

该网站是突出教学培训性质的网站，所以矩形框架布局一直是大多数商业性网站的标准选择，清晰的结构和图片文字的合适比例能够在最短时间向浏览者传达有用的信息。但是在标准矩形框架中，仍然可以通过变化内容布局的比例来达到不同的设计效果，再配以色彩和适当的图片可以形成较为新颖的视觉感受。该网页的大致框架结构如图 5-97 所示。

【具体设计步骤】

（1）导航、搜索和banner设计

01. 打开Photoshop，建立宽高尺寸为960×1294的文件，并以#DAD5CB颜色进行背景色填充，如图5-98所示。

02. 打开“视图”中的“标尺”，调出参考线，按照框架图排版，如图5-99所示。

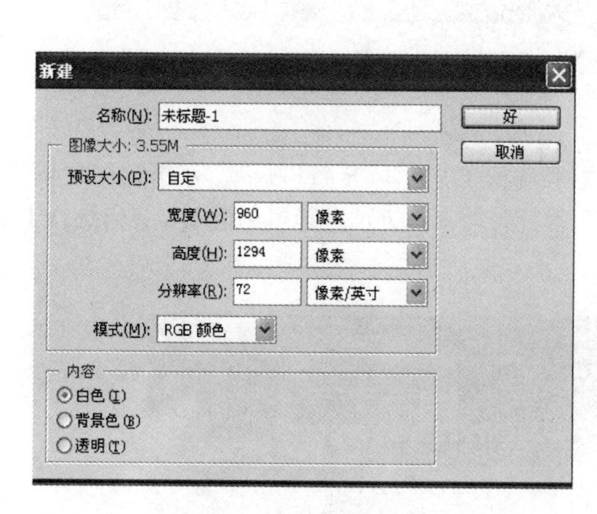

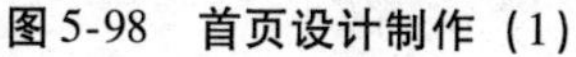

图5-98　首页设计制作（1）

图5-99　首页设计制作（2）

03. 导入交通教育培训网的标志，放到合适的网页版面上。同时设计搜索栏，在“图层”面板中建立搜索组，输入文字“站内搜索”、“文章标题”、“搜索”，选用中文字体：方正大标宋简体、6px、4px、6px。选用“矩形选框”绘制矩形建立新层，填充为白色，双击图层设置“图层样式”中的“描边”大小为1，选择#5A5959。制作搜索按钮背景，也选用“矩形选框工具”绘制选区，“渐变工具”前景色#B6B4B0到背景色#8D8B87，“图层样式”为“描边”。并且双击文字“搜索”中“图层样式”为“投影”。球体按钮同样运用“椭圆形选框工具”绘制选区，“渐变工具”中选用“径向渐变”前景色#E9D9B4到背景色#B68D47。如图5-100所示。

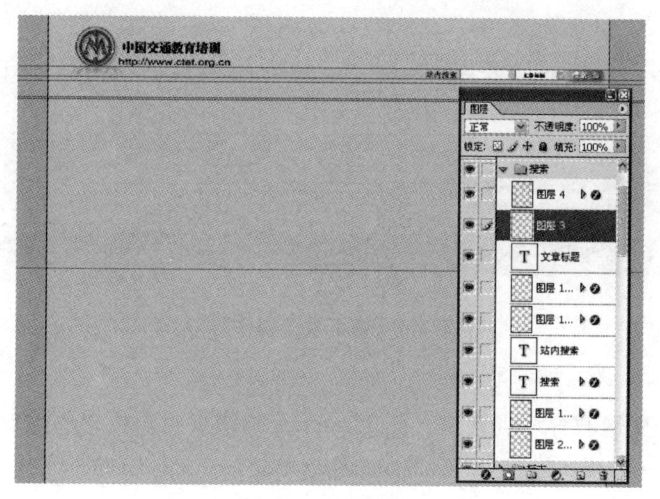

图5-100　首页设计制作（3）

04. 利用“矩形选框工具”绘制导航栏位置。设置“渐变工具”中前景色#E30404到背景色#9B0F0F，并填充，如图5-101所示。

图5-101　首页设计制作（3）

05. 建立导航内容之间的隔断。“矩形选框工具”填充#FFFFFF。双击该图层调出“图层样式”中的“斜面与浮雕”，样式选择浮雕效果，方法选择雕刻清晰，方向选择下，如图5-102所示。

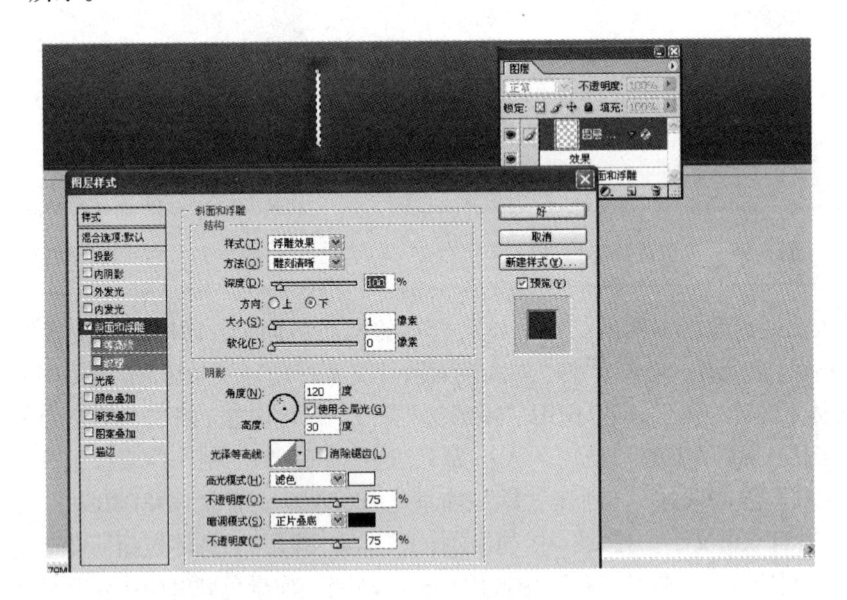

图5-102　首页设计制作（4）

用“横排文字工具”在导航菜单上输入网站的内容提纲，如图5-103所示。

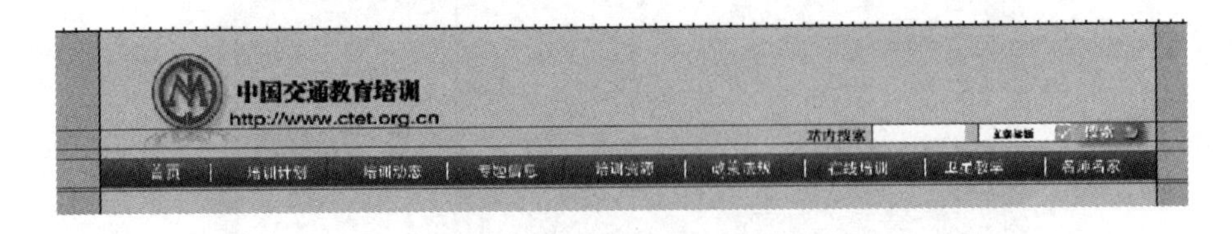

图5-103　首页设计制作（5）

06. 选择相关交通教育培训素材，作为banner制作素材。再进行素材处理，选择“滤镜”→“模糊”→“高斯模糊”，如图5-104所示。

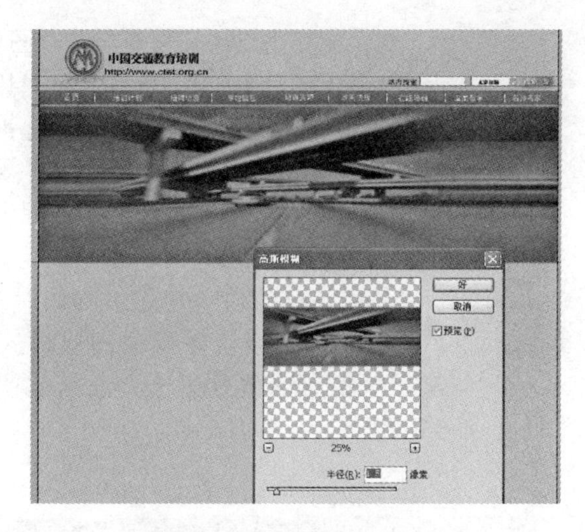

图 5-104　首页设计制作（6）

（2）板块区域设计（如图 5-105 所示）

对于框架结构中的内容板块，该网页进行了三栏并置版式设计。

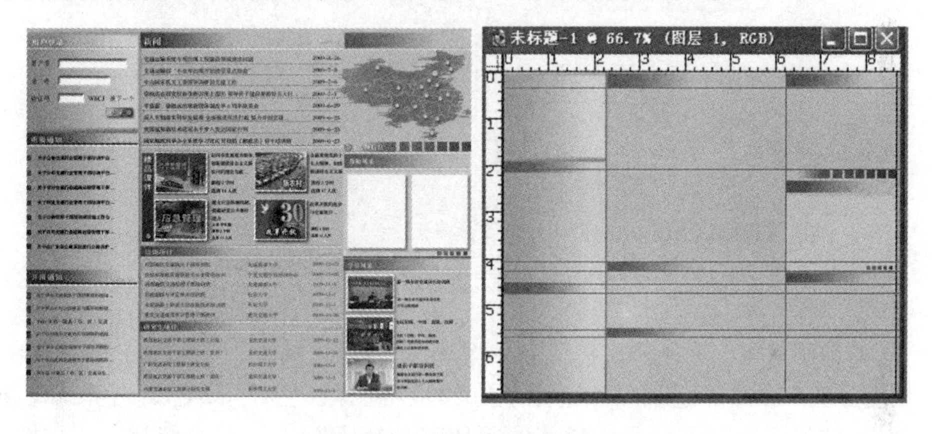

图 5-105　首页设计制作（7）

01. 开始用填色矩形设计板块区域，注意填色过渡之间的变化，同时设置内容中的小标题。用“矩形选框工具”选出内容中的标题背景，“渐变工具”中前景色# D9352D 到透明。在需要的地方绘制出小标题。如图 5-106 所示。

图 5-106　首页设计制作（8）

图 5-107 首页设计制作（9）

02. 建立用户登录面板组，“图层样式”中“描边”大小为1，颜色# C3BFB8。填充“用户登录”版面，色块填充“渐变工具”中前景色# BCB4A6 到背景色# F1EBDD。利用“横排文字工具”输入“用户登录”设置“图层样式”中“投影”不透明度为63%。如图5-107所示。

输入信息的白色矩形，制作时对“矩形选框工具”填充#FFFFF，设置图层“图层样式”中的“斜面与浮雕”样式为浮雕效果，方法为水平，方向为下，如图5-108所示。

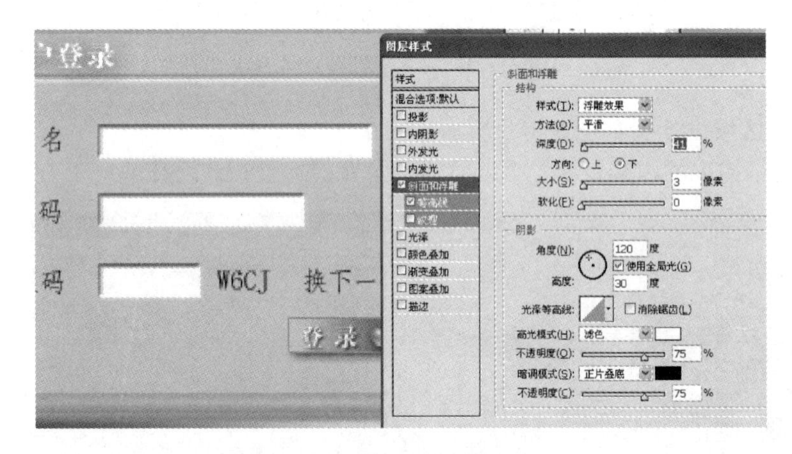

图 5-108 首页设计制作（10）

03. 选择地图素材，选择“文件”→“置入”，置入该素材。单击所在图层提取选区，设置“渐变工具”中“拾色器”中前景色#B58985 到背景色#EC5A1A，选择“滤镜”→“风格化”→“风”得到该效果。球体的制作在“搜索”中已经介绍过了，如图 5-109 所示。

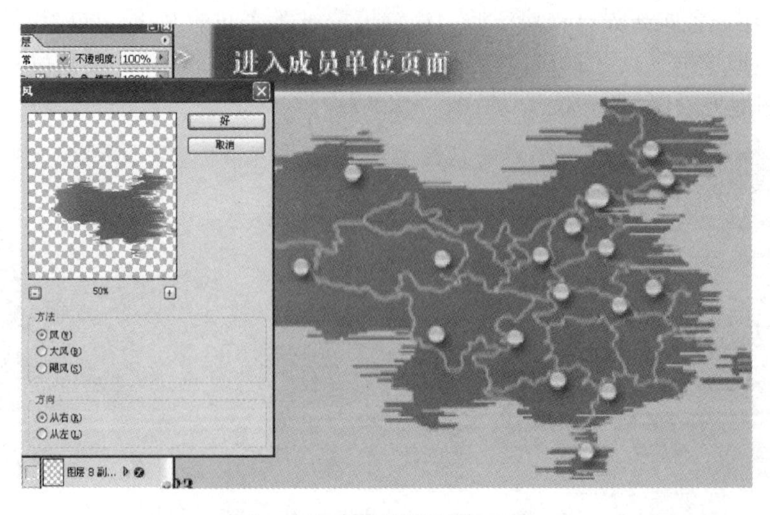

图 5-109 首页设计制作（11）

04. 在制作精品课程标题内容时，制作图像框。步骤：利用“矩形选框工具”绘制选区，填充#FFFFF，双击该图层“图层样式”，勾选“投影”出现立体效果，再置入图像元素即可。教师风采以及学员风采中的图片也是以同样方式制作的，如图 5-110 所示。

图 5-110　首页设计制作（12）

（3）细部设计

为了进一步区分小标题之间的内容，板块不仅作了色块的区分，同时也作了分割线。利用“矩形选框工具”绘制所需分割线，并填充#FFFFF，双击该层出现“图层样式”，勾选“斜面与浮雕”，设置样式为内斜面，方向为下，如图 5-111 所示。

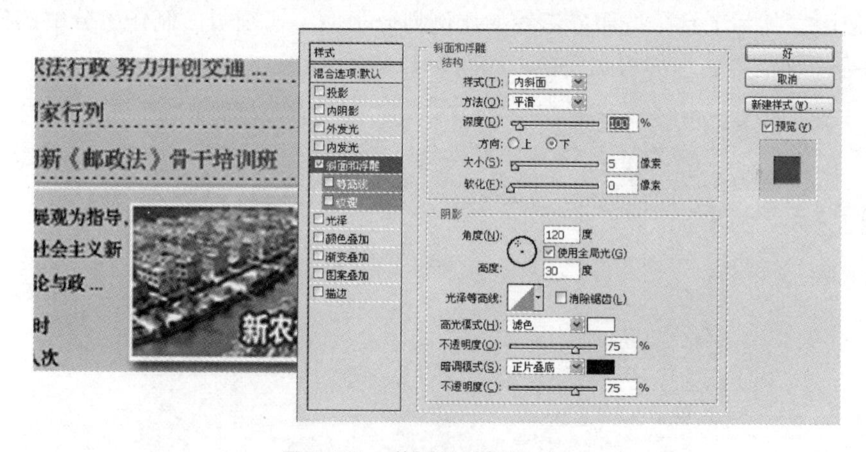

图 5-111　首页设计制作（13）

（4）页脚制作

页脚的制作与导航制作同样。用“矩形选框工具”绘制导航栏位置。在“渐变工具”中设置前景色#E30404 到背景色#9B0F0F，并填充。选用“横排文字工具”输入版权页信息，如图 5-112 所示。

图 5-112　首页设计制作（14）

（5）切图

01. 为网页进行切图操作，首先选择“视图”→“显示”→“网格”，按下快捷键 Ctrl + R 拖出参考线，按照需要的版式细分，如图 5-113 所示。

图 5-113　首页设计制作（15）

02. 使用“切片工具”按照参考线的比例划分版面，切割版面制作出分解的模块，并且使之符合页面需要，全部切割完毕，如图 5-114 所示。

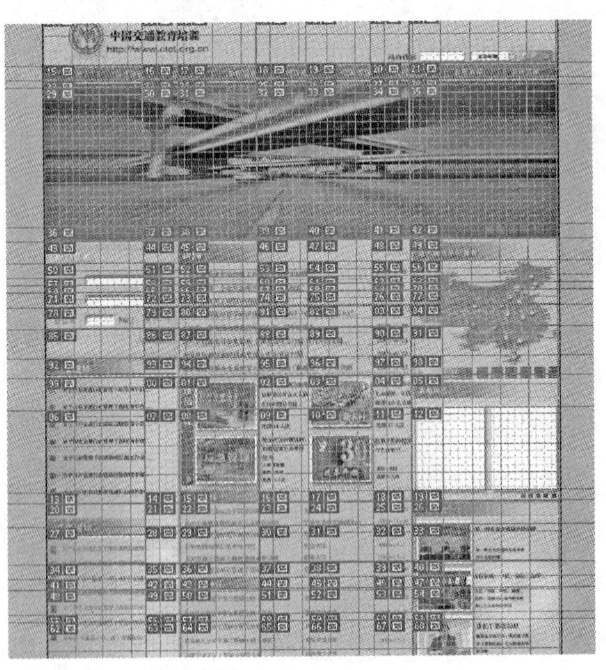

图 5-114　首页设计制作（16）

03. 将切割好的页面输出成 Web 原始文件，选择“存储为 Web 所用格式”选项。设置好图形的压缩比例后，单击“存储”按钮，即可存为基本的 Web 文件供其他设计人员使用。

简答题

1. PPI 和 DPI 之间的区别是什么?
2. Photoshop 的五种颜色模式分别是什么?
3. 网页 VI 的图标制作流程是什么?

项目 6
企事业 VI 设计案例解析

本项目是对前面各项目的一个总结，通过举出的若干国外成功网站的案例，系统说明一个网站从创意到设计制作，直到设计 HTML 和 CSS 文件，形成可以直接运行的网站作品的全过程。

- 通过学习本项目，对网页视觉传达设计有一个完整全面的认识；
- 掌握企事业网页 VI 的规划和设计；
- 掌握各类网站的特点以及各种制作技巧；
- 强化各类网站 HTML 和 CSS 设计的技巧。

通过企业形象识别系统中的 MI、BI、VI 中的理论视觉指导，由理论指导到实际操作为读者展示完整的网站规划设计过程。那么如何从一张白纸开始，全面建立一个符合商业需要的网站 VI 视觉传达系统呢？本章将从目前国内外各种类型的网站案例中，进行总结和归纳，对企业应用型网站作全面的分析，并得出视觉设计的指导意见。

任务 6.1　企事业网站 VI 概述

针对不同性质行业，网站应体现出不同的风格。政府部门的网站风格一般比较庄重、严谨；企业门户的网站大多较为简捷，主题突出；娱乐行业则活泼、生动；文化教育部门的网站则清新、大方。从设计角度分析主页风格，大体应从版式设计、图片处理、色调搭配、制作过程几个方面入手。

1. 门户类网站

门户类网站主要是为上网用户提供信息搜索、网站注册、索引、网上导航、网上社区、个人邮件等信息并进行分类、综合服务的站点。它主要依托庞大的用户群体的优势来盈利。

越来越多的门户类网站针对某一特定用户群提供相应的专业信息并向某一行业纵深发展。其特点是提供几个典型服务，首页在设计时都尽可能把所能提供的服务包含进去。特征是信息量大、频道众多、功能全面、访问量大。页面设计以实用功能为主，注重视觉元素的均衡排布，以简洁、清晰为目的。

2. 企业类网站

企业类网站建设适合于计划在互联网上建立一个对企业形象、产品与服务进行展示的中小企业，并能通过文字、海报、照片等形式向前来参观的人介绍、展示企业，本方案旨在通过网站展示企业形象，通过互联网的高效传播性来宣传企业形象，从而吸引更多客户，为企业带来更多效益。

企业网站在设计要求上，相对来说比较自由，可以像政府、协会、机构的庄重、严谨，也可以有个人网站的浓烈个性。通过传达公司信息、展现公司形象，最终达到网站的商业目的。

这种宣传是企业 CI 的延伸，充分表现企业文化的特征。企业类网站的主要目的是针对目标消费群宣传企业和产品，推广企业形象，进行网络营销，页面上往往有突出企业标志、名称、宣传口号等的构成要素，页面风格也需要有强烈的个性和行业特征。

3. 搜索引擎类网站

搜索引擎按其工作的方式分为两类：一类是目录型的检索，另一类是关键词的搜索。从性能上进行区分，现在的搜索引擎已经不再只是单纯地搜索网页信息，而是变得更加综合化。

4. 休闲类网站

休闲类网站涵盖面很广，主要指吃、穿、住、行等时尚休闲生活类网站。它们的共同特点是页面结构多样化，平面、矢量、三维风格结合应用，充分体现各类产品行业的特点，图片使用多样、频繁，通常占据页面相当大的面积。颜色跨度较大，对比度强烈，鲜艳活泼。

任务 6.2　AOL（美国在线）案例解析

6.2.1　AOL 历史发展

AOL（美国在线）是全美最大的网络服务商，是目前世界上两家真正通过网络赢利的公司之一，是美国时代华纳的子公司。在 2000 年 AOL 和时代华纳（Time Warner）宣布计划合并，该企业品牌在世界品牌实验室（World Brand Lab）编制的 2006 年度《世界品牌 500 强》排行榜中名列第 139。AOL 企业经营的理念是“成为全球性的大众媒体，成为人们日常生活的一部分”。了解企业的背景资料就可以更客观地分析其网页 VI 的设计意图。

传统的 AOL 的三角标志是一个很好辨认的形状，然而日积月累它被湮没在虚拟空间的背景中。

设计师马克·格博把原来的三角形变成了箭头，使这个标志从记号蜕变为讯息。这个箭头昭示着公司担负了神圣的使命，将为客户提供崭新的特色和服务，同时保留 AOL 的一贯风格——温暖与乐观。在旧标志里，三角形中包含着一个逐渐封闭的成环的旋涡，而现在改成了一个地球，这也是互联网给人最直接的象征。马克·格博赋予了新标志立体感，在变焦处作了圆弧处理并加入一些高光，使之从背景中突出，标志上的圆形边角和字母形态矫正了图标惯有的立场，让它的重点从 AOL 转向为消费者服务，如图 6-1 所示。

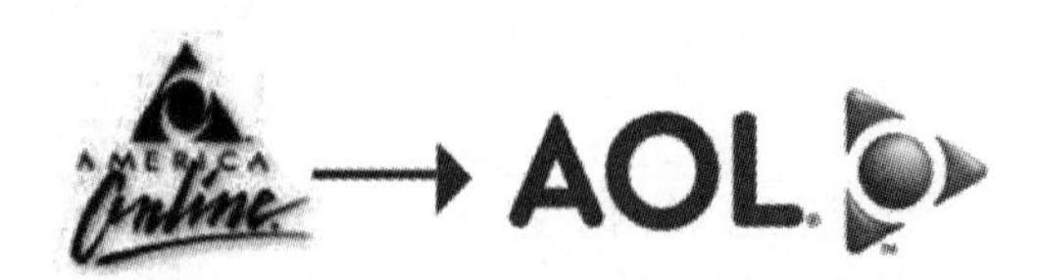

图 6-1　AOL 的旧标志更换为新标志

6.2.2 AOL 消费者定位发展

20 世纪 80 年代末，互联网的商业化已近在眼前，在线用户不再是稀有的玩家，除了喜欢这一技术的人外，最初一批上网者也出现了。AOL 的创办者凯斯认为在线服务的商机来了。运用免费的方式来吸引顾客，在各种杂志中附带注册网页的光盘，邀请顾客免费上网一个月或几百个小时，或者直接把这种光盘邮寄给互联网用户的上百万人家，并且向用户承诺试用期后去留悉听尊便。他要把全新的、奇特的、有时让人感觉可怕的在线经历变成家家户户都能接受的安全生活内容。

90 年代初，AOL 针对客户的选择，决定了网站的外观、感觉、风格和内容。即使 90 年代初电脑生手众多，AOL 门户界面给大多使用者的感觉仍是简单、友好。尽管“强大的用户”和信息专家瞧不起 AOL 的大众化风格，但它对宣传公司的客户价值理念来说却非常关键。AOL 是为数不多的能令电脑使用变得更容易、更有乐趣的公司之一。而这一切，都是为了打造一个品牌效应，让“美国在线”深入人心，为此，AOL 不仅在内部发展中创造属于自己的特色产品，同时关注外界。有些品牌在 AOL 之外已经生成，AOL 所采取的做法就是将它们买下。从 ICQ、Spinner 到 Win amp、Movie 等，都是 AOL“曲线救国”政策的产物。事实证明，这些名牌的加入的确给 AOL 增光不少，而它们也因为加入 AOL，得以扶摇直上。在消费者的眼中，品牌，也意味着边际效应，它使 AOL 整体企业品名产生无可比拟的影响。

在消费者对于网上购物还停留在懵懂阶段时，AOL 已经开始实施自己的广告策略。针对网上广告比在电视、报纸上做要便宜很多，而通过网络与 AOL 的用户结账，也可省去不少额外开销。AOL 与两个大客户进行合作——亚马逊网上书店和最大的零售书店 Barnes & Nobel，它们都开始利用 AOL 进行书籍的销售。

AOL 又针对当下平民的消费者进行定位，开设了电子商务之旅，获得了极大的成功。1996 年 6 月 26 日，AOL 与美国第一合作推出了第一种网络信用卡——AOL VISA 卡。当人们持有这种网络信用卡时，购物变得更加方便。

6.2.3 AOL 网页 VI 形象解析

与国内众多的门户类网站相比，很难想象外观整齐、条理清晰的 AOL 是一个多频道、综合性的门户网站。从图 6-2 可以看出首页界面以及频道界面的整体风格都是简洁明了，以信息及查询功能为主。

1. 框架结构——首页

作为美国的门户网站，AOL 的信息量相当庞大，这就决定了它需要使用大容量的信息空间结构。由于频道和频道之间的内容差异较大，因此它们根据各频道的不同内容，在整体风格统一的结构中做局部的调整，以内容定制来满足不同访问者所关注的焦点。

该网站设计属于典型的∏型框架，这种类型架构主要用于门户网站的设计，栏目根据内容分三大列排放，画面主次分明，如图 6-3 所示。

图 6-2　AOL 网站以及它的旅游频道

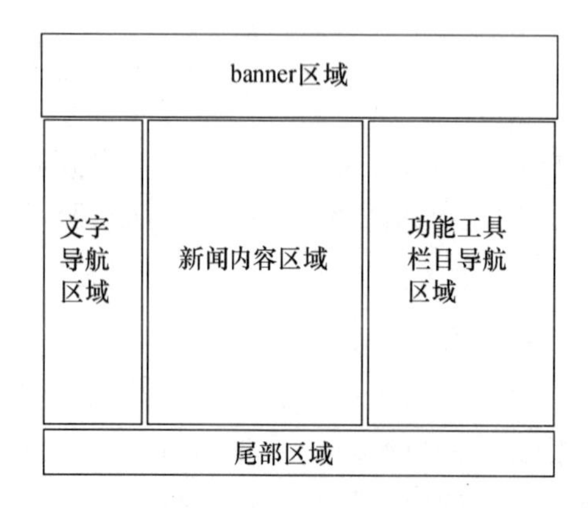

图 6-3　AOL 首页∏字框架

2. AOL 内容规划

由于位置有限，首页要做的只是对网站所有内容进行简洁罗列。AOL 在考虑如何更便捷地满足不同客户需求的同时，又能达到迅速推销自己网站的商业意图。

1）网站的上方设计

上方 Search 部分的 banner 区域提供个性化网页，同时设置强大的搜索引擎。AOL 在方便用户的同时，获得更重大的经济收益。同时还包括通信功能，如电邮、天气、财经、广播等，使用户应用更加简便，如图 6-4 所示。

2）网站的左侧设计

AOL 左侧主要是各个频道菜单，如图 6-5 所示。这种排版习惯完全符合人在阅读时的浏览顺序。

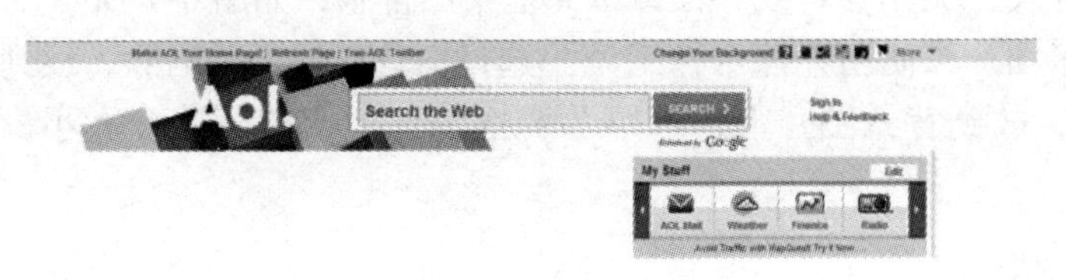

图 6-4　AOL 网上上方设计图

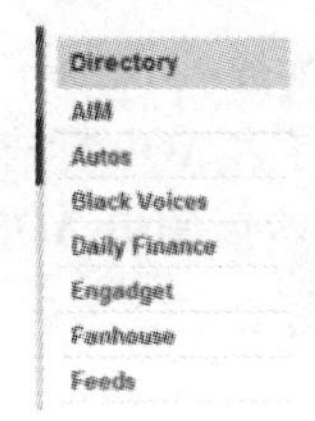

图 6-5　各频道菜单

3）网站的右侧设计

右侧显示的是 AOL 网页中各频道的精选内容以及广告。

3. 色彩

以蓝灰为主色调，沉稳的灰色和低纯度的蓝色，采用渐变的手法使视觉更柔和。首页中衬托标志的图案，使整个网页鲜活、亮丽。广告商的广告，都考虑到以网站整体形象为主，以达到一定的色彩和谐。选用明快的辅色作为网页的副衬，摆脱以单纯文字为主的过于呆板、枯燥的网站设计。

4. 图片

网站的首页主要是考虑信息量和客户浏览速度问题，很难想象 AOL 如此庞大的综合性门户是怎样做到节省空间的。图片不是很多，但是能在文字中适当应用，成为整个网页的点睛之笔，同时也作为文字开始的标题。

我们可以从信息规划分析看出，AOL 内容涵盖面非常广泛及其人性化的位置编排，能够很好地把握顾客心理。

6.2.4　AOL 网页 VI 的制作过程

1. 设计网站标题头

网站标题头的设计步骤如下。

01. 打开 Photoshop，建立宽高为 960 像素 ×2250 像素的白色文档，如图 6-6 所示。

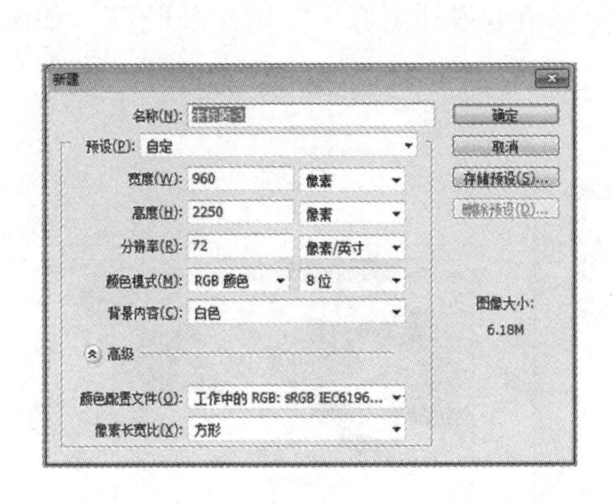

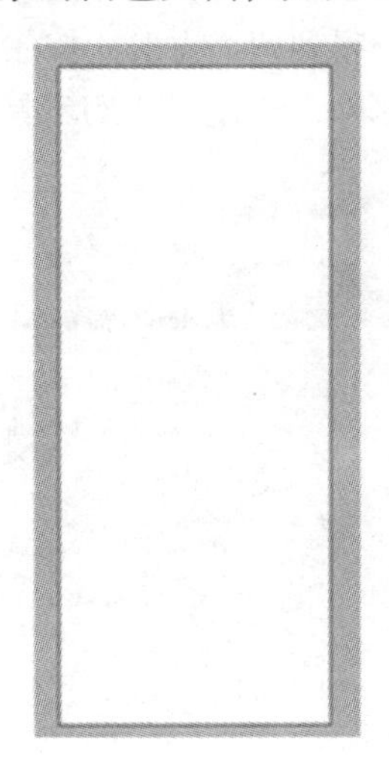

图 6-6　建立画布

02. 选择“视图”→“标尺”调出参考线，大致按照框架图排版，如图 6-7 所示。

03. 导入 AOL 标志的背景图片，使用“魔术棒工具”选择白色区域，并删除，放到适当位置。然后调出 AOL 标志，放到背景图片上，运用“变换工具”调整到适合大小，如图 6-8 所示。

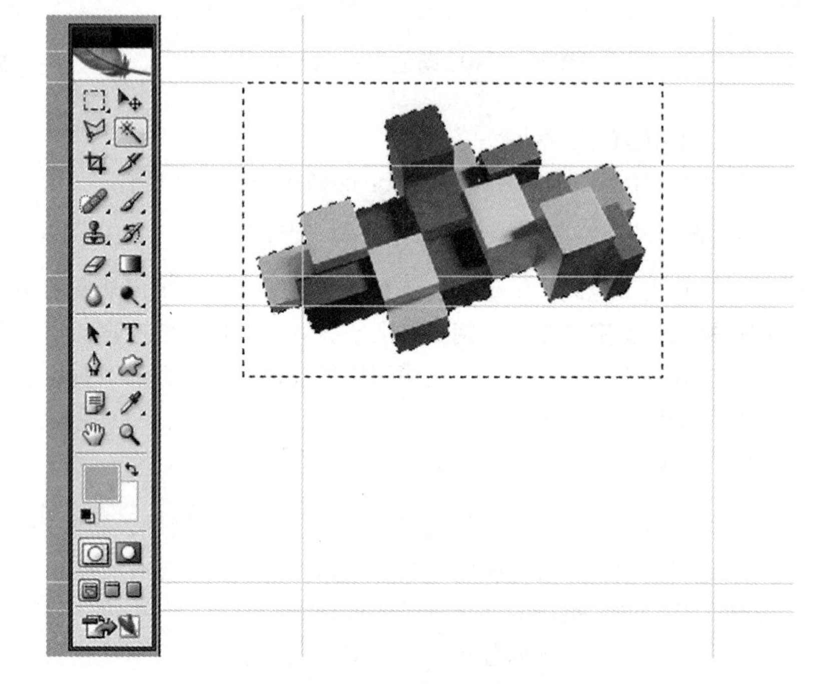

图 6-7　框架图排版

图 6-8　设置 AOL 标志

04. 制作搜索面板，使用“矩形选框工具”绘制图形填充#FFFFF，双击图层调出“图层样式”，勾选“投影”设置不透明度为 26%，扩展为 28%，“描边”大小为 1，颜色#d4d2d2。使用“矩形选框工具”绘制出搜索内容填充框，并填充#f4f5f4，双击该图层调出“图层样式”，勾选“斜面与浮雕”设置样式为内斜，方法为平滑，深度为 41%，方向为下。制作搜索按钮时，同样选择“矩形选框工具”按住 Shift 键绘制正方形，按住 Alt 键复制该图层，得到两个方形。按住 Ctrl 同时选择顶上的方形图层，调出选区。再选择下面方形的图层删除，通过“变幻工具”旋转角度得到图标，并填充#FFFFF，如图 6-9 所示。

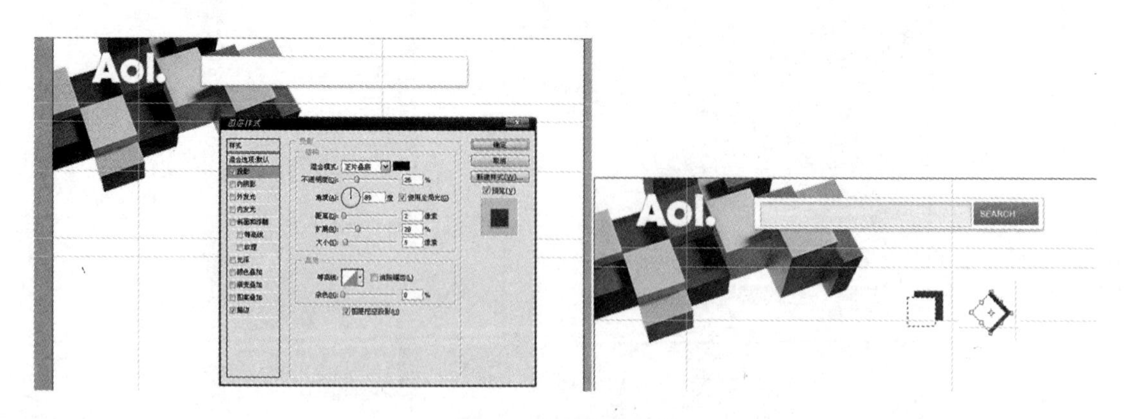

图 6-9　制作搜索面板

05. 使用“矩形选框工具”绘制长方形，“渐变工具”中的“拾色器”选择前景色#EA8E3E 到背景色#E06D13 填充。选择“横排文字工具”，选用字体 Arial Rounded MT Bold，大小设为 14px，如图 6-10 所示。

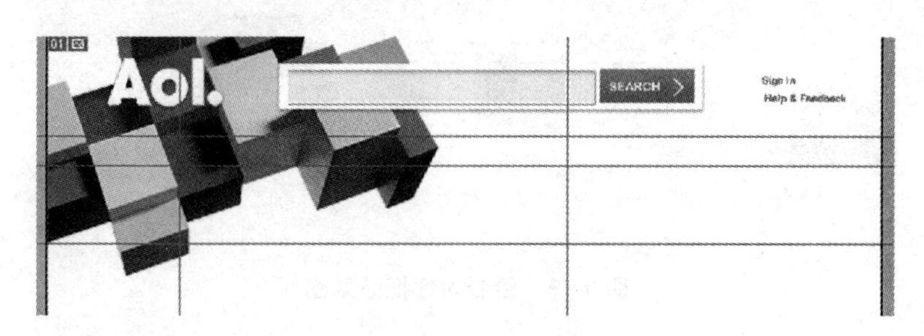

图 6-10　完成效果图

2. 设计网站竖排导航

利用“矩形选框工具”绘制长方形，“渐变工具”中的“拾色器”选择前景色#EA8E3E 到背景色#E06D13 填充。拖动“横排文字工具”形成文字框，在框中输入文字，选用字体 Arial Rounded MT Bold，大小设为 14px，如图 6-11 所示。

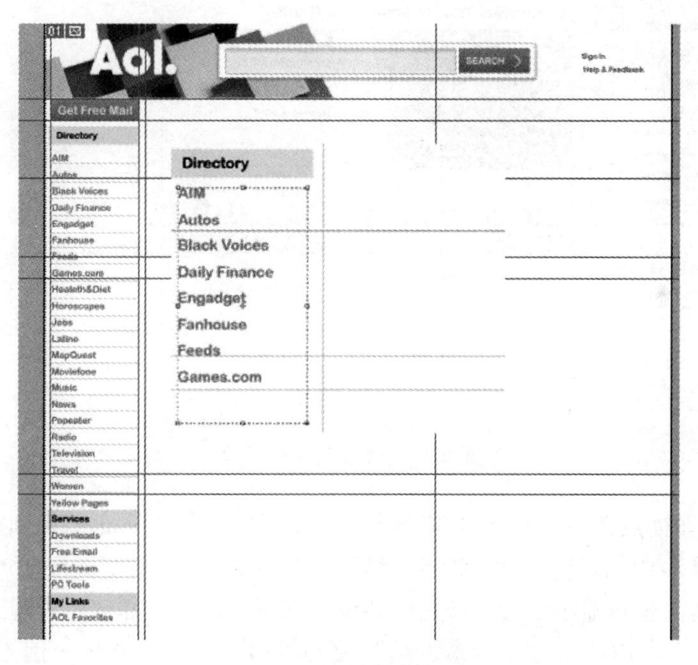

图 6-11　竖排导航效果图

3. 设计网站内容

01. 选用“矩形选框工具”绘制内容框，填充#FFFFF，调出“图层样式”，选择“描边”大小设为 1，颜色设为#E74D4D。选用“横排文字工具”输入所需要的文字，标题字体为 Arial Rounded MT Bold，大小为 18px；信息字体为 Bookman Old Style，大小为 10px。选择“矩形选框工具”按住 Shift 键得到正方形，填充#529ACB。使用“变换工具”旋转

90°。利用“矩形选框工具”绘制方形选区，并删除，得到所需要的三角图形。置入图标放置在合适位置，如图 6-12 所示。

图 6-12　绘制内容框效果图

02. 使用“矩形选框工具”绘制内容标题栏，并填充#97AA22。依次按住 Alt 键进行复制。在 01 中制作成的三角形，可以利用“变换工具”旋转 90°并填充#FFFFF，作为标题字的图标，如图 6-13 所示。

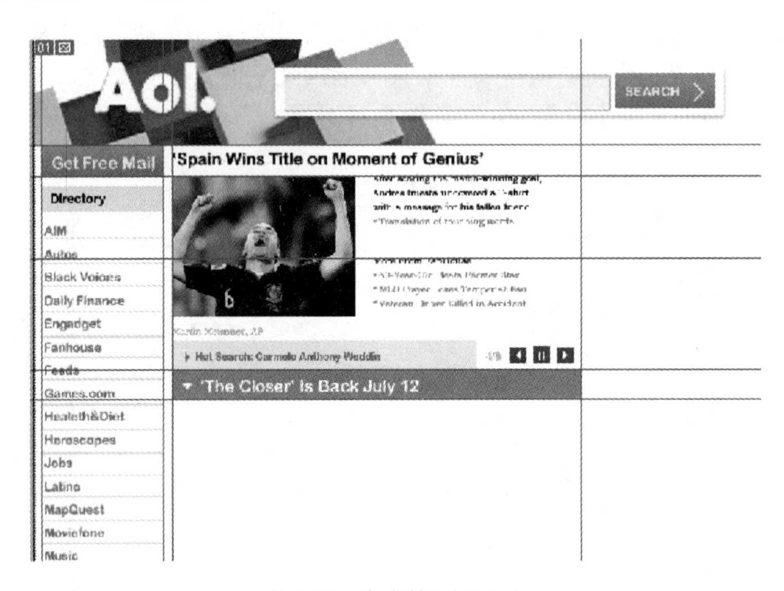

图 6-13　合成效果图（1）

03. 制作视频播放图标，选择“椭圆形选框工具”，按住 Shift 键得到正圆，“渐变工具”中“拾色器”中前景色#CDCEC7 到背景色#7C7C79 填充渐变。按住 Alt 键复制正圆，利用“变换工具”进行缩小处理，按住 Ctrl 调出选区，同时选择低层正圆图层，删除该选区圆，得到圆环。利用“多边形套索工具”绘制等边三角形，并填充前景色#CDCEC7 到背景色#7C7C79 渐变色。再利用刚才缩小尺寸的正圆，在图层中改变它的填充数值为 31，达到一定的透明效果，如图 6-14 所示。

04. 选用“横排文字工具”输入正文的内容，字体设为 Bookman Old Style，大小设为 10px。同时调入图片素材并放入适当的位置，作为文字的概述内容，如图 6-15 所示。

图 6-14　合成效果图（2）

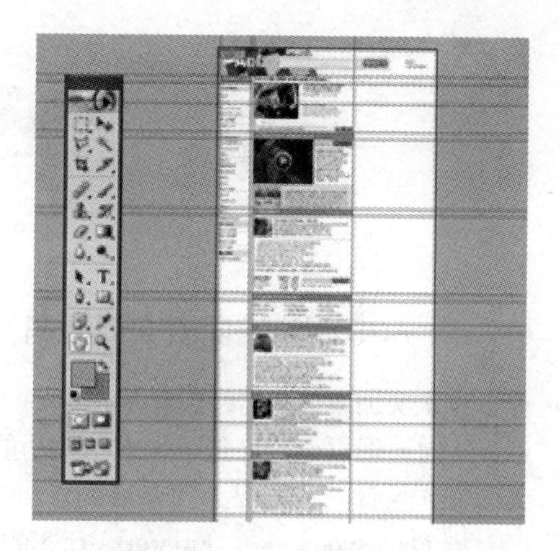

图 6-15　合成效果图（3）

05. 制作快捷功能面板，使用“矩形选框工具”绘制矩形，调出“图层样式”，选择“投影”颜色#B3B1B1，设置不透明度为 75%。绘制两个矩形，填充#007ED1，放置在下层。在蓝条图层下，新建图层，选用“矩形选框工具”绘制矩形，运用“渐变工具”中前景#BBBBBB 到透明，绘制出面板的立体效果。选用“单列选框工具”，使其中为 1 个像素，运用“变换工具”使它旋转 45°，同时进行复制，得到阴影效果。导入各种信息代表的图标，放置在合适的位置，同时选用“横排文字工具”输入文字，如图 6-16 所示。

06. 导入广告图片以及部分素材。合成效果如图 6-17 所示。

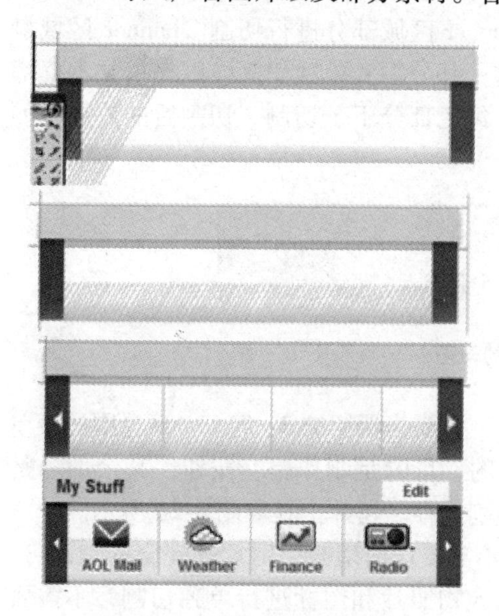

图 6-16　制作快捷功能面板

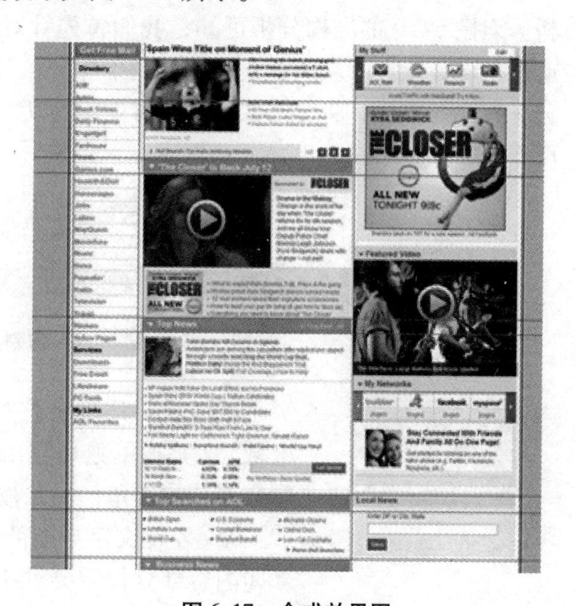

图 6-17　合成效果图

4. 制作网站页脚

页脚的制作与内容文字的编排一样。选用“横排文字工具”输入文字信息，即可导入所需要的图标，如图 6-18 所示。

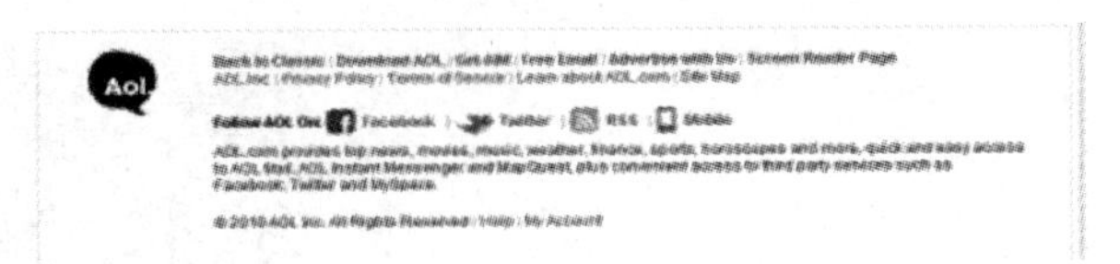

图 6-18 页脚效果图

6.2.5 AOL 网站的切割实训案例

本次实训案例我们将选择 Fireworks CS5 完成对网页图片的切割，由于该软件与 Dreamweaver 同属网页设计三剑客，在某些功能上更适合网页的切片输出。另一方面也是对网页美工制作设计技能的提升和丰富。

同 Photoshop 一样，Fireworks CS5 的切割工具在左侧的 Web 工具栏中。切割 AOL 网站的基本试验流程如下列步骤所示。

第一步：打开 Fireworks，将 AOL 网站的原始 PSD 图像导入。

选择“文件”→“打开”，将 Photoshop 设计的“美国在线 . psd”文件通过 Fireworks 打开。我们看到，该原始文件大小为 960 ×2232 大小，因此该网站是按照 1024 ×768 的显示比例建立的。

第二步：进行图像切割。

01. 根据图像切割的基本原则，首先对“美国在线 . psd”文件图像进行切割方案分析。对图 6-19 的结构分析可知，我们首先针对 banner 区域部分进行切割。banner 区域最麻烦的设计点在于剥离搜索区域的表单部分，对这一部分需要单独切割。以表单文本框部分为核心切割后，将有图像部分尽可能进行切割，纯色部分不予切割。切割后的效果图如图 6-19 所示。

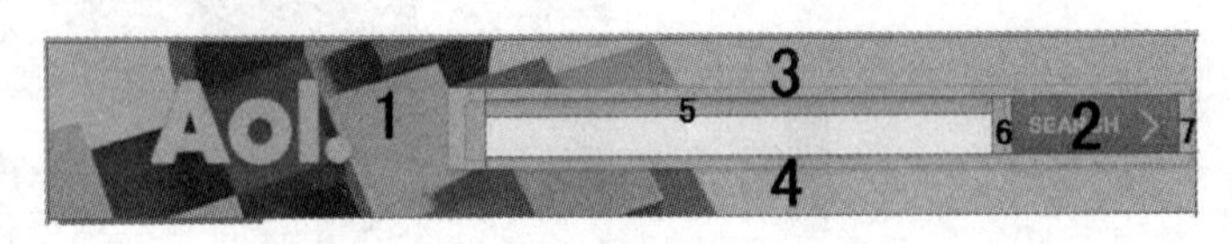

图 6-19 切割后的样图

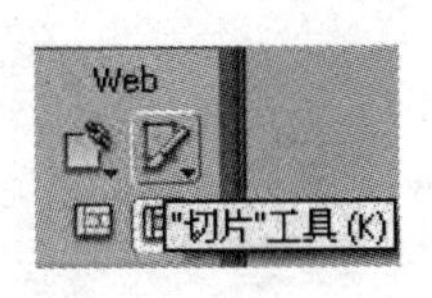

图 6-20 选择切片工具

该区域一共切割了 7 刀，主要为保留被 3、4、5、6 包围的表单区域，2 是被单独切割出来的，目的是制作提交按钮，其余部分是剩余部分的边角，一并被切割保存。切片工具如图 6-20 所示。

02. 左侧文字导航部分不需要任何切割，用 CSS 完全处理即可。新闻内容部分仅需要对新闻人物照片和图标进行单独切割，不需要大面积切图。功能工具栏目也不需要大面积切割，仅将图片和图标切割即可。同理，网页的尾部仅需要将图标切割即可。

第三步：将切割图片碎片导出。

01. 选择“文件”→“导出”，在设置的时候，须将导出设为“仅图像”，并取消选择“包括无切片区域”，否则将把没有切割的无用区域图像一并导出了。在保存的时候，最好单独建立一个文件夹，把多个切割了的图片碎片存入，这些图片文件将按照一定的序列命名后保存。在操作过程中有个重要的环节，就是不能点击任何一张切割的图片，否则将仅仅导出被点击的那张图片而已，如图6-21所示。

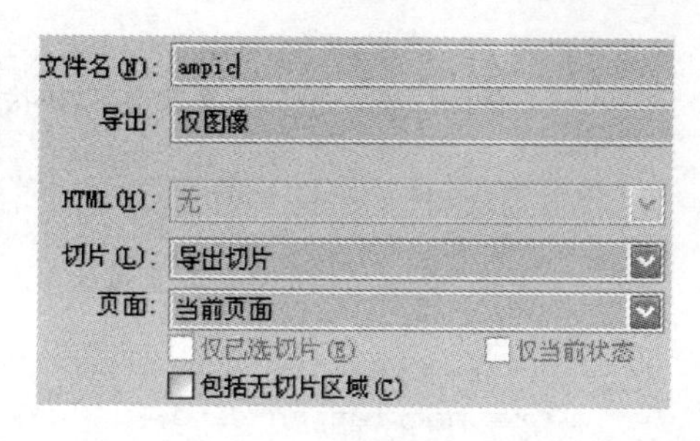

图6-21　导出碎片

02. 观察这些被导出的碎片图片文件，特点一是文件字节量仅为280 KB，相对于几十兆的原始图片已被大大缩小；特点二是文件格式为GIF格式，相对于原始图片分辨率降低。如何将这些碎片拼接成为最终的Web页面，还需要CSS的严格设计，这个过程非常类似于我们玩的“拼图”游戏，而且我们必须知道目标样子，否则很难将这些碎片还原成为网页。

6.2.6　AOL网站的CSS设计实例

本次实训将结合项目6的CSS知识，对AOL网站进行全站分析设计。我们仅仅将核心的设计代码拿出进行说明，具体内容请读者参见案例代码设计部分即可，以下的几个案例同样如此。

1. 实验前准备工作

在服务器站点建立案例三，并将导出的图片碎片放置在其中的img文件夹中。建立CSS文件夹，保存样式文件。

2. CSS代码的结构设计原则

对于整体网页而言，CSS层叠样式表设计是不可以开始时就“眉毛胡子一把抓”的，如同搭建一个房子，结构是整体网页设计的核心和骨干，结构不稳将直接导致最终成品的坍塌。因此，在开始进行网站的整体设计前，必须先进行网页整体结构设计工作。

根据图6-3网页结构所示，本页面基本结构分为banner区域、中间主干区域和尾部区域。其中，中间主干区域又被分为文字导航区、新闻内容区和功能工具栏目导航区。制作CSS代码时的基本原则是：先设计全局参量（如body、伪类的链接参数等），而后设计用户定义的页面结构设计，最后是局部及细节的设计。

3. 网页全局参量设计

先将网页全局参量设计的CSS代码写出来，然后逐步分析，具体的设计意义见帮助提示性的文字。

```
/* 首先设计全局常量 */
/* body 的设计意味着网页的边距、整行间距链接样式、页面背景色、字体、字形、字号的默认设计 */
body {
      margin:0px;
      padding:0px; /* 内外边距都为 0 */
      font-family:Tahoma,Verdana, Arial, Helvetica, sans-serif;
      color:#000000;
      font-size:12px;
      list-style-type:none; /* 默认列表样式为无 */
      text-decoration:none;
      background-color:#ffffff;
```

```
    }
/* 默认图片显示的样式,无外边,以块状显示 * /
img{
   border:none;
   display:block;}
/* 下面为默认链接的各种状态设计 * /
a{
 color:#016cb8;
 text-decoration:none;}

a:hover{
color:#FF0000;}
/* 下面为表单区域默认设计 * /
form{
     margin:0px;
     padding:0px;}
/* 下面为清除浮动效果设计,该效果将在后面被大量引用 * /
.clear{
       clear:both;
       line-height:1px;
       visibility:hidden;}
```

4. *网页全局结构参数设计*

这部分将奠定网页设计的基本骨架，我们也可以将其称为是网页设计的“脚手架”，该部分的结构形成完全依赖于美工的页面布局设计基调，从某种意义上说，美工的工作一旦确定，就意味着网页艺术设计结束，美工将直接决定网页视觉艺术性的成败。下面，我们看一下 AOL 网页的结构设计。每个区域的设计及分布见图 6-22，请读者自行对照每个区域的设计。

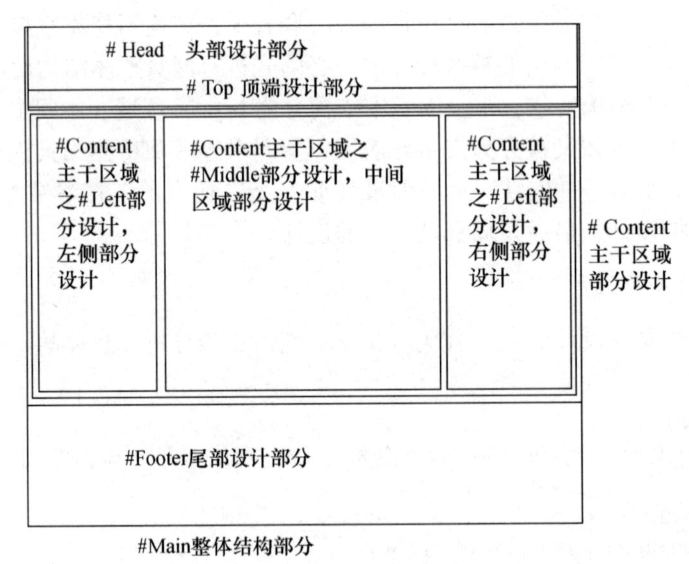

图 6-22 AOL 网页的结构设计

```
/* #main 整体结构设计部分 * /
#main{
     width:961px;
```

```
      height:auto;
      background-color:#FFFFFF;}
/* #head 头部设计部分 */
#head{
      width:961px;
      height:112px;
      border-right:1px solid #ddd;}
/* #top 顶端分隔条部分设计 */
#top{
     width:960px;
     height:33px;
     border:1px solid #dddddd;}
/* #content 中间主干部分设计 */
#content{
    width:960px;
    height:auto;
    border-top:none;}
/* #content 主干部分之左侧部分#left 结构设计部分 */
#left{
      width:153px;
      height:auto;
      border-left:1px solid #dddddd;
      float:left;}
/* #content 主干部分之中间部分#middle 结构设计部分 */
#middle{
   width:444px;
   height:auto;
   float:left;}
/* #content 主干部分之右侧部分# right 结构设计部分 */
#right{
    width:360px;
    height:auto;
    float:left;}
/* #footer 尾部结构设计部分 */
#footer{
    height:223px;
    width:961px;
    border:1px solid #dddddd;
    }
```

结构设计部分需要重点说明是中间主干部分#content的左（#left）、中（#middle）、右（#right）三部分设计。我们看到，这三部分全部通过（float：left;）代码使得这三部分居左浮动起来，从而形成DIV区域的横向排列效果。

下面在对应的HTML文件中引用这部分CSS文件中的内容，见下面的HTML代码部分：

```
<body>
  <table align="center">
    <tr>
      <td>
      <!--=====main 区域开始=====-->
        <div id="main">
          <!--=====此处为头部区域=====-->
            <div id="head"></div>
```

```
        <!--===== 头部区域结束 =====-->
        <!--===== 顶端区域部分开始 =====-->
          <div id="top"></div>
        <!--===== 顶端区域部分结束 =====-->

    <!--===== 正文主干区域开始 =====-->
    <div id="content">
          <!--左侧区域开始-->
          <div id="left"></div>
          <!--左侧区域结束-->
          <!--中间区域开始-->
          <div id="middle"></div>
          <!--中间区域结束-->
          <!--右侧区域开始-->
          <div id="right">
          <!--右侧区域结束-->
          <div class="clear"></div>
          </div>
          <div class="clear"></div>
    <!--===== 正文主干区域结束 =====-->
    <!--===== 尾部区域开始 =====-->
    <div id="footer"></div>
    <!--===== 尾部区域结束 =====-->
    </div>
    <!--===== main 区域结束 =====-->
    </td>
  </tr>
 </table>
</body>
</html>
```

对于这部分 HTML 代码，我们需要学习和关注一下其特征，并使得这种学习成为今后设计页面 HTML 结构的职业习惯。

（1）注重注释工作。一般的 HTML 代码在书写完毕后，长度少则百余行，多则数百乃至上千行，当代码展开后，没有人可以在无任何注释情况下，精确地找到某个 <div> 区域所对应的 </div> 结束点，代码越多这个任务越不可能完成。

如同建筑结构一样，我们通过标注一些点（注释点），完成区块的文档分隔，这样无论文档多长，都可以通过这些注释点，快速修改和编辑该区块的样式，同时对于后期网页的升级维护带来便利。

（2）浮动结束必须清除浮动效果。我们都注意到在 HTML 代码中会出现 <div class = "clear"> </div>，这是明显的清除浮动效果的标记符号点。如果不及时清除浮动效果，则会影响下面的 <div> 区域的显示样式。

那么，什么时候需要清除浮动效果呢？当横向浮动结束的时候（如中间区域的三个浮动效果结束时），就必须进行清除，这一点在设计时候特别需要注意。

（3）注意 HTML 的 <DIV> 区域的层进排版，这样有利于文档的识别工作。

5. banner 的头部区域设计——#head

根据图 6-22 的图片分割情况，我们在这个区域共剪切了 7 刀，形成了 7 张图片的碎片。如同玩拼图游戏一样，我们不仅要拼接这样 7 张图片形成头部完整的网页，而且要将一个表单区域中的“搜索文本框”加入其中。虽然有很多种的拼接顺序和方法，但是如果拼接错误，直接导致的是完全推翻设计，工作重新开始。

在进行该区域设计之前，不妨将设计的图在脑中绘制出来，以体现设计前期的基本设计意图，使读者更加清晰地了解图片碎片的合理拼接过程，如图 6-23 所示。

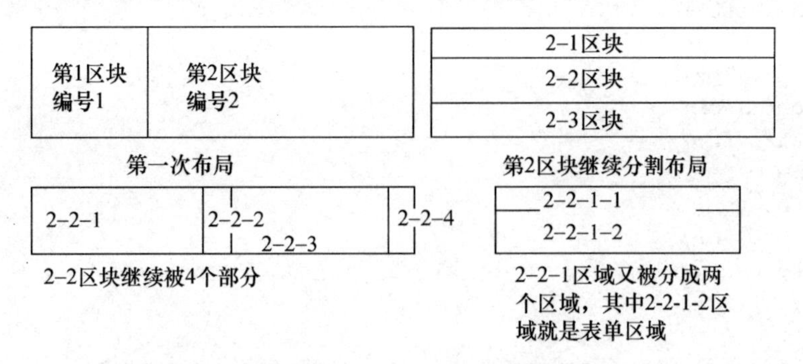

图 6-23　#head 区域分割脑图

在图 6-23 中，我们的思维是由大及小，由粗及细，在分割完毕后，可以形成 7 张图片的填充区域，对应分割的区块。根据这张图，我们还可以得出，“第一次布局”的时候需要左浮动，“第 2 区块布局”的时候就不需要浮动了，2-2 区块被分割后需要浮动，2-2-1 区块设计的时候不需要被浮动，该部分 CSS 代码设计如下：

```
#head1{
    background:url(../img/ampic_s1_r1_c1_s1.gif) no-repeat;
    float:left;
    width:290px;
    height:112px;}
#head2{
    float:left;
    width:464px;
    height:112px;}
#head2-1{
    background:url(../img/ampic_s1_r1_c9_s1.gif) no-repeat;
    width:464px;
    height:38px;}
#head2-2{
    width:464px;
    height:37px;}
#head2-2-1{
    width:331px;
    height:37px;
    float:left;}
#head2-2-1-1{
    width:331px;
    height:11px;
    background:url(../img/ampic_s1_r2_c9_s1.gif) no-repeat;}
#text-search{
    width:331px;
    height:26px;
    background-color:#ffffff;
    border:none;
```

```
        font-size:20px;}
    #head2-2-2{
        width:13px;
        height:37px;
        background:url(../img/ampic_s1_r2_c21_s1.gif) no-repeat;
        float:left;}
    #head2-2-3{
        width:109px;
        height:37px;
        float:left;}
    #head2-2-4{
        width:11px;
        height:37px;
        background:url(../img/ampic_s1_r2_c30_s1.gif) no-repeat;
        float:left;}
    #head2-3{
        background:url(../img/ampic_s1_r4_c9_s1.gif) no-repeat;
        width:464px;
        height:37px;}
```

请将该部分代码放置在#head 设计之后，该部分所对应的 HTML 代码如下所示，请读者在观看这部分代码的时候，注意表单部分是如何被嵌入到 HTML 部分代码并融为一体的。这部分 HTML 代码嵌套在 <head> </head> 区域部分内。

```
<div id="head1"></div>
        <div id="head2">
          <div id="head2-1"></div>
          <div id="head2-2">
            <div id="head2-2-1">
              <div id="head2-2-1-1"></div>
              <form name="form1" action="" method="post">
                <input name="searchtext" type="text" id="text-search"/>
              </form>
            </div>
            <div id="head2-2-2"></div>
            <a href="#"><img src="img/ampic_s1_r2_c23_s1.gif" id="head2-2-3"/>
            </a>
            <div id="head2-2-4"></div>
            <div class="clear"></div>
          </div>
          <div id="head2-3"></div>
        </div>
```

6. 顶端设计部分——#top

顶端部分在头部下面，宽度与头部#head 完全一致，我们看图 6-24，该图被分割成为三个区域，正好对应于主干正文的三个部分。我们将这三部分也同样设置为“左、中、右”三部分，CSS 代码如下所示。

图 6-24 #Top 区域分割图

```
/* ========== 顶端区域部分设计开始 ============ */
#top{
    width:960px;
    height:33px;
    border:1px solid #dddddd;}
#top1{
    width:153px;
    height:33px;
    float:left;
    border-right:#dddddd solid 1px;}
#top1-1{
    width:128px;
    height:30px;
    padding-left:10px;
    padding-top:3px;
    margin-left:9px;
    background-color:#e98c3d;
    color:#ffffff;
    font-size:20px;}
#top2{
    width:435px;
    height:30px;
    float:left;
    font-size:18px;
    font-weight:bold;
    padding-top:3px;
    padding-left:9px;}
#top3{
    width:360px;
    height:33px;
    float:left;}
.top3-1{
    width:342px;
    height:27px;
    background-color:#cccccc;
    margin-top:3px;
    font-size:14px;
    font-weight:bold;
    padding-top:3px;
    padding-left:10px;
    color:#595959;}
#edit{
    width:66px;
    height:18px;
    background:#333;
    float:right;
    margin-right:10px;
    padding-top:2px;
    border:3px double #ccc;}
/* ========== 顶端区域部分设计结束 ============ */
```

该部分对应的 HTML 部分代码如下，这部分 HTML 代码嵌套在 <top> </top>区域部分内。

```
<!--===== 顶端区域部分开始 =====-->
```

```
        <div id = "top" >
          <div id = "top1" >
            <div id = "top1-1" >Get Free Mail < /div >
          < /div >
          <div id = "top2" > Şpain Wins Title on Moment of´< /div >
          <div id = "top3" >
            <div class = "top3-1" >My stuff <a href = "#" > <div id = "edit" align = "cen-
           ter" >Edit < /div > < /a > < /div >
          < /div >
        < /div >
<!--===== 顶端区域部分结束 =====-->
```

7. 主干部分左侧部分设计——#left

主干区域左侧部分中没有任何图片，完全靠CSS代码设计出来，其宽度与top1区域完全一致。本部分设计中，请读者认真关注导航列表的设计工作，即如何通过 <ul> 和 <li> 的设计完成树形导航栏的制作。

```
/* -----左侧部分设计开始------* /
#left{
      width:153px;
      height:auto;
      border-left:1px solid #dddddd;
      float:left;}
.Directory{
      width:140px;
      height:22px;
      background:#e9e9e9;
      margin-top:10px;
      margin-left:7px;
      font-size:14px;
      font-weight:bold;
      padding-top:7px;}
.Directorylist{
      width:140px;
      height:auto;
      background:#e9e9e9;
      margin-left:7px;}
/* --列表部分的 UL 设计区域---* /
.Directorylist ul{
margin:0 0 0 5px;
padding:0px;}
/* --列表部分的 LI 设计区域---* /
.Directorylist li{
margin-top:10px;
font-size:12px;
padding-left:20px;
background:url(../img/s2.gif) no-repeat left;
list-style-type:none;}
/* --列表部分的链接鼠标滑过设计区域---* /
.Directorylist li a:hover{
color:#ff0000;}
/* --列表部分的链接默认状态设计---* /
.Directorylist li a{
```

```
color:#539cc0;}
/* ------左侧部分设计结束------* /
```

该部分对应的 HTML 部分代码如下，这部分 HTML 代码嵌套在 <left > </left> 区域部分内。

```
<!--左侧区域开始-->
      <div id="left">
        <div class="Directory" align="center">Directory</div>
        <div class="Directorylist">
          <ul>
            <li><a href="#">AIM</a></li>
            <li><a href="#">Autos</a></li>
            <li><a href="#">Black Voices</a></li>
          </ul>
        </div>
        <div class="Directory" align="center">Services</div>
        <div class="Directorylist">
          <ul>
            <li><a href="#">Downloads</a></li>
            <li><a href="#">Free Email</a></li>
            <li><a href="#">Lifetream</a></li>
            <li><a href="#">PC Tools</a></li>
          </ul>
        </div>
```

8. 主干部分中间部分设计——#middle

该区域又分成三大部分：新闻图片显示区（#show_picnews）、视频新闻显示区（#showvido）、分类新闻区（#topnews）。这三大部分区域中，还包括分隔条区域（#sepreat1 和#sepreat2），其中分隔条区域和分类新闻区是可以重复使用的，新闻图片显示区和视频新闻显示区单独出现，仅仅显示一次。

1）新闻图片显示区（#show_picnews）

该区域的基本分割图如图 6-25 所示，读者可以按照每部分的标示在下面的代码中寻找具体的编码样式信息。设置这部分的核心难点代码是图片新闻列表区域的 <ul> 和 <li> 设置，该区域的 CSS 代码如下：

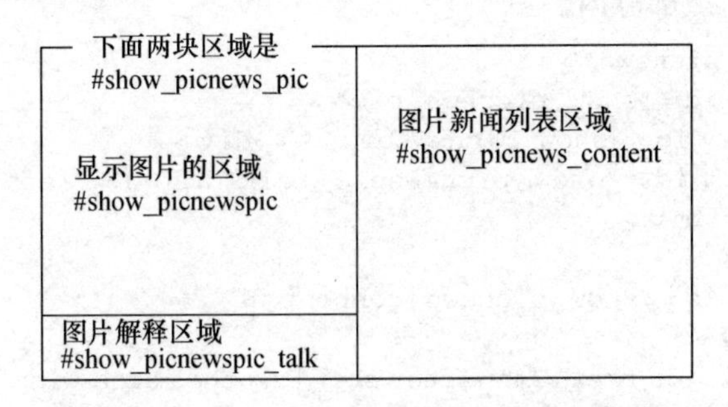

图 6-25　#show_picnews 图片新闻区域分割图

```
#show_picnews{
    width:444px;
    height:174px;}
#show_picnews_pic{
```

```
        width:200px;
        height:174px;
        float:left;}
    #show_picnewspic{
        background:url(../img/ampic_s1_r6_c2_s1.gif) no-repeat;
        width:200px;
        height:150px;}
    #show_picnewspic_talk{
        width:200px;
        height:17px;
        font-size:12px;
        color:#cccccc;
        margin-top:5px;}
    #show_picnews_content{
        width:230px;
        height:174px;
        float:left;}
    #show_picnews_content ul{
    margin:0px;
    padding:0px;}

    #show_picnews_content li{
    margin-top:2px;
    font-size:11px;
    line-height:19px;
    padding-left:20px;
    list-style-type:none;
    }

    #show_picnews_content li a:hover{
    color:#ff0000;}

    #show_picnews_content li a{
    color:#539cc0;
    border-bottom:1px dashed #cccccc;}
```

该部分对应的 HTML 部分代码如下，这部分 HTML 代码嵌套在 <show_picnews> </ show_picnews> 区域部分内。

```
<div id = "show_picnews" >
        <div id = "show_picnews_pic" >
          <div id = "show_picnewspic" > </div >
          <div id = "show_picnewspic_talk" align = "left" >Martin Meissner,
         AP </div >
        </div >
        <div id = "show_picnews_content" >
          <ul >
          <li > <a href = "#" >After scording the match-winning goal, </a > </li >
          <li > <a href = "#" >Andres iniesata unconvered a T-shit </a > </li >
          <li > <a href = "#" >With a message for his fallen friend </a > </li >
        </ul >
        </div >
        <div class = "clear" > </div >
       </div >
```

2）视频新闻显示区（#showvido）

该区域的基本分割图如图6-26所示，读者可以按照每部分的标示在下面的代码中寻找具体的编码样式信息。设置这部分的核心难点代码除了列表区域的 <ul> 和 <li> 设置外，区域的嵌套更为复杂和多变，请在设计时候特别留心和注意，该区域的CSS代码如下：

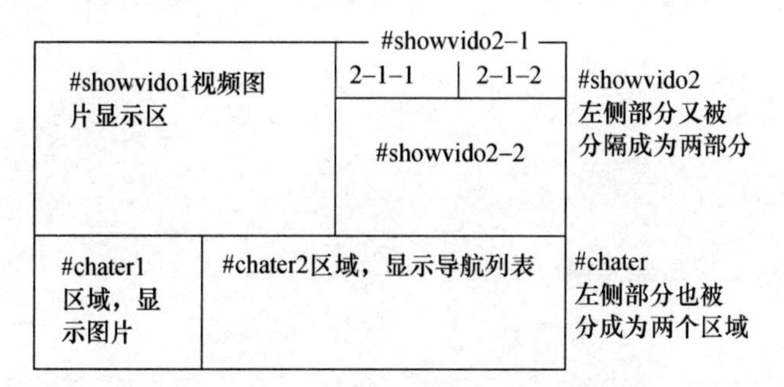

图6-26 # showvido 视频新闻区域分割图

```
#showvido1{
    width:269px;
    height:189px;
    background:url(../img/ampic_s1_r12_c2_s1.gif) no-repeat;
    float:left;}
#showvido2{
    width:175px;
    height:189px;
    float:left;}
#showvido2-1{
    width:175px;
    height:30px;}
#showvido2-1-1{
    width:83px;
    height:25px;
    float:left;
    background:#ededed;
    padding-left:2px;
    padding-top:5px;
    }
#showvido2-1-2{
    width:88px;
    height:28px;
    float:left;
    background:#ededed url(../img/ampic_s1_r13_c15_s1.gif) no-repeat;
    padding-left:2px;
    padding-top:2px;
    }
#showvido2-2{
    width:175px;
    height:159px;}
#showvido2-2 ul{
margin:0px;
padding:0px;}

#showvido2-2 li{
```

```
margin-top:2px;
font-size:11px;
line-height:19px;
padding-left:4px;
list-style-type:none;
}

#showvido2-2 li a:hover{
color:#ff0000;}

#showvido2-2 li a{
color:#539cc0;
border-bottom:1px dashed #cccccc;}

#chater{
    width:442px;
    height:92px;
    border:1px solid #dddddd;}
#chat1{
    width:118px;
    height:92px;
    background:url(../img/ampic_s1_r18_c3_s1.gif) no-repeat;
    float:left;
    margin-left:4px;}
#chat2{
    width:320px;
    height:92px;
    float:left;}
#chat2 ul{
margin:0px;
padding:3px;}

#chat2 li{
margin-top:2px;
font-size:12px;
line-height:19px;
padding-left:4px;
list-style-type:none;}

#chat2 li a:hover{
color:#ff0000;}

#chat2 li a{
color:#000000;
border-bottom:1px dashed #cccccc;}
```

该部分对应的 HTML 部分代码如下：

```
<div id="showvido">
    <div id="showvido1"></div>
    <div id="showvido2">
      <div id="showvido2-1">
        <div id="showvido2-1-1"><em>sponspored by</em></div>
        <div id="showvido2-1-2"></div>
      </div>
```

```
        <div id="showvido2-2">
        <ul>
        <li><a href="#">After scording the match</a></li>
        <li><a href="#">Andres iniesata unconvered a T-shit</a></li>
        <li><a href="#">With a message for his fallen friend</a></li>
        <li><a href="#">Translation of touching words</a></li>
        <li><a href="#">60-years-old Beats Former star</a></li>
        <li><a href="#">MLB Player Killed in Accident</a></li>
        </ul>
        </div>
</div>
   <div class="clear"></div>

</div id="chater">
      <div id="chat1"></div>
      <div id="chat2">
        <ul>
      <li><a href="#">Andres iniesata unconvered a T-shit</a></li>
      <li><a href="#">With a message for his fallen friend</a></li>
      <li><a href="#">Close friend to the King remembers his "big brother" in
      </a></li>
      <li><a href="#">Watch Lady Gaga + More Stars Sing Live at Sessions</a>
      </li>
      </ul>
      </div>
</div>
   <div class="clear"></div>
```

3）分类新闻区（#topnews）

该区域的基本分割图如图6-27所示，读者可以按照每部分的标示在下面的代码中寻找具体的编码样式信息。该区域的技术要点和前面基本一致，CSS代码如下：

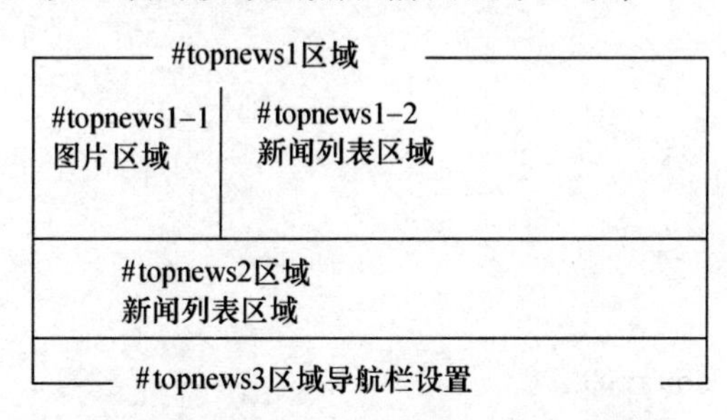

图6-27　# topnews 分类新闻区域分割图

```
/*-topnews 部分-*/
.topnews{
     width:444px;
     height:auto;}
.topnews1{
     width:444px;
     height:86px;}
.topnews1-1{
     width:90px;
     height:86px;
     margin:3px;
```

```
      float:left;}

.topnews1-2{
      width:348px;
      height:86px;
      float:left;}
.topnews1-2 ul{
margin:0px;
padding:0px;}

.topnews1-2 li{
margin-top:2px;
font-size:11px;
line-height:19px;
padding-left:4px;
list-style-type:none;
}

.topnews1-2 li a:hover{
color:#ff0000;}

.topnews1-2 li a{
color:#539cc0;
border-bottom:1px dashed #cccccc;}

.topnews2{
      width:444px;
      height:124px;
      margin:0px;
      border:1px solid #dddddd;}
.topnews2 ul{
margin:0px;
padding:0px;}

.topnews2 li{
margin-top:2px;
font-size:12px;
line-height:20px;
padding-left:4px;
list-style:inside square;
}

.topnews2 li a:hover{
color:#ff0000;}

.topnews2 li a{
color:#000000;
border-bottom:1px dashed #cccccc;}
/* 这里是局部的导航条 * /
.topnews3{
      width:444px;
      height:20px;
      border:1px solid #dddddd;
      border-top:none;}
```

```
.topnews3 ul{
margin:0px;
padding:0px;}

.topnews3 li{
margin-top:2px;
font-size:12px;
font-weight:bold;
line-height:20px;
padding-left:4px;
list-style:url(../img/s2.gif) inside;
float:left;
}

.topnews3 li a:hover{
color:#ff0000;}

.topnews3 li a{
color:#0080d3;}
```

该部分对应的HTML部分代码如下，注意此部分代码可以复用，后面的HTML就是使用了该部分HTML的复用代码。

```
<div class="topnews">
          <div class="sepreat2">
            <div class="sepreat2-1"></div>
            <div class="sepreat2-2">Entertainment News</div>
          </div>
        <div class="topnews1">
          <div class="topnews1-1"><img src="img/ampic_s1_r20_c3_s1.
         gif"/></div>
          <div class="topnews1-2">
            <ul>
            <li><a href="#">Andres iniesata unconvered a T-shit</a></li>
            <li><a href="#">With a message for his fallen friend</a></li>
            <li><a href="#">Close friend to the King remembers his "big
           brother" in</a></li>
            <li><a href="#">Watch Lady Gaga + More Stars Sing Live at
           Sessions</a></li>
        </ul>
          </div>
          <div class="clear"></div>
        </div>
        <div class="clear"></div>


        <div class="topnews2">
          <ul>
            <li><a href="#">Andres iniesata unconvered a T-shit</a></li>
            <li><a href="#">With a message for his fallen friend</a></li>
            <li><a href="#">Close friend to the King remembers his "big
           brother" in</a></li>
            <li><a href="#">Watch Lady Gaga + More Stars Sing Live at
           Sessions</a></li>
          </ul>
```

```
          </div>

          <div class="topnews3">
            <ul>
              <li><a href="#">More: Celebrity</a></li>
              <li><a href="#">Fantasy Football</a></li>
              <li><a href="#">Silva vs. Sonnen </a></li>
              <li><a href="#">UFC</a></li>
              <div class="clear"></div>
            </ul>
          </div>
        </div>
        <div class="clear"></div>
```

9. *右侧部分中间部分设计——#right*

该区域由6个区域部分组成，由于比较类似，我们仅仅就该部分的难点加以分析和注解，其余部分请读者自行参见代码的设计。

1）功能导航显示区（# topiclead）

该区域的样式如图6-28所示，该区域由6个区块组成，通过区块的浮动，依次拼接成为图6-28所示的样子。该区域的CSS样式如下所示：

图6-28 #show_picnews 图片新闻区域分割图

```
.topiclead{
      width:360px;
      height:65px;}
.topiclead1{
      width:20px;
      height:65px;
      background:url(../img/ampic_s1_r6_c20_s1.gif) no-repeat;
      float:left;}
.topiclead2{
      width:20px;
      height:65px;
      background:url(../img/ampic_s1_r6_c41_s1.gif) no-repeat;
      float:left;}
.topiclead3{
      width:80px;
      height:60px;
      float:left;
      background:#f7f7f7f7;
      padding-top:5px;}
```

该部分对应的HTML部分代码如下：

```
  <!--顶端第一区域开始-->
<div class="topiclead">
    <div class="topiclead1"></div>
```

```
    <div class="topiclead3" align="center"><a href="#"><img src="img/
    ampic_sw_r1_c1_s1.gif"/></a></div>
    <div class="topiclead3" align="center"><a href="#"><img src="img/
    ampic_sw_r1_c6_s1.gif"/></a></div>
    <div class="topiclead3" align="center"><a href="#"><img src="img/
    ampic_sw_r1_c12_s1.gif"/></a></div>
    <div class="topiclead3" align="center"><a href="#"><img src="img/
    ampic_sw_r1_c14_s1.gif"/></a></div>
    <div class="topiclead2"></div>
    <div class="clear"></div>
</div>
  <!--顶端第一区域结束-->
```

2）表单区域（# topiclead）

表单区域是设计的最后一部分，主要涉及表单的样式美化工作，基本样子如图 6-29 所示。

Enter ZIP or City, State

Save

图 6-29　表单区域图

该表单区域的 CSS 设置：

```
.text1{
      border:1px solid #dddddd;
      margin-top:10px;
      margin-bottom:10px;
      width:300px;
      height:26px;}
.but1{
      width:50px;
      height:22px;
      color:#ffffff;
      background:#0080d3;}
```

HTML 部分的代码如下所示：

```
<div class="localnews">
       <form name="form2">
        Enter ZIP or City, State <br />
        <input name="text1" type="text" class="text1"/> <br />
        <input name="button" type="button" class="but1" value="Save" a-
        lign="middle"/>
       </form>
</div>
```

任务 6.3　Google 案例解析

6.3.1　Google 历史发展

Google 于 1998 年 9 月 7 日以私有股份公司的形式创立，设计并管理一个互联网搜索引擎。Google 创始人 Larry Page 和 Sergey Bran 在斯坦福大学的学生宿舍内共同开发了全新的在线搜索引擎，然后迅速传播给全球的信息搜索者。Google 目前被公认为是全球规模最大的搜索引擎，它提供了简单易用的免费服务。不作恶（Don't be evil）是 Google 公司的一项非正式的公司口号，最早是由 Gmail 服务创始人在一次会议中提出。

Google 是简洁型搜索首页的开创者。主页版面网站标志非常突出、主题醒目，无任何广告骚扰。与众多功能性网站相比，它是具有全球最大的搜索引擎。而 Google 的收入来源中，网络广告已经占了2/3。这源于Google独特的广告经营方式，广告都是以文字格式出现。Google在内容、结构、导航系统、视觉设计、功能设计、互动性能方面都运用得非常良好。

Google的logo像Nike的挑勾和NBC的孔雀图案一样著名。Google标志的每一次变化都代表该企业理念的变化。从Google不断简化的标志中可以发现，Google公司的经营理念也趋于更加市场细分化原则，如图6-30所示。

Google标志是它整个网页的亮点。可以说Google具有百变面孔，为了让人们常常使用的Google显得不是那么单调，由Google艺术设计师部丹尼斯·黄进行设计，把每个国家的内涵、底蕴通过字母图形进行巧妙的组合，使得Google网站看起来充满趣味，如图6-31所示。

图6-30　Google标志的不断演化

图6-31　Google标志的各种变化效果

6.3.2　Google消费者的定位

Google对消费者的定位非常明确，它针对的是所有需要快捷搜索帮助的客户。整个网站从标志到页面都非常直观。客户进入Google的首页直接能够找到自己所需要的资料或网站。

6.3.3　Google网页VI解析

1. Google网页

运用标志颜色的跳跃来带动整个网页界面，如图6-32所示。

2. 框架结构

Google使用的是简约型框架，如图6-33所示。

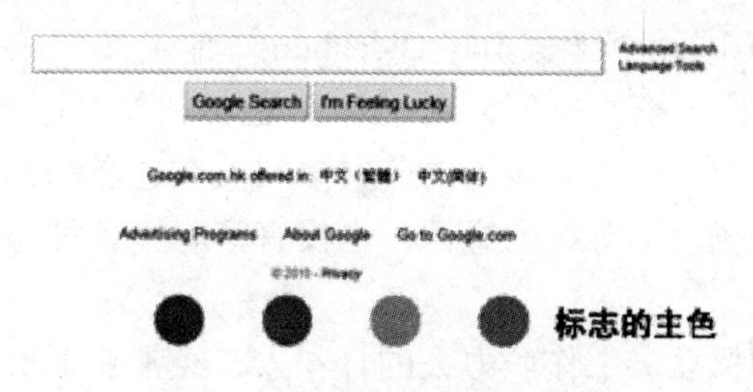

图6-32　Google标志的主色调

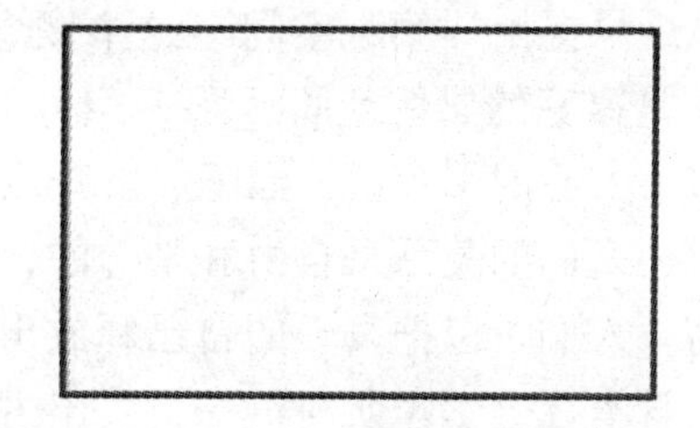

图6-33　简约型框架

任务6.4　星巴克案例解析

6.4.1　星巴克历史发展

星巴克（Starbucks）是美国一家连锁咖啡公司，1971年成立，为全球最大的咖啡连锁店，旗下零售产品包括30多款全球顶级的咖啡豆、手工制作的浓缩咖啡和多款咖啡冷热饮料、新鲜美味的各式糕点食品以及丰富多样的咖啡机、咖啡杯等商品，是世界领先的特种咖啡的零售商，是烘焙者和星巴克品牌拥有者。

2011年3月，星巴克实行全球换标。和老的标志相比，星巴克的新标志选择大胆拿掉"Starbucks Coffee"，仅保留了一个抽象的双尾美人鱼的图像，如此大幅调整堪称首次。这已经是星巴克公司自1971年成立以来第四次换标。历来就有不少大企业在转型之际，先给自己换标志。新的形象也好，转运也罢，企业家们确实在这么做。

企业换标往往有三个重要的原因：第一，企业重组，需要换标来体现这种变化；第二，企业要走向国际市场，以前的徽标不符合国际标准；第三，公司的战略和营销要发生重大变化。

星巴克的商标有两种版本，第一种版本的棕色商标的由来是一幅16世纪斯堪的纳维亚的双尾美人鱼木雕图案，她有赤裸的乳房和一条可被充分地看见的双重鱼尾巴。后来星巴克被霍华·萧兹先生所创立的每日咖啡合并，所以换了新的商标。第二版的商标沿用了原本的美人鱼图案，但作了些许修改，她没有赤裸的乳房，并把商标颜色改成代表每日咖啡的绿色，这样，融合了原始星巴克与每日咖啡的特色的商标就诞生了。

图6-34　星巴克咖啡标志变化

目前在美国西雅图派克市场的"第一家"星巴克店铺仍保有原始商标。星巴克咖啡标志变化如图6-34所示。

6.4.2 星巴克重新定位"第三空间"

最早提出"第三空间"这个概念的是美国社会学家 Ray Oldenburg。他定义"第三空间"是家庭的居住空间（第一空间）和职场（第二空间）外的，不受功利关系限制的，像城市中心的闹市区、酒吧、咖啡店、图书馆、城市公园等的公共空间。在这样的第三空间里，人们的关系是自由和平等的，没有职场上下等级的意识，也没有家庭里各种角色的束缚，人们可以把真正的自己释放出来。

日本社会学家矶村英一也提出过类似的概念。工作压力大的日本人，经常在下班之后去酒吧轻松。久而久之，很多酒吧有了自己的"常客"，客人们彼此互相认识，就成了朋友。在生活节奏紧张、匿名性强的大城市里，这种第三空间的存在，为人们在家庭和工作之外发展一些基于共同兴趣爱好的、非功利性的社会关系提供了理想场所。

星巴克的定位在"第三空间"，其中第一空间是家，第二空间是办公地点，介于家与办公室之间的第三空间，是让大家感到放松、安全的地方，是让你有归属感的地方。20世纪90年代兴起的网络浪潮也推动了星巴克"第三空间"的成长。星巴克在店内设置了无线上网的区域，为旅游者、商务移动办公人士提供服务。在这里待着，让人感到舒适、安全和家的温馨。星巴克正在试图向全球推行一种全新的"咖啡生活"。

在星巴克"第三空间"，更多的是针对消费者的微笑服务和特有咖啡音乐聆听享受。同时还可以感受到星巴克公司整体 CIS 识别形象系统的运用。顾客在这种品牌体验中，很容易牢记，看到墨绿色就会联想到浓郁的咖啡香气。

6.4.3 星巴克网页解析

作为以产品为卖点的网站，星巴克成功地把标志形体历史和标志颜色绿色融入它所有的对外媒介平台中。其官方网站如图 6-35 所示。

图 6-35 星巴克官方网站

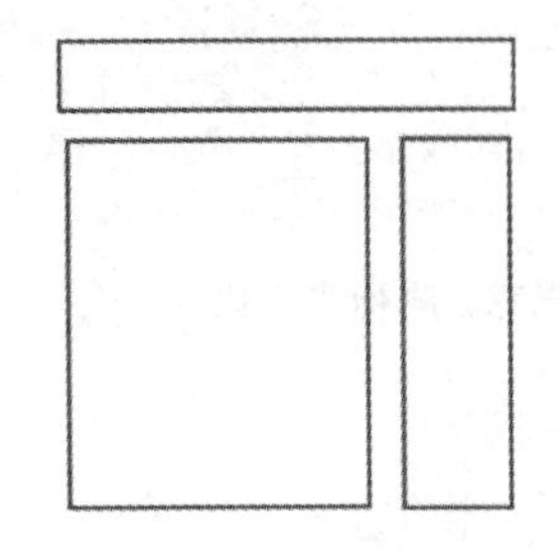

图 6-36 T 形结构

1. 框架结构

星巴克网站采用 T 字形结构，这种结构简单、明了，突出了该产品的特色和品牌文化，如图 6-36 所示。

2. 色彩

使用绿色系作为点睛之笔与标志相呼应，黑色和褐色作为辅助色，以突出绿色系的生机活力，如图 6-37 所示。

图 6-37　色彩配置

3. 设计亮点

网页的整体风格统一简洁明快，使消费者在浏览网页的同时再一次加深品牌记忆，星巴克公司网站体现了传统历史文化和时尚潮流融合。

4. 星巴克网页的制作过程

01. 在 Photoshop 中，新建 1004 像素 ×561 像素、分辨率为 72 的文件。设置“视图”→“标志”中的参考线，标出整个网页的大概结构，如图 6-38 所示。

图 6-38　辅助线框架

02. 导入标志以及输入相关字体，形成导航，如图 6-39 所示。

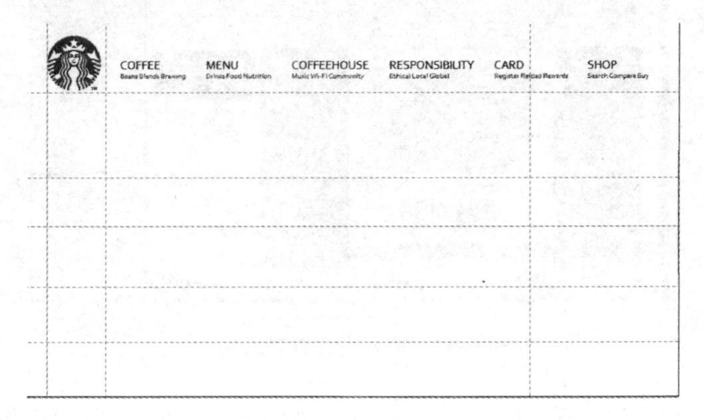

图 6-39　导航

03. 该网站的主要部分视频以及右侧栏的内容提示。设置出视频预留的地方，放置在辅助线搭建的位置上，到后期动用 Dreamwearer 软件编辑时，再导入相关视频资料，如图 6-40 所示。

图 6-40　导入视频资料

04. 使用“矩形选框工具”绘制图形，填充#3a3530，把相关图片打开，准备导入图片，如图 6-41 和图 6-42 所示。

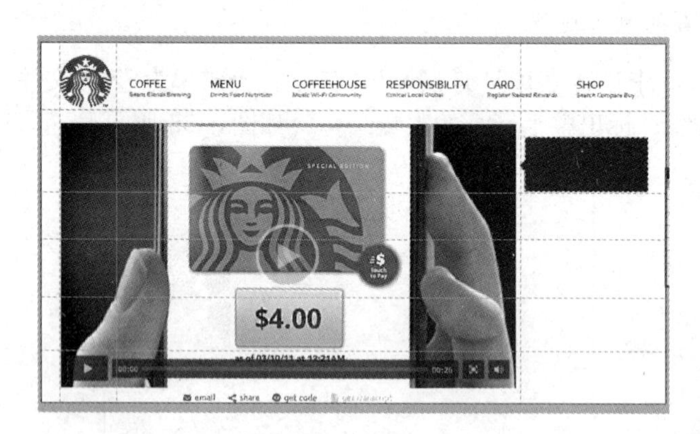

图 6-41　绘制图形

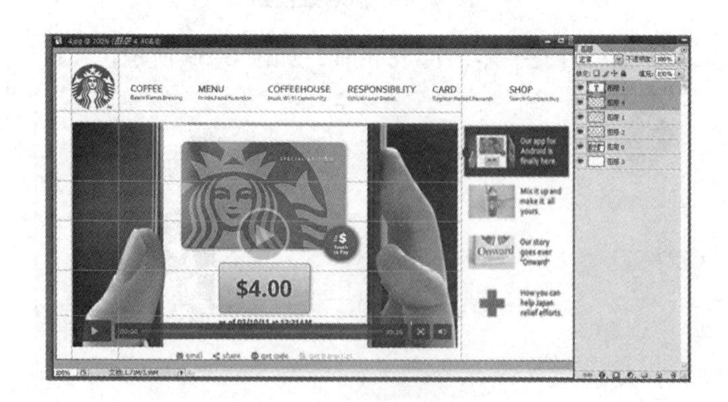

图 6-42　插入文件并输入文字

05. 在工具条里选择“移动工具”，把图 6-42 的材料拖曳到制作的文件中。在使用“横排文字工具”进行相关文字的输入。基本版面就完成了。

任务 6.5　Lee 案例解析

6.5.1　Lee 历史发展

Lee，是一个创建于 1889 年的美国著名牛仔裤品牌，它追求实用与时尚，创造了经典的吊带工人裤，生产了世界上第一条拉链牛仔裤。凭着其首创及经典设计，Lee 牛仔裤成为牛仔裤坛的经典与权威，被誉为世界三大牛仔裤品牌之一。Lee 始终能保持一贯实用与时尚兼备的姿态。

标志

旧标志比较烦琐，描绘了美国西部地区一些景象，并选用了鹰与 Lee 标牌组合形成勋章。鹰是美国的象征，标志说明了地域性。现今使用的标志，只是提取了旧标志中的主要文字 Lee，简化了所有的附带品，使标志具有了国际化的标准。某标志的发展如图 6-43 所示。

从前标志

Lee

现在标志

图 6-43　Lee 标志的发展

6.5.2　Lee 网页解析

作为以产品为卖点的网站，Lee 成功地把文字内容图形化，主要突出产品眼见为实的特点，让顾客产生购买欲望。按不同类型及喜好的客户，网站作出非常详细的分类，显示出 Lee 品种齐全、服务至上的宗旨。某网站首页如图 6-44 所示。

1. 框架结构

Lee 网站的设计结构采用上下结构，这种结构简单明了地突出该产品的特色和品牌文化，如图 6-45 所示。

图 6-44　Lee 网站的首页

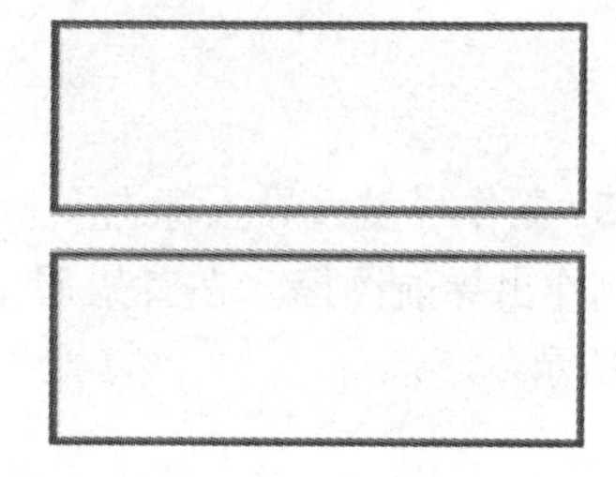

图 6-45　上下结构

2．色彩

使用纯度深的深蓝和黑色作为背景，与产品艳丽色彩形成对比，以表达产品的活力。橙色在整个网页中是点睛色。色彩配置如图 6-46 所示。

图 6-46　色彩配置

图 6-47　标出整个网页的大概结构

3．设计亮点

网页的整体风格统一在深蓝色中，选用质地休闲的颜色、明快的服装与深蓝色的沉稳形成对比，表现出 Lee 公司既有传统的积淀，又符合时尚标准。

4．Lee 网页的制作过程

01. 在 Photoshop 中，新建 960 像素 ×750 像素，分辨率为 72 的文件。设置“视图”→“标志”中的参考线，标出整个网页的大概结构，如图 6-47 所示。

02. 制作背景色。使用“渐变工具”中的“拾色器”选择前景色#1d2535 到背景色#101e4a，如图 6-48 所示。

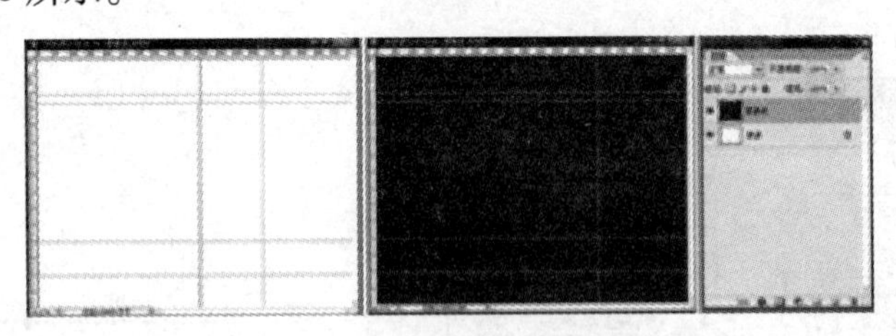

图 6-48　制作背景色

03. 制作导航，导入标志。利用“矩形选框工具”绘制方框填充#FFFFF，并按下图排列，制作出导航图标。在背景层上运用“矩形选框工具”绘制出图片放置的区域，如图 6-49 所示。

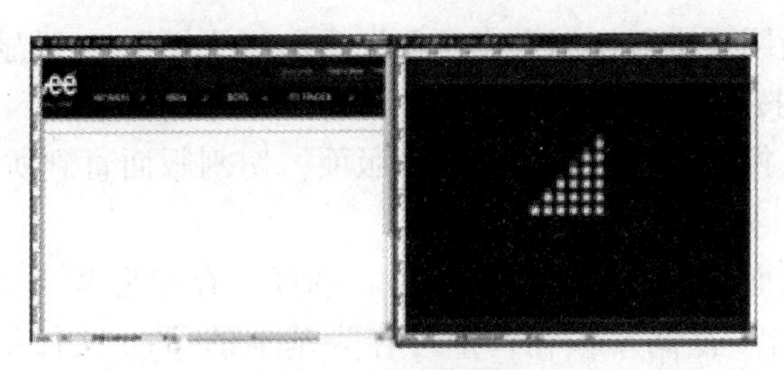

图 6-49　制作导航

04. 使用“矩形选框工具”绘制图形，填充#e6e6e7，设置“图层样式”中“投影”大小为 46%，“描边”大小为 1，颜色设置为#FFFFF，在“斜面与浮雕”中选择内斜面，深度为 100%，方向为下，如图 6-50 所示。

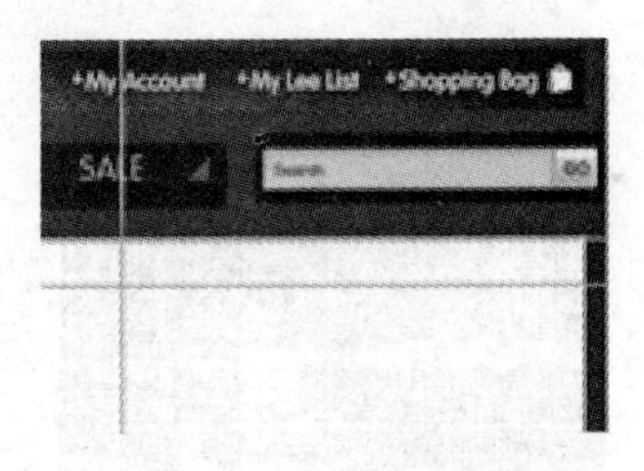

图 6-50　绘制表单部分

05. 制作图标，利用“矩形选框工具”绘制图标形状。选用“渐变工具”中填充前景色#78b3c4 到背景色#44899a，得到图形 1。按住 Alt 键复制图形 1，得到图形 2，按住 Ctrl 调出选区，填充#79b8c6 到图形 2。把图形 1 放到图形 2 上，同时运用“变化工具”调整大小，选择图形 2 按住 Ctrl 调出选区，运用“渐变工具”中的前景色#699ba6 到透明，进行填充。利用“横排文字工具”输入相关文字，填充#FFFFFF 放入最上层，得到图标。结果如图 6-51 所示。

再选择相关产品的摄影照片，导入素材图片，如图 6-52 所示。

图 6-51　制作图标

图 6-52　选择素材

06. 页脚的制作，运用“矩形选框工具”绘制矩形填充#01030e，点状的三角图标我们在 03 步已经制作过，可以按住 Alt 键进行复制，用“变换工具”旋转 90°。用“横排文字工具”输入相关文字，用“矩形选框工具”绘制图形填充#394d85，调出“图层样式”，其中描边设置大小为 1，颜色为#7686b5，如图 6-53 所示。

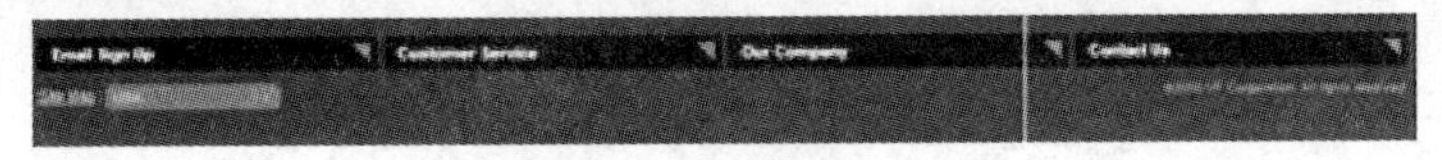

图 6-53　页脚的制作

07. 切片，我们为网页进行切图操作，首先选择“视图”→“显示”→“网格”，按Ctrl + R 拖动参考线，按照我们需要的版式细分，如图 6-54 所示。

08. 使用切片工具按照参考线的比例划分版面，切割版面直到所分解的模块符合页面需要。全部切割完毕，如图 6-55 所示。

09. 将切割好的页面输出成 Web 原始文件，选择“存储为 Web 所用格式”。设置好图形的压缩比例后，单击“存储”按钮，即可存为基本的 Web 文件供其他设计人员使用。如图 6-56 所示。该网站的 CSS 样式设计请读者自行完成。

图 6-54　网页切片

图 6-55　切片后的效果

图 6-56　切片后输出成 Web 原始文件

实践操作题

1. 请按照本书的素材和源代码，自行完成星巴克公司网站一、二级网页页面，形成 CSS 文件和最终的 HTML 文件，并与完成的源码相比较。

2. 请按照本书的素材和源代码，自行完成 Lee 公司网站页面，形成 CSS 文件和最终的 HTML 文件。

附录
习题参考答案

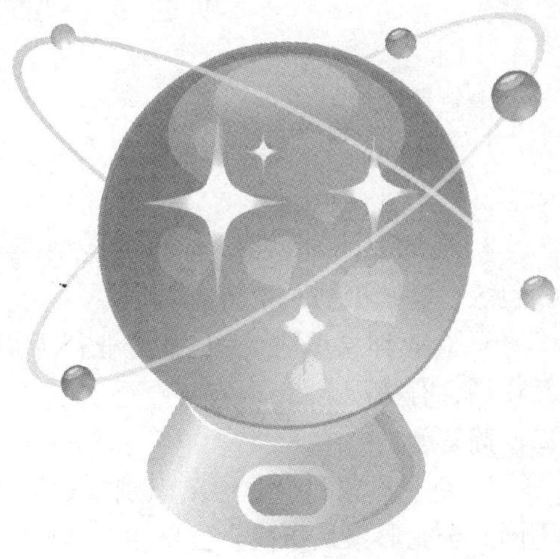

项目 1　网页视觉传达设计概述

1. 国外网站设计中用户不习惯艳丽的色彩和设计风格，比较钟情于简洁、平淡而严谨的风格。国外网站首页页面上通常不会放置太多内容，也很少放置广告，他们倾向于将首页做成各类功能、版块的引导界面，即使有内容表现，也比较简洁，不超过 2 屏。

在网站设计中，国内企业的网站比较讲究实用性和便利性，他们会花更多时间去制作很多周到实用的细节，功能虽然大多平实但是很适用于中国消费者的消费心理。

2. 网页视觉传达设计是在互联网这个领域中的一种新型化的商业视觉形象，指利用网页中的文字、图形、色彩以及绚丽的影视广告等视觉符号来传递各种商业信息的设计。设计师是信息的发送者，传达对象是信息的接受者。

3. 网页视觉传达设计由创意、色彩、版式这三点组成。

项目 2　CIS 企业形象识别系统

一、填空题

1. Corporate Identity；企业识别；主体；个性化；企业识别；企业可识别标志；企业标志。

2. 视觉设计的手段；标志的造型；特定色彩；经营理念；行为观念；管理特色；产品包装；营销准则；策略。

3. 企业理念识别（MI）；企业行为识别（BI）；企业视觉识别（VI）；相互联系；相互作用；有机配合。

二、简答题

1. 企业形象和企业形象识别（CI）关系紧密相连，但绝非同一概念，两者含义完全不同。企业形象是指社会公众和全体员工心目中对企业的整体印象和评价，是企业理念行为和个性特征在公众心目中的客观反映。而 CI 则是传播和塑造企业的工具和手段。我们说，企业导入 CI 的目的是通过塑造优良的企业形象（当然还有品牌形象和产品形象），提升市场竞争力和企业内在素质，但不代表 CI 就是企业形象。

2. MI 贵在“个性”，BI 贵在“统一”，VI 贵在“识别。综上所述，MI、BI、VI 各有特点，相互包容、相互作用，三者是不可分离的统一体，共同构成了企业同一形象识别系统。

项目 3　企业网页形象中的营销定位

一、填空题

1. 地理因素；人口统计因素；心理因素；生活方式特征；社会文化区别；使用者的个性特征；使用情景因素；所追求的利益，混合细分方式。

2. 按照不同行业、不同的消费者群体以及不同认知水平细分市场，来确定主要的目标消费市场；在上述的前提下，针对每一个具体产品、价格、渠道、促销方案，做一个详细的营销组合；进行产品定位，这样细分市场的消费者才会体会到所选产品区别于同类产品的更好的需求。

二、简答题

1.（1）冲动式购买大量增加；

（2）对便利的要求更高；

（3）消费主动性增强；

（4）追求名牌产品消费；

（5）热衷于上网消费。

2. 在产品导入期，产品刚上市，急需要开拓市场。由于引入市场的费用较高，广告主必须花费大量的广告经费，建立自己的市场，力争在成长期开始前就赢得较大的市场份额。企业在这一阶段基本无利可图，这一阶段主要诉求产品的基础信息，例如 logo、产品职能、口号等。

产品到了成长期，市场快速扩大，越来越多的顾客受到大众广告和品牌的影响，对产品已经有一定的认知度和购买体验。这一阶段主要强化产品的特点。

产品进入成熟期，由于竞争产品的增加和新顾客人数的萎缩，市场逐渐饱和，企业销量趋于稳定，竞争进入白热化，利润开始减少，在这个阶段企业纷纷加强自己的促销力度。这个时候“选择性需求”是产品在成熟期消费者选择产品的依据。此时，产品已进入美誉度阶段，拥有自己的固定的消费人群，但上升势态减弱。

产品由成熟期转为衰退期后，各厂商都在力争延长产品的生命周期，他们尽力寻找新用户，开发产品的新用途，改变包装规格，设计新标识，改进产品质量，或推出此产品的系列产品，以进行新的生命周期的开始。

项目 4　网页视觉传达中的 VI 设计

一、填空题

800×600；778 像素×435 像素；1024×768；1003 像素×600 像素

二、简答题

1.（1）树立企业形象；

（2）体现企业精神；

（3）增强企业凝聚力；

（4）提高市场竞争力；

（5）延伸品牌形象。

2.（1）When 什么时候；

（2）Where 什么地方；

（3）Who 谁；

（4）Whom 为谁；

（5）What 什么；

（6）Why 为什么；

（7）How 怎样去做；

（8）How much 多少（费用）。

项目5　网页媒介平台 VI 系统的应用与制作

1. 从技术上说 PPI 只存在于计算机显示领域，与输出无关。DPI 只存在印刷领域，与屏幕显示无关。

2. RGB 颜色模式、CMYK 颜色模式、位图模式、灰度模式、Lab 颜色模式。

3.（1）进行资料的分析和采集。（2）在纸面上绘制草图。（3）选择合适的应用软件绘制图标。

参 考 文 献

[1] 王晓峰，焦燕．网页美术设计原理及实战策略［M］．北京：清华大学出版社，2009.
[2] 万宁，王英华．Photoshop CS3 网页设计与配色实战攻略［M］．北京：清华大学出版社，2008.
[3] 庞黎明，高山，刘平．VI 设计［M］．天津：天津大学出版社，2009.
[4] 王瑞雪，王华．广告计划与创意［M］．天津：天津大学出版社，2009.